工业和信息化
人才培养规划教材

Industry And Information
Technology Training
Planning Materials

高职高专计算机系列

计算机网络
实训教程（第2版）

Computer Network Training
Course

平寒 ◎ 编著

人 民 邮 电 出 版 社
北 京

图书在版编目（CIP）数据

计算机网络实训教程 / 平寒编著. -- 2版. -- 北京：人民邮电出版社，2014.9（2024.6重印）
工业和信息化人才培养规划教材. 高职高专计算机系列
ISBN 978-7-115-35308-5

Ⅰ. ①计… Ⅱ. ①平… Ⅲ. ①计算机网络－高等职业教育－教材 Ⅳ. ①TP393

中国版本图书馆CIP数据核字（2014）第081041号

内 容 提 要

本书以实训教学为主线，各章由 1～11 个实训项目组成。全书共计 41 个实训项目（5 个综合实训），基本涵盖了计算机网络的各种实训。每个实训项目一般包括实训场景、实训目的、实训内容、实训环境要求、实训拓扑图、理论基础、实训步骤、实训思考题、实训问题参考答案、实训报告要求这 10 部分。全书共分为 7 章，分别为虚拟机与 VMware Workstation、计算机网络基本实训、路由与交换技术、Windows Server 2008 网络操作系统、Linux 网络操作系统、网络操作系统综合实训、典型校园网综合实训。随书光盘是项目实训的录像视频（另外附送 Windows Server 2003 的全部视频），便于教与学。

本书作为计算机网络课程的实训教材，实践性很强，旨在帮助读者在学习了计算机网络基础理论和基础知识的前提下，进行网络工程的应用训练。

本书适合作为高职高专院校各专业计算机网络课程的实训教材，也适合计算机网络爱好者和有关技术人员参考使用。

◆ 编　著　平　寒
　　责任编辑　王　威
　　责任印制　焦志炜

◆ 人民邮电出版社出版发行　　北京市丰台区成寿寺路 11 号
　　邮编　100164　电子邮件　315@ptpress.com.cn
　　网址　https://www.ptpress.com.cn
　　北京盛通印刷股份有限公司印刷

◆ 开本：787×1092　1/16
　　印张：17.25　　　　　　　　2014 年 9 月第 2 版
　　字数：428 千字　　　　　　2024 年 6 月北京第 9 次印刷

定价：45.00 元（附光盘）

读者服务热线：(010)81055256　印装质量热线：(010)81055316
反盗版热线：(010)81055315

第2版前言

1. 编写背景

《计算机网络实训》是 21 世纪高等信息技术类规划教材，也是人民邮电出版社的优秀教材。该书出版 5 年来，得到了兄弟院校师生的厚爱，已经重印 7 次。为了适应计算机网络的发展和满足高职高专教材改革的需要，我们对本书第 1 版进行了修订，吸收有实践经验的网络企业工程师参与教材大纲的审订与编写，改写或重写了核心内容，删除了部分陈旧内容，增加了部分新技术，更正了原书中的错误。

2. 修订内容

第 2 版修订的主要内容有以下几点。（1）进行了版本升级，由 Red Hat Enterprise 4.0 升级到 Red Hat Enterprise 5.4，由 Windows Server 2003 升级到 Windows Server 2008。（2）由红帽认证工程师宁方明、微软资深工程师王春身设计并录制了项目实训录像。项目实训录像新颖、实用，是学生预习、对照实训、复习和教师授课的好帮手。（3）增加校园网综合实训项目。（4）根据知识学习和技能培养的需要，在第 1 章中增加 VMware Workstation 10.0.1 的部分内容：安装和升级 VMware Tools、在虚拟机中使用可移动设备、为虚拟机设置共享文件夹、为虚拟机拍摄快照。（5）在第 2 章增加"组建办公室对等网络、组建 Ad-Hoc 模式无线对等网、组建 Infrastructure 模式无线局域网和使用 IPv6 协议"等实训项目；在第 3 章增加"单交换机上的 VLAN 划分"实训项目；升级并改写第 4 章全部内容，还增加"配置与管理 Hyper-V 服务器、用户和组管理、配置与管理 NAT 服务器"等实训项目；升级并改写第 5 章全部内容。

3. 本书特点

本书的特点如下。

（1）随书光盘中的项目实训视频为教师备课、学生预习 / 对照实训 / 课后复习提供了最大便利。随书光盘的理论基础文档为教师和学生学习和查找资料提供了方便。

（2）综合实训项目是对全书的一次总结和升华，也是对灵活和综合应用所学知识的一个很好训练。

（3）紧密结合高职高专教学实际。目前，各个学校在计算机网络实验与实训中普遍使用了虚拟实验环境，本书开篇首先介绍虚拟机与 VMware，在第 4 章中增加了"配置与管理 Hyper-V 服务器"的实训项目，最终目的是为后续实训做好充足准备。在一些设备要求复杂的实训中，特别给出了使用 VMware Workstation 和 Hyper-V 服务器完成实训的方案方法，利于学生学习和教师指导。

（4）较好的条理性和系统性。本书由 7 个实训单元组成，每个实训单元由若干个实用性好、可操作性强的实训项目组成，共计 41 个实训项目。以实训项目为中心介绍相关知识和实训步骤，有利于学生在实训中掌握计算机网络的实用知识，提高专业技能。

（5）理论和实践紧密结合，突出了高职教育的特色。每个实训项目一般包括实训场景、实训目的、实训内容、实训环境要求、实训拓扑图、理论基础、实训步骤、实训思考题、实训问题参考答案、实训报告要求 10 部分。每个实训项目就是一个知识和技能的综合训练题。

（6）方便教师教学和学生自学。本书中每个实训项目都是对所学的理论知识的综合运用及扩展，其后都有相关的思考题，有利于学生思考和教师督促学生学习。本书需要的软件和资料可以到 360 共享群（优秀教材资源）http://qun.yunpan.360.cn/50004880 下载。其他资料更新请关注教材网站链接 http://linux.sdp.edu.cn/kcweb/yxjc/yxjctj.html。

4. 教学参考学时

本书的参考学时为 76~100 学时，或 3~4 周的整周实训。

5. 其他

本书由平寒编著，红帽认证工程师宁方明、微软资深工程师王春身设计并录制了项目实训录像。杨云、马立新、张晖、金月光、牛文琦、王亚东、郭娟、刘芳梅、王春身、张亦辉、吕子泉、王秀梅、李满、杨建新、梁明亮、薛鸿民、李娟等参加了部分章节的审稿工作。

Windows & Linux 教师交流 QQ 群：189934741。

编者

2014 年 2 月 14 日

目 录 CONTENTS

2

第 3 章　路由与交换技术　54

PART 1

第 1 章 虚拟机与 VMware Workstation

英国 17 世纪著名化学家罗伯特·波义耳说过"实验是最好的老师"。实验是从理论学习到实践应用必不可少的一步，尤其是在计算机、计算机网络、计算机网络应用这种实践性很强的学科领域，实验与实训更是重中之重。

选择一个好的虚拟机软件是顺利完成各类虚拟实验的基本保障。有资料显示，VMware 就是专门为微软公司的 Windows 操作系统及基于 Windows 操作系统的各类软件测试而开发的。由此可知 VMware 软件功能的强大。

本章主要介绍虚拟机的基础知识和如何使用 VMware Workstation 软件建立虚拟网络环境。

1.1 虚拟机

对于大学生来说，只有理论学习而没有经过一定的实践操作，一切都是"纸上谈兵"，在实际应用中碰到一些小问题都有可能成为不可逾越的"天堑"。然而，在许多时候我们不可能在已经运行的系统设备上进行各种实验，如果为了掌握某一项技术和操作而单独购买一套设备，在实际应用中几乎是不可能的。虚拟实验环境的出现和应用解决了以上问题。

"虚拟实验"即"模拟实验"，它借助一些专业软件的功能来实现与真实设备相同效果的过程。虚拟实验是当今技术发展的产物，也是社会发展的要求。

1.1.1 虚拟机的功能与用途

大量的虚拟实验都是通过虚拟机软件来实现的，虚拟机的主要功能有两个，一是用于实验，二是用于生产。所谓用于实验，就是指用虚拟机可以完成多项单机、网络和不具备真实实验条件和环境的实验；所谓用于生产，主要包括以下几种情况。

● 用虚拟机可以组成产品测试中心。通常的产品测试中心都需要大量具有不同环境和配置的计算机及网络环境，例如，有的测试需要从 Windows XP、Windows 7 到 Windows 2008 的环境，而每种环境，比如 Windows XP，又分为 Windows XP（不打补丁）、Windows XP（打 SP1 补丁）、Windows XP（打 SP2 补丁）这样的多种环境。如果使用"真正"的计算机进行测试，需要大量的计算机，而使用虚拟机可以降低和减少成本而不影响测试的进行。

● 用虚拟机可以"合并"服务器。通常企业需要多台服务器，但有可能每台服务器的负载比较轻或者服务器总的负载比较轻。这时候就可以使用虚拟机的企业版，在一台服务器上安装多个虚拟机，其中的每台虚拟机都用于代替一台物理的服务器，从而充分利用资源。

虚拟机可以做多种实验，主要包括以下几点。

● 一些"破坏性"的实验，比如需要对硬盘进行重新分区、格式化，重新安装操作系统等操作。

● 一些需要"联网"的实验，比如做 Windows 2008 联网实验时，需要至少 3 台计算机、1 台交换机、3 条网线。

● 一些不具备条件的实验，比如 Windows 群集类实验，需要"共享"的磁盘阵列柜，而一个最便宜的磁盘阵列柜也需要几万元，如果再加上群集主机，则一个实验环境大约需要 10 万元以上的投资。使用虚拟机可以大大节省成本。

1.1.2   VMware Workstation 虚拟机简介

VMware Workstation 为每一个虚拟机创建了一套模拟的计算机硬件环境，其模拟的硬件设置如下。

● CPU：Intel CPU。CPU 主频与主机频率相同。

● 硬盘：普通 IDE 接口或者 SCSI 接口的硬盘。如果是创建 Windows NT 或 Windows 2000 的虚拟机，则 SCSI 型号为 BusLogic SCSI Host Adapter（SCSI），如果创建的虚拟机是 Windows Server 2008，则 SCSI 卡型号为 LSI SCSI 卡。

● 网卡：AMD PCNET 10/100/1000Mbit/s 网卡。

● 声卡：Creative Sound Blaster 16 位声卡。

● 显卡：标准 VGA、SVGA 显示卡，16MB 显存（可修改）。在安装 VMware SVGA Ⅱ 显示卡驱动后可支持 32 位真彩色及多种标准（如 1 600 像素×1 280 像素、1 280 像素×1 024 像素、1 024 像素×768 像素、800 像素×600 像素、640 像素×480 像素等）与非标准（如 1 523 像素×234 像素等可以任意设置）的分辨率，支持全屏显示模式，也可以在 VMware Workstation 窗口中显示。

● USB：可以在虚拟机中使用 USB 的硬件设备，如 U 盘、USB 鼠标、USB 打印机等，目前 VMware Workstation 提供了 USB 2.0 的接口。

1.2   安装 VMware Workstation

在某个真实操作系统上安装 VMware Workstation 软件，然后可以利用该工具在一台计算机上模拟出若干台虚拟计算机，每台虚拟计算机可以运行独立的操作系统而互不干扰，还可以将一台计算机上的几个操作系统互联成一个网络。在 VMware 环境中，将真实的操作系统称为主机系统，将虚拟的操作系统称为客户机系统或虚拟机系统。主机系统和虚拟机系统可以通过虚拟的网络连接进行通信，从而实现一个虚拟的网络实验环境。从实验者的角度来看，虚拟的网络环境与真实网络环境并无太大区别。虚拟机系统除了能够与主机系统通信以外，甚至还可以与实际网络环境中的其他主机进行通信。

因为需要装两个以上操作系统，所以主机的内存应该比较大。推荐的计算机硬件基本配置如表 1-1 所示。

表 1-1   实验设备要求

设 备	要 求
内存	建议 2GB 以上
CPU	1GHz 以上

设　　备	要　　求
硬盘	100GB 以上
网卡	10MB 或者 100MB 网卡
操作系统	Windows 7 以上
光盘驱动器	使用真实设备或光盘映像文件

在 VMware 环境中，主机系统可以是 Windows 或 Linux 系统，本节以 Windows 7 操作系统为例，讲述 VMware Workstation 10 的安装，具体操作步骤如下。

（1）在计算机上安装 Windows 7，并且打上相关的补丁，根据实际需要设置真实网卡的 IP 地址。如果需要虚拟机系统与真实网络通信，则该网卡的 IP 地址应该能够保证网络通信正常。

（2）从互联网上下载 VMware Workstation10 软件。也可联系作者，或加入作者的 Windows & Linux（教师）交流群获得 Vmware Workstation 10 软件。

（3）安装 VMware Workstation 的具体步骤非常简单，按默认处理安装就可以，本处不再赘述。安装完成后启动 VMware Workstation，以 VMware Workstation 10 为例，启动后界面如图 1-1 所示。

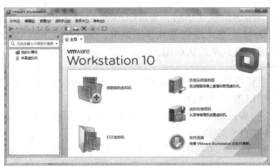

图 1-1　VMware Workstation 10

1.3　设置 VMware Workstation 10 的首选项

在图 1-1 中单击"编辑"→"首选项"命令，出现"首选项"设置对话框，如图 1-2 所示。

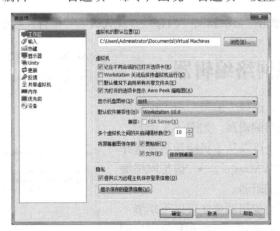

图 1-2　设置 VMware Workstation 参数

① 在"工作区"选项卡，设置工作目录。

② 使用"输入"首选项设置，配置 Workstation 捕获主机系统输入的方式。

③ 配置热键是一个非常有用的功能，使用"热键"首选项设置可以防止诸如 Ctrl+Alt+Del 这样的按键组合被 Workstation 截获，而不能发送到客户机操作系统。您可以使用热键序列来实现以下操作：在虚拟机之间切换、进入或退出全屏模式、释放输入、将 Ctrl+Alt+Del 仅发送到虚拟机，以及将命令仅发送到虚拟机。

④ 使用"共享虚拟机"首选项设置可以启用或禁用虚拟机共享和远程访问、修改 VMware Workstation Server 使用的 HTTPS 端口，以及更改共享虚拟机目录。

在 Windows 主机中，要更改这些设置，您必须具有主机系统的管理特权；在 Linux 主机中，您必须具有主机系统的根访问权限。表 1-2 为共享虚拟机首选项的设置。

表 1-2　　　　　　　　　　共享虚拟机首选项设置

设置	描述
[启用共享]或[禁用共享]（Windows 主机）[启用虚拟机共享和远程访问]（Linux 主机）	启用虚拟机共享后，Workstation 会在主机系统中启动 VMware Workstation Server。您可以创建共享虚拟机，而且远程用户可以连接到主机系统。禁用虚拟机共享后，Workstation 会在主机系统中停止 VMware Workstation Server。您无法创建共享虚拟机，而且远程用户无法连接到主机系统。虚拟机共享默认启用
[HTTPS 端口]	主机系统中，VMware Workstation Server 使用的 HTTPS 端口。默认 HTTPS 端口为端口 443。在 Windows 主机中，除非已禁用远程访问和虚拟机共享，否则无法更改 HTTPS 端口。在 Linux 主机中，您无法在"首选项"对话框中更改端口号，而只能在安装过程中运行 Workstation 安装向导时更改端口号。注意：如果端口号使用非默认值，远程用户必须在连接到主机系统时指定端口号，例如：主机：端口
[共享虚拟机位置]	Workstation 存储共享虚拟机的目录。如果主机中存在共享虚拟机，则无法更改共享虚拟机目录

⑤ 接下来再分别单击"显示器"、"内存"、"优先级"、"设备"选项卡，进行相关设置。

1.4　使用虚拟网络编辑器

在 Workstation 中，选择"编辑"→"虚拟网络编辑器"启动虚拟网络编辑器，如图 1-3 所示。在 Windows 主机中，也可以从主机操作系统选择"开始"→"程序"→"VMware"→"虚拟网络编辑器"来启动虚拟网络编辑器。

您可以使用虚拟网络编辑器来实现以下功能：查看和更改关键网络连接设置、添加和移除虚拟网络，以及创建自定义虚拟网络连接配置。在虚拟网

图 1-3　虚拟网络编辑器

络编辑器中所做的更改会影响主机系统中运行的所有虚拟机。

在 Windows 主机中，任何用户都可以查看网络设置，但是只有"管理员"用户可以进行更改。在 Linux 主机中，必须输入 root 用户密码才能访问虚拟网络编辑器。

 如果单击"恢复默认设置"还原到默认网络设置，则您在安装 Workstation 后对网络设置所做的所有更改都将永久丢失。请勿在虚拟机处于开启状态时还原到默认网络设置，否则可能导致桥接模式网络连接严重损坏。

1.4.1 添加桥接模式虚拟网络

如果 Workstation 安装到具有多个网络适配器的主机系统，您可以配置多个桥接模式网络。

默认情况下，虚拟交换机 VMnet0 会映射到一个桥接模式网络。您可以在虚拟交换机 VMnet2 至 VMnet7 上创建自定义桥接模式网络。在 Windows 主机中，您还可以使用 VMnet9。在 Linux 主机中，您也可以使用 VMnet10 至 VMnet255。

 如果您将物理网络适配器重新分配到其他虚拟网络，所有使用原始网络的虚拟机将不再通过该虚拟网络桥接到外部网络，您必须分别为每个受影响的虚拟机网络适配器更改设置。如果主机系统只有一个物理网络适配器，而您将其重新分配到 VMnet0 以外的虚拟网络，上述限制带来的问题将尤为突出。即使虚拟网络表面上显示为桥接到一个自动选择的适配器，其所能使用的唯一适配器也会被分配到其他虚拟网络。

（1）前提条件

① 确认主机系统中有可用的物理网络适配器（如果只有一个网卡，那只能有一个虚拟网络是桥接的）。默认情况下，虚拟交换机 VMnet0 会设置为使用自动桥接模式，并桥接到主机系统中所有活动的物理网络适配器。

② 通过限制桥接到 VMnet0 的物理网络适配器，可以将物理网络适配器变为可用。方法如下：

首先选择"编辑"→"虚拟网络编辑器"，然后选择桥接模式网络 VMnet0，从"桥接到"菜单中，选择"自动"。

（2）设置步骤

① 在图 1-3 中，单击"添加网络"。如图 1-4 所示。

图 1-4　添加虚拟网络

② 选择一个虚拟交换机，比如 VMnet2。Workstation 将为虚拟网络适配器分配一个子网 IP 地址。

③ 从列表中选择新虚拟网络 VMnet2，然后选择"桥接模式"（将虚拟机直接连接到外部网络）。如图 1-5 所示。

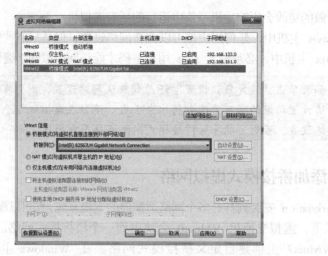

图1-5　选择桥接模式（将虚拟机直接连接到外部网络）

④ 从"桥接到"菜单中，选择所要桥接到的主机系统物理适配器。

⑤ 单击"确定"保存所做的更改。

1.4.2　添加仅主机模式虚拟网络

您可以使用虚拟网络编辑器来设置多个仅主机模式虚拟网络。

在 Windows 和 Linux 主机系统中，第一个仅主机模式网络是在安装 Workstation 的过程中自动设置的。在下列情况下，您可能会希望在同一台计算机中设置多个仅主机模式网络。

● 将两个虚拟机连接到一个仅主机模式网络，同时将其他虚拟机连接到另一个仅主机模式网络，以便隔离每个网络中的网络流量。

● 测试两个虚拟网络之间的路由。

● 在不使用任何物理网络适配器的情况下测试具有多个网卡的虚拟机。

设置步骤如下。

① 在图1-3中，单击"添加网络"。

② 选择一个虚拟交换机，比如Vmnet3。

在 Windows 和 Linux 主机中，虚拟交换机 VMnet1 默认情况下会映射到一个仅主机模式网络。Workstation 将为虚拟网络分配一个子网 IP 地址。

③ 从列表中选择新虚拟网络 VMnet3，然后选择[仅主机模式(在专用网络内部连接虚拟机)]。如图1-6所示。

④ （可选）要将主机系统的物理网络连接到网络，请选择[将主机虚拟适配器连接到此网络]。

⑤ （可选）要使用本地 DHCP 服务为网络中的虚拟机分配 IP 地址，请选择[使用本地 DHCP 服务将 IP 地址分配给虚拟机]。

图1-6　选择仅主机模式(在专用网络内部连接虚拟机)

⑥（可选）（仅限 Windows 主机）如果网络使用本地 DHCP 服务，要自定义 DHCP 设置，请单击 [DHCP 设置]。

⑦（可选）要更改子网 IP 地址或子网掩码，请分别在[子网 IP] 和[子网掩码]文本框中修改相应的地址。

⑧ 单击[确定]保存所做的更改。

1.4.3 在 Windows 主机中更改 NAT 设置

在 Windows 主机中，您可以更改网关 IP 地址、配置端口转发，以及配置 NAT 网络的高级网络设置。要在 Windows 主机中更改 NAT 设置，请选择[编辑]→ [虚拟网络编辑器]，然后选择 NAT 网络，并单击 [NAT 设置]，如图1-7 所示。

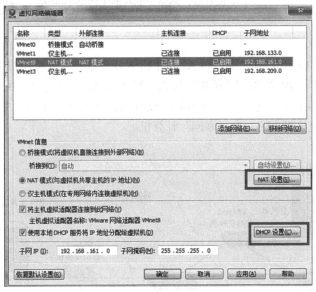

图 1-7　选择 NAT 模式

> **注意**　默认情况下，NAT 设备会连接到 VMnet8 虚拟交换机。您只能有一个 NAT 虚拟网络。

1.4.4 在 Windows 主机中更改 DHCP 设置

在 Windows 主机中，您可以为使用 DHCP 服务分配 IP 地址的 NAT 及仅主机模式网络更改 IP 地址范围和 DHCP 许可证持续时间。

要在 Windows 主机中更改 DHCP 设置，请选择[编辑]→ [虚拟网络编辑器]，然后选择 NAT 或仅主机模式网络，并单击 [DHCP 设置]。如图1-7 所示。

1.4.5 设置 VMware Workstation 的联网方式

需要注意的是 VMware 的联网方式。安装完 VMware Workstation 之后，默认会给主机系统增加两个虚拟网卡 VMware Network Adapter VMnet1 和 VMware Network Adapter VMnet8，这两个虚拟网卡分别用于不同的联网方式。VMware 常用的联网方式如表1-3 所示。

表 1-3   虚拟机网络连接属性及其意义

选择网络连接属性	意 义
Use bridged networking（桥接网络）	使用（连接）VMnet0 虚拟交换机，此时虚拟机相当于网络上的一台独立计算机，与主机一样，拥有一个独立的 IP 地址，效果如图 1-8 所示
Usenetworkaddress translation（使用 NAT 网络）	使用（连接）VMnet8 虚拟交换机，此时虚拟机可以通过主机单向访问网络上的其他工作站（包括 Internet 网络），其他工作站不能访问虚拟机，效果如图 1-9 所示
Use Host-Only networking（使用主机网络）	使用（连接）Vmnet1 虚拟交换机，此时虚拟机只能与虚拟机、主机互联，网络上的其他工作站不能访问，如图 1-10 所示

（1）桥接网络

如图 1-8 所示，虚拟机 A1、虚拟机 A2 是主机 A 中的虚拟机，虚拟机 B1 是主机 B 中的虚拟机。如果 A1、A2 与 B1 都采用"桥接"模式，则 A1、A2、B1 与 A、B、C 任意两台或多台之间都可以互相访问（需要设置为同一网段），这时 A1、A2、Bl 与主机 A、B、C 处于相同的身份，相当于插在交换机上的一台"联网"计算机。

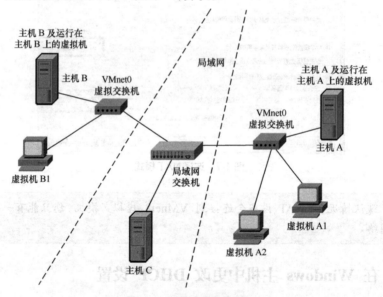

图 1-8 桥接方式网络关系

（2）NAT 网络

如图 1-9 所示，虚拟机 A1、虚拟机 A2 是主机 A 中的虚拟机，虚拟机 B1 是主机 B 中的虚拟机。其中的"NAT 路由器"是启用了 NAT 功能的路由器，用来把 VMnet8 交换机上连接的计算机通过 NAT 功能连接到 VMnet0 虚拟交换机。如果 B1、A1、A2 设置成 NAT 方式，则 A1、A2 可以单向访问主机 B、C 不能访问 A1、A2；B1 可以单向访问主机 A、C，A、C 不能访问 B1；A1、A2 与 A，B1 与 B 可以互访。

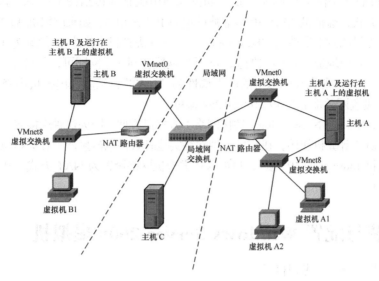

图 1-9　NAT 方式网络关系

（3）主机网络

如图 1-10 所示，虚拟机 A1、虚拟机 A2 是主机 A 中的虚拟机，虚拟机 B1 是主机 B 中的虚拟机。如果 B1、A1、A2 设置成 Host 方式，则 A1、A2 只能与 A 互相访问，A1、A2 不能访问主机 B、C，也不能被这些主机访问；B1 只能与 B 互相访问，B1 不能访问主机 A、C，也不能被这些主机访问。

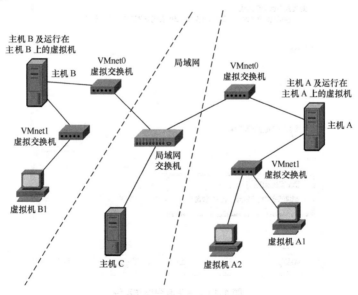

图 1-10　Host 方式网络关系

在使用虚拟机"联网"的过程中，可以随时更改虚拟机所连接的"虚拟交换机"，这相当于在真实的局域网环境中，把网线从一台交换机插到另一台交换机上。当然，在虚拟机中改变网络要比实际上插拔网线方便多了。和真实的环境一样，在更改了虚拟机的联网方式后，还需要修改虚拟机中的 IP 地址以适应联网方式的改变。例如，在图 1-8 中，假设主机的 VMnet1 使用网段地址 192.168.10.0，VMnet8 使用网段地址 192.168.80.0，网关地址为 192.168.80.254（相当于图 1-9 中 "NAT 路由器" 内网地址），主机网卡使用地址为 192.168.1.1。假设虚拟机 A1 开始被设置成桥接方式，虚拟机 A1 的 IP 地址被设置为 192.168.1.5。如果虚拟机 A1 想使用 Host 方式，则修改虚拟机的网卡属性为 "Host-Only"，然后在虚拟机中修改 IP 地址为 192.168.10.5 即可（也可以设置其他地址，只要网段与 Host 所用网段在同一子网即可，下同）；如果虚拟机 A1 想改用 NAT 方式，则修改虚拟机的网卡属性为 "NAT"，然后在虚拟机中修改 IP 地址为 192.168.80.5，设置网关地址为 192.168.80.254 即可。

一般来说，Bridged Networking（桥接网络）方式最方便，因为这种连接方式可以将虚拟机当做网络中的真实计算机使用，在完成各种网络实验时效果也最接近于真实环境。但如果没有足够可用的连接 Internet 的 IP 地址，也可以将虚拟机网络设置为 NAT 方式，从而通过物理机连接到 Internet。

1.5 安装与配置 Windows Server 2008 虚拟机

下面就可以组装一台虚拟机了。

1．新建虚拟机

（1）在 VMware Workstation 主窗口中单击 "创建新虚拟机" 按钮，或者选择菜单 "文件" →"新建虚拟机" 命令，打开新建虚拟机向导。

（2）单击 "下一步" 按钮，在出现如图 1-11 所示的安装客户操作系统对话框。在此选择 "稍后安装操作系统" 选项，不使用自动安装。

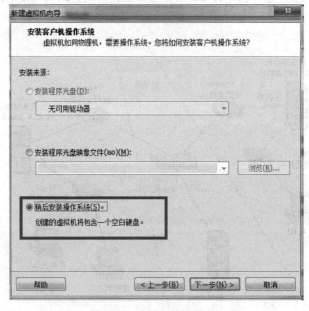

图 1-11　安装客户操作系统

（3）在接下来的几步分别设置虚拟机存放位置、网络连接方式，以及分配给虚拟机的内存数量等，大部分选项均可采用系统的默认值。

说明　　若系统分区的空间有限，建议将虚拟机的存放位置放在规划好的其他磁盘上，不使用默认设置。

（4）向导设置完成后，通常还需要设置光盘驱动器的使用方式。选择菜单"虚拟机"→"设置"，在图 1-12 所示窗口中选择"CD/DVD(SATA)"项，可以看到光盘驱动器有两种使用方式。

图 1-12　选择"CD/DVD(SATA)"选项

● 使用物理驱动器：该选项使用主机系统的真实光盘驱动器，如使用该种方式安装操作系统，需要准备光盘介质。

● 使用 ISO 镜像文件：使用光盘映像 ISO 文件模拟光盘驱动器，只需要准备 ISO 文件，不需要实际的光盘介质。对虚拟机系统来说，这与真实的光盘介质并无区别。

一定选中"启动时连接"选框，避免启动后找不到光盘镜像。

（5）设置虚拟计算机完成后，单击工具栏上的绿色启动按钮可以为虚拟机加电启动。此时使用鼠标单击虚拟机系统的屏幕可将操作焦点转移到虚拟机上，使用组合键"Ctrl+Alt"可以将焦点转移回主机系统。

有时组合键"Ctrl+Alt"可能与系统的某些默认组合键冲突，这时可以将热键设置为其他组合键。方法是选择菜单"编辑"→"首选项"，在打开的设置对话框中选择"热键"选项卡，将热键设置为其他组合。

2．虚拟机 BIOS 设置

在虚拟机窗口中单击鼠标左键，接受对虚拟机的控制，按【F2】键可以进入 BIOS 设置，如图 1-13 所示，虚拟机中使用的是"Phoenix"（凤凰）的 BIOS 程序。

如果【F2】键不好掌握按下的时机，则可以通过选择"虚拟机"→"电源"→"启动时进入 BIOS"而直接进入 BIOS 设置。

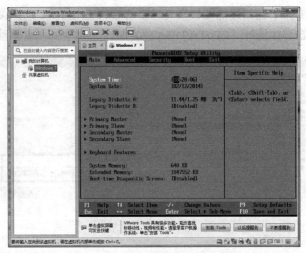

图 1-13 虚拟机系统 BIOS 设置

在"Boot"选项可以更改是否使用光盘启动。

特别注意

大部分情况下并不需要设置虚拟机的 BIOS,通常只有使用光盘引导系统执行一些维护和修复时才会修改 BIOS 中与引导有关的选项。

安装 Windows Server 2008 的具体过程后续课程中将详细介绍。

3．改变虚拟机的硬件配置

在某些应用和实验环境中,对硬件配置有特别的需求。例如要完成磁盘 RAID 实验,需要操作系统具备多块磁盘才可以;而要完成一些路由和代理服务器的实验,则需要操作系统有多块网卡。在 WMware 虚拟机中,可以非常方便地完成硬件的添加删除。

为了修改虚拟机的硬件配置,可以选择菜单"虚拟机"→"设置",打开"虚拟机设置"对话框,并选择"硬件"选项卡。单击该选项卡左下角的"添加"按钮,即可启动添加硬件向导。继续单击"下一步"按钮,进入图 1-14 所示界面。

在图 1-14 所示界面中选择要添加的硬件类型,按照向导提示进行操作即可完成硬件的添加。

图 1-14 虚拟机添加硬件向导

如果选择"硬盘"可以添加多块硬盘（最多支持4块IDE硬盘和7块SCSI硬盘）。

另外，为了提高虚拟机系统的性能，建议将实验中不需要的硬件删除。例如软盘驱动器、声卡等设备，都可以暂时删除。方法是在"虚拟机设置"对话框中，选择要删除的硬件设备，单击"移除"按钮。

4．管理虚拟机快照

使用虚拟机系统的好处之一就是可以为虚拟机建立快照，并在需要的时候将系统恢复到某个快照。所谓快照是对虚拟机系统状态的保存，有了快照，就可以放心地对系统进行任意操作，当系统出现问题不能正常使用时，就可以将系统恢复到建立快照时的状态。

在VMware Workstation的工具栏中可以看到如图1-15所示的按钮。

图1-15　虚拟机快照管理按钮

这3个按钮的功能分别是建立快照、恢复系统到上一个快照、管理虚拟机快照。单击第一个按钮可以立刻对系统建立快照；单击第二个按钮可以将系统恢复到上一次建立的快照；单击第三个按钮，打开如图1-16所示的对话框，在该对话框中对系统的快照进行管理。

图1-16　虚拟机快照管理

在该对话框中，可以对快照进行各种管理操作。例如建立新的快照，或者恢复到某个指定的快照，也可以将原有的快照删除。

为了更好地管理和使用虚拟机系统，建议在安装完一个操作系统之后，立即对系统建立快照，并使用简单易记的名字进行命名。在对虚拟机系统进行了重要配置之后，也应该建立相应的快照。

另外，为了不影响后面的实验，在每次做实验之前，将已经安装好的虚拟机创建一个"克隆"（链接），在创建的克隆链接的虚拟机中做实验，在实验之后，确认不再使用后，删除克隆后的虚拟机。创建"克隆"（链接）的操作如下。

如图1-16所示，单击选中创建的快照点，单击"克隆"（clone）按钮，出现向导对话框，单击"下一步"按钮，在接下来的对话框中选择"从快照作为原始点"（From Snapshot）按钮，接下来选择"创建一个链接克隆"（Create a link Clone）按钮，然后按提示输入克隆后的虚拟机名称，最后完成克隆虚拟机的创建。

1.6 安装和升级 VMware Tools

安装 VMware Tools 是创建新虚拟机的必需步骤。升级 VMware Tools 是让虚拟机始终符合最新标准的必需步骤。

为获得最佳性能和最新的更新,需要安装或升级 VMware Tools,使其与您所用的 Workstation 版本相匹配。还提供其他兼容性选项。

1.6.1 安装 VMware Tools

VMware Tools 是一种实用程序套件,可用于提高虚拟机客户机操作系统的性能以及改善对虚拟机的管理。

尽管客户机操作系统在未安装 VMware Tools 的情况下仍可运行,但许多 VMware 功能只有在安装 VMware Tools 后才可用。例如,如果虚拟机中没有安装 VMware Tools,则将无法使用工具栏中的关机或重新启动选项。只能使用"电源"选项。

安装 VMware Tools 之前,像 U 盘等移动设备将无法使用。

安装完操作系统之后就可以使用 Windows 简易安装或 Linux 简易安装功能安装 VMware Tools。

VMware Tools 的安装程序是 ISO 映像文件。ISO 映像文件对客户机操作系统来说就如同 CD-ROM。每个类型的客户机操作系统,包括 Windows、Linux、Solaris、FreeBSD 和 NetWare 都有一个 ISO 映像文件。选择安装或升级 VMware Tools 的命令时,虚拟机的第一个虚拟 CD-ROM 磁盘驱动器临时连接到相应客户机操作系统的 VMware Tools ISO 文件。

最新版本的 ISO 文件存储在 VMware 网站上。选择命令以安装或升级 VMware Tools 时,VMware 产品将确定是否已针对特定操作系统下载最新版本的 ISO 文件。如果未下载最新版本或还没有为该操作系统下载 VMware Tools ISO 文件,则系统会提示您下载文件。

1.6.2 在 Windows 虚拟机中手动安装或升级 VMware Tools

所有受支持的 Windows 客户机操作系统支持 VMware Tools。

在升级 VMware Tools 前,请考察运行虚拟机的环境,并权衡不同升级策略的利弊。例如,您可以安装最新版本的 VMware Tools 以增强虚拟机的客户机操作系统的性能并改进虚拟机管理,也可以继续使用现有版本以在所处环境中提供更大的灵活性。

对于 Windows 2000 及更高版本,VMware Tools 将安装虚拟机升级助手工具。如果将虚拟机兼容性从 ESX/ESXi 3.5 升级到 ESX/ESXi 4.0 和更高版本,或者从 Workstation 5.5 升级到 Workstation 6.0 和更高版本,则此工具可还原网络配置。

（1）前提条件

● 打开虚拟机电源。

● 确认客户机操作系统正在运行。

● 如果您安装操作系统时已将虚拟机的虚拟 CD/DVD 驱动器连接到 ISO 映像文件,请更改设置以使虚拟 CD/DVD 驱动器配置为自动检测物理驱动器。自动检测设置使得虚拟机的第一个虚拟 CD/DVD 驱动器能够检测并连接到 VMware Tools ISO 文件以进行 VMware

Tools 安装。ISO 文件对客户机操作系统来说就如同物理 CD。使用虚拟机设置编辑器将 CD/DVD 驱动器设置为自动检测物理驱动器。

● 除非您使用的是较早版本的 Windows 操作系统，否则，请以管理员身份登录。任何用户都可以在 Windows 95、Windows 98 或 Windows ME 客户机操作系统中安装 VMware Tools。对于比这些版本更新的操作系统，您必须以管理员身份登录。

（2）安装步骤

① 在主机上，从 Workstation 菜单栏中选择[虚拟机]→[安装 VMware Tools]。 如果安装了早期版本的 VMware Tools，则菜单项为[更新 VMware Tools]。

② 如果您第一次安装 VMware Tools，请在"安装 VMware Tools"信息页面中单击[确定]。如果在客户机操作系统中为 CD-ROM 驱动器启用了自动运行，则将启动 VMware Tools 安装向导。

③ 如果自动运行未启用，要手动启动向导，请单击[开始]→[运行]，然后输入 D:\setup.exe（ setup64.exe 是 64 从头再来版本)，其中 D: 是第一个虚拟 CD-ROM 驱动器，如图 1-17 所示。或者打开 D 盘，双击"setup.exe"。图 1-18 为 VMware Tools 工具软件的内容。

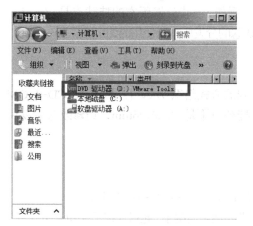

图 1-17　虚拟 CD-ROM 驱动器

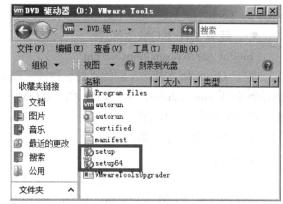

图 1-18　VMware Tools 工具软件

④ 按照屏幕上的说明进行安装操作。

⑤ 如果出现"新建硬件"向导，请按照提示并接受默认值。

⑥ 如果您安装的是 VMware Tools 测试版或 RC 版本，且看到一个警告，指出软件包或驱动程序未签名，请单击[仍然安装]完成安装。

⑦ 出现提示时，请重新引导虚拟机。

⑧ 如果有新版虚拟硬件可用于虚拟机，请升级虚拟硬件。

1.6.3　在 Linux 虚拟机中手动安装或升级 VMware Tools

对于 Linux 虚拟机，通过使用命令行手动安装或升级 VMware Tools。

在升级 VMware Tools 前，请考察运行虚拟机的环境，并权衡不同升级策略的利弊。例如，您可以安装最新版本的 VMware Tools 以增强虚拟机的客户机操作系统的性能并改进虚拟机管理，也可以继续使用现有版本以在所处环境中提供更大的灵活性。

（1）前提条件

● 打开虚拟机电源。

● 确认客户机操作系统正在运行。

● 由于 VMware Tools 安装程序是采用 Perl 语言编写的，因此请确认客户机操作系统中已安装 Perl。

（2）安装步骤

① 在主机上，从 Workstation 菜单栏中选择[虚拟机]→[安装 VMware Tools]。 如果安装了早期版本的 VMware Tools，则菜单项为[更新 VMware Tools]。

② 在虚拟机中，以 root 身份登录客户机操作系统，然后打开终端窗口。

③ 运行不带参数的 mount 命令以确定 Linux 分发版本是否已自动挂载 VMware Tools 虚拟 CD-ROM 映像。

④ 如果已挂载 CD-ROM 设备，则将列出 CD-ROM 设备及其挂载点，如下所示：

/dev/cdrom on /mnt/cdrom type iso9660 (ro,nosuid,nodev)

如果未挂载 VMware Tools 虚拟 CD-ROM 映像，请挂载 CD-ROM 驱动器。

● 如果挂载点目录尚不存在，请创建目录。

mkdir /mnt/cdrom

某些 Linux 分发版本使用不同的挂载点名称。例如，一些分发版本的挂载点是 /media/VMware Tools，而不是 /mnt/cdrom。修改命令以反映您的分发版本所使用的约定。

● 挂载 CD-ROM 驱动器。

 mount /dev/cdrom /mnt/cdrom

某些 Linux 版本使用不同的设备名称或采取不同的方式组织 /dev 目录。如果 CD-ROM 驱动器不是 /dev/cdrom，或者如果 CD-ROM 的挂载点不是 /mnt/cdrom，请修改命令以反映您的分发版本所使用的约定。

⑤ 转到工作目录，例如 /tmp。

 cd /tmp

⑥ 在安装 VMware Tools 之前，删除任何先前的 vmware-tools-distrib 目录。

此目录的位置取决于先前执行安装时所指定的位置。通常情况下，此目录位于 /tmp/vmware-tools-distrib 中。

⑦ 列出挂载点目录的内容，并记下 VMware Tools tar 安装程序的文件名。

 ls mount-point

⑧ 解压缩安装程序。

tar zxpf /mnt/cdrom/VMwareTools-x.x.x-yyyy.tar.gz

值 x.x.x 是产品版本号，yyyy 是产品发行版本的内部版本号。

如果尝试在 RPM 安装之上执行 tar 安装，或者在 tar 安装上执行 RPM 安装，安装程序将检测到先前的安装，并且必须转换安装程序数据库格式，而后才能继续。

⑨ 如有必要，请卸载 CD-ROM 映像。

 umount /dev/cdrom

如果 Linux 分发版本已自动挂载 CD-ROM，则不需要卸载映像。

⑩ 运行安装程序并配置 VMware Tools。

 cd vmware-tools-distrib

 ./vmware-install.pl

通常情况下，运行完安装程序文件之后会运行 vmware-config-tools.pl 配置文件。

如果默认值符合您的配置，则请按照提示接受默认值。

在 Linux 图形界面下，也可以双击桌面上的 VMware Tools 解压缩，然后双击 "vmware-install.pl" 文件运行，按提示进行安装即可。

1.6.4 卸载 VMware Tools

有时，VMware Tools 的升级是不完整的。通常可以通过卸载 VMware Tools 然后重新安装来解决此问题。

（1）前提条件

● 打开虚拟机电源。

● 登录客户机操作系统。

（2）卸载步骤

以卸载 Windows 7 的 VMware Tools 为例。

① 在客户机操作系统中，选择[程序和功能]→[卸载程序]。如图 1-19 所示。

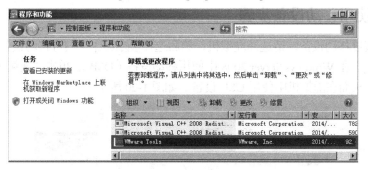

图 1-19　卸载 VMware Tools 工具软件

② 双击"VMware Tools"，按提示卸载 VMware Tools 工具软件。

其他操作系统卸载 VMware Tools 工具软件的方法如表 1-4 所示。

表 1-4　　　　　　　　　　卸载 VMware Tools 工具软件的方法

操作系统	操作
Windows 7, 8	在客户机操作系统中，选择[程序]→[卸载程序]
Windows Vista 和 Windows Server 2008	在客户机操作系统中，选择[程序和功能]→[卸载程序]
Windows XP 及更低版本	在客户机操作系统中，选择[添加/删除程序]
Linux	在使用 RPM 安装程序安装 VMware Tools 的 Linux 客户机操作系统上，请在终端窗口中输入 `rpm -e VMwareTools`
Linux、Solaris、FreeBSD、NetWare	以 root 用户身份登录并在终端窗口中输入 `vmware-uninstall-tools.pl`
Mac OS X Server	使用位于 `/Library/Application Support/VMware Tools` 中的[卸载 VMware Tools] 应用程序

1.7 在虚拟机中使用可移动设备

您可以在虚拟机中连接和断开可移动设备，还可以通过修改远程虚拟机设置更改可移动设备的设置。

1.7.1 前提条件

● 开启虚拟机。

● 必须安装了 VMware Tools 工具软件。

● 如果您要连接 USB 设备或断开 USB 设备的连接，请熟悉 Workstation 处理 USB 设备的方式。

● 如果您要在 Linux 主机上连接 USB 设备或断开 USB 设备的连接，而 USB 设备文件系统不是位于 /proc/bus/usb，请将 USB 文件系统装载到该位置。

1.7.2 使用移动设备步骤

① 要连接可移动设备，请选择虚拟机，然后选择[虚拟机] → [可移动设备]，选择设备，然后选择[连接]。在 Windows Server 2008 中使用移动设备（USB），单击"连接（断开与主机的连接）"命令，从而在虚拟机中使用 USB 设备。如图 1-20 所示。

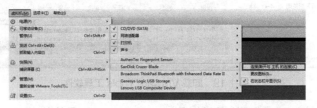

图 1-20　在 Windows Server 2008 中使用移动设备（USB）

　　　　　一个 USB 设备要么在主机系统中使用，要么在虚拟机系统中使用。不可能同时在两种系统中使用。

② 如果设备通过 USB 集线器连接到主机系统，虚拟机只会发现 USB 设备，而非集线器。

③ 当设备连接到虚拟机后，设备名称旁边会显示一个复选标记，虚拟机任务栏上会显示一个设备图标。

④ 要更改可移动设备的设置，请选择[虚拟机] → [可移动设备]，选择设备，然后选择[设置]。

⑤ 要断开可移动设备的连接，请选择虚拟机，然后选择[虚拟机] → [可移动设备]，选择设备，然后选择[断开连接]。

您也可以通过单击或右键单击虚拟机任务栏上的设备图标来断开设备的连接。如果是以全屏模式运行虚拟机，使用任务栏图标会非常便捷。

1.7.3 将 USB 设备连接到虚拟机

在虚拟机运行时，其窗口就属于活动窗口。如果您将 USB 设备插入到主机系统，设备将默认连接到虚拟机而非主机。如果连接到主机系统的 USB 设备未在虚拟机开机时连接到虚拟机，您必须手动将该设备连接到虚拟机。

将 USB 设备连接到虚拟机时，Workstation 会保留与主机系统上相应端口的连接。您可以挂起、关闭虚拟机或拔出设备。在重新插入该设备或继续运行虚拟机时，Workstation 将重新连接该设备。Workstation 会将一个自动连接条目写入到虚拟机配置文件（.vmx）以保留连接。

如果 Workstation 无法重新连接该设备（例如，由于设备连接断开），设备将被移除，Workstation 将显示一条消息表明其无法连接该设备。如果设备仍然可用，您可以手动进行连接。

在实际拔出物理设备、将设备从主机系统移动到虚拟机、在虚拟机之间移动设备，或是将设备从虚拟机移到主机时，请按照设备制造商提供的流程将设备从主机上拔下。这些流程对于数据存储设备（如压缩驱动器）尤为重要。如果您在保存文件后未等操作系统真正将数据写入到磁盘就过早移动了数据存储设备，您的数据将可能会丢失。

1.7.4　在 Linux 主机上装载 USB 文件系统

在 Linux 主机上，Workstation 使用 USB 设备文件系统连接 USB 设备。如果 USB 设备文件系统不在 /proc/bus/usb 中，则必须将 USB 文件系统装载到此位置。

请勿尝试将 USB 驱动器设备节点目录（例如 /dev/sda）作为硬盘添加到虚拟机。

在 Linux 主机上装载 USB 文件系统的步骤如下。

① 确认您具有主机系统的 root 用户访问权限。

② 以 root 用户身份装载 USB 文件系统。

mount −t usbfs none /proc/bus/usb

③ 将 USB 设备连接到主机系统。

1.8　为虚拟机设置共享文件夹

您可以为虚拟机设置共享文件夹。共享文件夹可便于在虚拟机和虚拟机与主机系统之间共享文件。

您添加作为共享文件夹的目录可位于主机系统中，也可以是主机系统可访问的网络目录。对共享文件夹的访问受控于主机系统的权限设置。例如，如果您作为用户"User"运行 Workstation，那么只有在 User 有权读写共享文件夹中的文件时，虚拟机才能读写这些文件。

要使用共享文件夹，客户机操作系统必须安装了最新版 VMware Tools 且必须支持共享文件夹。

共享文件夹会将您的文件呈现给虚拟机中的程序，这可能会使您的数据面临风险。请仅在您信任虚拟机使用您的数据时启用共享文件夹。

您可以为特定的虚拟机启用文件夹共享。要设置用于在虚拟机间共享的文件夹，必须将每个虚拟机配置为使用主机系统或网络共享中的同一目录。

无法为共享或远程虚拟机启用共享文件夹。

（1）前提条件

● 确认虚拟机使用的是支持共享文件夹的客户机操作系统。

- 确认客户机操作系统中安装了最新版 VMware Tools。
- 确认主机系统的权限设置，允许访问共享文件夹中的文件。例如，如果您作为用户"User"运行 Workstation，那么只有在 User 有权读写共享文件夹中的文件时，虚拟机才能读写这些文件。

要使用共享文件夹，虚拟机必须安装支持此功能的客户机操作系统。支持共享文件夹的客户机操作系统如下。

Windows Server 2008、Windows Server 2003、Windows XP、Windows 2000、Windows NT 4.0、Windows Vista、Windows 7、Linux（内核版本为 2.6 或更高）、Solaris x86 10、Solaris x86 10 Update 1 及更高版本。

（2）为虚拟机 Windows Server 2008 设置共享文件夹

① 选择虚拟机，然后选择[虚拟机] → [设置]。

② 在[选项]选项卡中，选择[共享文件夹]。如图 1-21 所示。

图 1-21 设置共享文件夹

③ 选择一个文件夹共享选项。各选项如表 1-5 所示。

表 1-5　　　　　　　　　　　　　　　　　　文件夹共享选项

选项	描述
总是启用	始终启用文件夹共享，即便虚拟机关闭、挂起或关机
在下次关机或挂起前一直启用	暂时启用文件夹共享，直到虚拟机关机、挂起或关闭。重新启动虚拟机后，共享文件夹仍保持启用状态。该设置仅在虚拟机处于开启状态时可用

④ （可选）要将驱动器映射到 Shared Folders 目录，请选择[在 Windows 客户机中映射为网络驱动器]。该目录包含您启用的所有共享文件夹。Workstation 会选择驱动器盘符。

⑤ 单击[添加]以添加共享文件夹。Windows 主机上会启动添加共享文件夹向导。在 Linux 主机上，"共享文件夹属性"对话框将打开。

⑥ 键入主机系统上要共享的目录路径。

如果您在网络共享中指定了一个目录，例如 D:\share，Workstation 将始终尝试使用该路径。如果这个目录随后被连接到主机上的其他驱动器盘符，Workstation 将无法找到共享文件夹。

⑦ 指定虚拟机中应当显示的共享文件夹的名称。

对于客户机操作系统认为非法的共享名称字符，其在客户机中会以其他形式显示。例如，如果您在共享名称中使用了星号，则该名称中的*在客户机中将显示为%002A。非法字符会转换为相应的十六进制 ASCII 值。

⑧ 选择共享文件夹属性。如表 1-6 所示。

表 1-6 共享文件夹属性

选项	描述
启用此共享	启用共享文件夹。取消选择该选项可禁用共享文件夹，但不会将其从虚拟机配置中删除
只读	将共享文件夹设为只读。选择该属性后,虚拟机可以查看并从共享文件夹中复制文件,但不能添加、更改或移除文件。对共享文件夹中文件的访问还受控于主机的权限设置

⑨ 单击[完成]添加共享文件夹。

共享文件夹会显示在"文件夹"列表中，如图 1-22 所示。文件夹名称旁的复选框表示文件夹正被共享。您可以取消选中此复选框来禁用文件夹共享。

图 1-22 禁用文件夹共享

⑩ 单击[确定]保存所做的更改。添加 D：\share 作为虚拟机的共享文件夹。

（3）查看共享文件夹

① 在 Linux 客户机中，共享文件夹位于 /mnt/hgfs 下。在 Solaris 客户机中，共享文件夹位于 /hgfs 下。

② 在 Windows 客户机中查看共享文件夹

在 Windows 客户机操作系统中，您可以使用桌面图标来查看共享文件夹。

　　如果客户机操作系统使用的是 Workstation 4.0 中的 VMware Tools，共享文件夹会显示为指定驱动器盘符上的文件夹。

在 Windows 客户机中查看共享文件夹的步骤如下。

根据所用的 Windows 操作系统版本，在 [My Network Places（网上邻居）]、[Network Neighborhood（网上邻居）]或[网络]中查找 [VMware 共享文件夹]。

如果您将共享文件夹映射为网络驱动器，请打开[我的电脑]，在[网络驱动器]中查找["vmware-host"上的共享文件夹]。

要查看特定的共享文件夹，请使用 UNC 路径 \\vmware-host\Shared Folders\共享文件夹名称直接前往该文件夹。以上面的例子，查看虚拟机 Windows Server 2008 设置共享文件夹。在运行中输入：\\vmware-host\Shared Folders\，出现如图 1-23 所示的对话框。

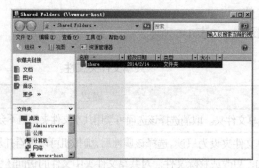

图 1-23　虚拟机中的共享文件夹

1.9　为虚拟机拍摄快照

为虚拟机拍摄快照可以保存虚拟机的当前状态，使您能够重复返回到同一状态。拍摄快照时，Workstation 会捕捉虚拟机的完整状态。您可以使用快照管理器来查看和操作活动虚拟机的快照。

1.9.1　使用快照保留虚拟机状态

快照的内容包括虚拟机内存、虚拟机设置，以及所有虚拟磁盘的状态。恢复到快照时，虚拟机的内存、设置和虚拟磁盘都将返回到拍摄快照时的状态。

如果您计划对虚拟机做出更改，则可能需要以线性过程拍摄快照。例如，您可以拍摄快照，然后继续使用虚拟机，一段时间后再拍摄快照，以此类推。如果更改不符合预期，您可以恢复到此项目中以前的一个已知工作状态快照。

对于本地虚拟机，每个线性过程可以拍摄超过 100 个快照。对于共享和远程虚拟机，每个线性过程最多可以拍摄 31 个快照。

如果您要进行软件测试，则可能需要以过程树分支的形式保存多个快照（所有分支基于同一个基准点）。例如，您可以在安装同一个应用程序的不同版本之前拍摄一个快照，以确保每次安装都从同一个基准点出发。图 1-24 为过程树中作为还原点的快照。

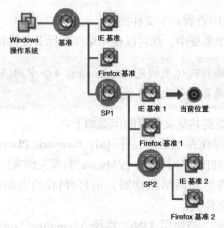

图 1-24　过程树中作为还原点的快照

多个快照之间为父子项关系。作为当前状态基准的快照即是虚拟机的父快照。拍摄快照后，所存储的状态即为虚拟机的父快照。如果恢复到更早的快照，则该快照将成为虚拟机的父快照。

在线性过程中，每个快照都有一个父项和一个子项，但最后一个快照没有子项。在过程树中，每个快照都有一个父项，但是可以有不止一个子项，也可能有些快照没有子项。

1.9.2 拍摄虚拟机快照

拍摄快照时，系统会及时保留指定时刻的虚拟机状态，而虚拟机则会继续运行。通过拍摄快照，您可以反复恢复到同一个状态。您可以在虚拟机处于开启、关机或挂起状态时拍摄快照。

当虚拟机中的应用程序正在与其他计算机进行通信时，尤其是在生产环境中，请勿拍摄快照。例如，如果在虚拟机正从网络中的服务器下载文件时拍摄快照，虚拟机会在快照拍摄完成后继续下载文件。当您恢复到该快照时，虚拟机和服务器之间的通信会出现混乱，文件传输将会失败。

 Workstation 4 虚拟机不支持多个快照。您必须将虚拟机升级到 Workstation 7.x 或更高版本才能拍摄多个快照。

（1）前提条件
● 确认虚拟机没有配置为使用物理磁盘。对于使用物理磁盘的虚拟机，您无法拍摄快照。
● 要使虚拟机在开启时恢复到挂起、开机或关机状态，请确保在拍摄快照之前虚拟机处于相应的状态。恢复到快照时，虚拟机的内存、设置和虚拟磁盘都将返回到拍摄快照时的状态。
● 完成所有挂起操作。
● 确认虚拟机未与任何其他计算机通信。
● 为获得更高性能，可对客户机操作系统的驱动器进行碎片整理。
● 如果虚拟机具有多个不同磁盘模式的磁盘，请将虚拟机关机。例如，如果有需要使用独立磁盘的配置，那么在拍摄快照之前必须将虚拟机关闭。
● 对于使用 Workstation 4 创建的虚拟机，请删除所有现有快照，或者将虚拟机升级到 Workstation 5.x 或更高版本。

（2）步骤
① 选择虚拟机，然后选择[虚拟机] → [快照] → [拍摄快照]。
② 为快照键入唯一的名称。
③ （可选）为快照键入描述。描述对记录说明虚拟机在拍摄快照时的状态非常有用。
④ 单击[确定]拍摄快照。

1.9.3 恢复到快照

通过恢复到快照，可以将虚拟机恢复到以前的状态。

如果您在为虚拟机拍摄快照后添加了任何类型的磁盘，恢复到该快照会从虚拟机中移除该磁盘。关联的磁盘 (.vmdk) 文件如果未被其他快照使用，则会被删除。

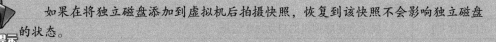 如果在将独立磁盘添加到虚拟机后拍摄快照，恢复到该快照不会影响独立磁盘的状态。

恢复到快照的步骤如下。

① 要恢复到父快照，请选择虚拟机，然后选择[虚拟机] → [快照] → [恢复到快照]。

② 要恢复到任意快照，请选择虚拟机，然后选择[虚拟机] → [快照]，选择所需快照，单击[转到]。

1.9.4　使用快照管理器

您可以使用快照管理器来查看和操作活动虚拟机的快照。通过快照树可以查看虚拟机的快照以及快照之间的关系。

① 要使用快照管理器，请选择[虚拟机] → [快照] → [快照管理器]。

② [当前位置]图标显示了虚拟机的当前状态。其他图标代表自动保护快照、已开启的虚拟机的快照、已关机的虚拟机的快照，以及用于创建链接克隆的快照。要对选定快照执行操作，请单击相应的按钮。您可以通过按住 Ctrl 键单击的方式选择多个快照。表 1-7 描述了快照管理器的操作。

表 1-7　　　　　　　　　　　　　　　快照管理器操作

按钮	操作
[拍摄快照]	为选定的虚拟机拍摄快照。快照的内容包括虚拟机内存、虚拟机设置，以及所有虚拟磁盘的状态。拍摄快照不会保存物理磁盘的状态。独立磁盘的状态不受快照影响 注意：如果[拍摄快照]功能被禁用，可能是因为虚拟机具有多个不同磁盘模式的磁盘。例如，如果您采用了需要使用独立磁盘的特殊用途配置，那么在拍摄快照之前必须将虚拟机关闭
[保留]	防止选定的自动保护快照被删除。 当 Workstation 拍摄的快照数达到您在设置自动保护时指定的最大自动保护快照数时，系统在每次拍摄新快照时会自动删除最早的自动保护快照，除非该快照具有删除保护
[克隆]	启动克隆虚拟机向导来指导您完成操作或创建克隆。当您需要将多个相同的虚拟机部署到一个组时，克隆功能会非常有用。
[放大]和[缩小]	（仅限 Linux 主机）扩大或缩小快照树的大小
[删除]	删除选定的快照。删除快照不会影响虚拟机的当前状态。如果快照关联的虚拟机已被指定为克隆模板，则无法删除快照。 要删除某个快照及其所有子级对象，请右键单击该快照，然后选择[删除快照及其子项]。如果快照的子级对象包括自动保护快照，这些自动保护快照只有在[显示自动保护快照]处于选中状态时才会被删除。 重要提示：如果您使用某个快照创建克隆，该快照会被锁定。如果删除锁定的快照，通过该快照创建的克隆将无法继续正常工作
[显示自动保护快照]	在快照树中显示自动保护快照。
[转到]	恢复到选定的快照。 如果您在为虚拟机拍摄快照后添加了任何类型的磁盘，恢复到该快照会从虚拟机中移除该磁盘。如果关联的磁盘文件未被其他快照使用，则会被删除。 如果在将独立磁盘添加到虚拟机后拍摄快照，恢复到该快照不会影响独立磁盘的状态
[自动保护]	显示选定虚拟机的自动保护选项
[名称]和[描述]	选定快照的名称和描述。编辑相应的文本框可以更改名称和描述

第 2 章
计算机网络基本实训

本章要求学生掌握最基本的计算机网络实验与实训，掌握非屏蔽双绞线的制作、Windows XP 对等网的构建、在虚拟机中实现不同操作系统的互联，以及子网的规划和划分。

2.1　非屏蔽双绞线的制作与连接

2.1.1　实训目的

● 掌握非屏蔽双绞线与 RJ-45 接头的连接方法。
● 了解 T568A 和 T568B 标准线序的排列顺序。
● 掌握非屏蔽双绞线的直通线与交叉线制作，了解它们的区别和适用环境。
● 掌握线缆测试的方法。

2.1.2　实训内容

● 在非屏蔽双绞线上压制 RJ-45 接头。
● 制作非屏蔽双绞线的直通线与交叉线，并测试连通性。
● 使用直通线连接 PC 机和集线器，使用交叉线连接 PC 机和 PC 机。

2.1.3　实训环境要求

水晶头、100Base TX 双绞线、网线钳、网线测试仪。

2.1.4　实训步骤

双绞线的制作分为直通线的制作和交叉线的制作。制作过程主要分为五步，可简单归纳为"剥"、"理"、"插"、"压"、"测"五个字。

1．制作直通双绞线

为了保持制作的双绞线有最佳兼容性，通常采用最普遍的 EIA/TIA-568B 标准来制作，制作步骤如下。

① 准备好 5 类双绞线、RJ-45 水晶头、压线钳和网线测试仪等，如图 2-1 所示。

图 2-1　5 类双绞线、RJ-45 水晶头、压线钳和网线测试仪

② 剥线。用压线钳的剥线刀口夹住 5 类双绞线的外保护套管，适当用力夹紧并慢慢旋转，让刀口正好划开双绞线的外保护套管（小心不要将里面的双绞线的绝缘层划破），刀口距 5 类双绞线的端头至少 2cm。取出端头，剥下保护胶皮。如图 2-2 所示。

③ 将划开的外保护套管剥去（旋转、向外抽）。如图 2-3 所示。

图 2-2　剥线（1）　　　　　　　　　图 2-3　剥线（2）

④ 理线。双绞线由 8 根有色导线两两绞合而成，把相互缠绕在一起的每对线缆逐一解开，按照 EIA/TIA-568B 标准（橙白-1、橙-2、绿白-3、蓝-4、蓝白-5、绿-6、棕白-7、棕-8）和导线颜色将导线按规定的序号排好，排列的时候注意尽量避免线路的缠绕和重叠。如图 2-4 所示。

⑤ 将 8 根导线拉直、压平、理顺，导线间不留空隙。如图 2-5 所示。

图 2-4　理线（1）　　　　　　　　　图 2-5　理线（2）

⑥ 用压线钳的剪线刀口将 8 根导线剪齐，并留下约 14mm 的长度。如图 2-6 所示。

　　　　握卡线钳力度不能过大，否则会剪断芯线。剥线的长度为 13～15mm，不宜太长或太短。

⑦ 捏紧8根导线，防止导线乱序，把水晶头有塑料弹片的一侧朝下，把整理好的8根导线插入水晶头（插至底部），注意"橙白"线要对着 RJ-45 的第一脚。如图 2-7 所示。

图 2-6 剪线

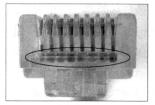

图 2-7 插线（1）

⑧ 确认8根导线都已插至水晶头底部，再次检查线序无误后，将水晶头从压线钳"无牙"一侧推入压线槽内。如图 2-8 所示。

⑨ 压线。双手紧握压线钳的手柄，用力压紧，使水晶头的8个针脚接触点穿过导线的绝缘外层，分别和8根导线紧紧地压接在一起。做好的水晶头如图 2-9 所示。

图 2-8 插线（2）

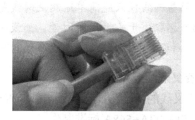

图 2-9 压线完成后的成品

压过的 RJ-45 接头的 8 只金属脚一定比未压过的低，这样才能顺利地嵌入芯线中。优质的卡线钳甚至必须在接脚完全压入后才能松开握柄，取出 RJ-45 接头，否则接头会卡在压接槽中取不出来。

⑩ 按照上述方法制作双绞线的另一端，即可完成。

2．测试

现在已经做好了一根网线，在实际用它连接设备之前，先用一个简易测线仪（如上海三北的"能手"网线测试仪）来进行一下连通性测试。

① 将直通双绞线两端的水晶头分别插入主测试仪和远程测试端的 RJ-45 端口，将开关推至"ON"挡(S 为慢速挡)，主测试仪和远程测试端的指示灯应该从 1 至 8 依次绿色闪亮，说明网线连接正常。如图 2-10 所示。

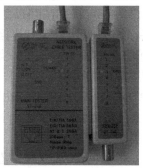

图 2-10 网线连接正常

② 若连接不正常，按下述情况显示。

● 当有一根导线如 3 号线断路，则主测试仪和远程测试端的 3 号灯都不亮。

● 当有几条导线断路，则相对应的几条线都不亮，当导线少于 2 根线连通时，灯都不亮。

● 当两头网线乱序，如 2、4 线乱序，则显示如下。

➢ 主测试仪端不变：1-2-3-4-5-6-7-8

➢ 远程测试端：1-4-3-2-5-6-7-8

● 当有两根导线短路时，主测试仪的指示灯仍然按照从 1 到 8 的顺序逐个闪亮，而远程测试端两根短路线所对应的指示灯将被同时点亮，其他的指示灯仍按正常的顺序逐个闪亮。若有 3 根以上(含 3 根)短路时则所有短路的几条线号的灯都不亮。

● 如果出现红灯或黄灯，说明其中存在接触不良等现象，此时最好先用压线钳压制两端水晶头一次，再测，如果故障依旧存在，再检查一下两端芯线的排列顺序是否一样。如果芯线顺序不一样，就应剪掉一端参考另一端芯线顺序重做一个水晶头。

简易测线仪只能简单地测试网线是否导通，不能验证网线的传输质量，传输质量的好坏取决于一系列的因素，如线缆本身的衰减值、串扰的影响等。这往往需要更复杂和高级的测试设备才能准确判断故障的原因。

3．制作交叉双绞线并测试

① 制作交叉线的步骤和操作要领与制作直通线一样，只是交叉线一端按 EIA/TIA-568B 标准，另一端按 EIA/TIA-568A 标准制作。

在理线步骤中，双绞线 8 根有色导线从左到右的顺序是按绿白、绿、橙白、蓝、蓝白、橙、棕白、棕色顺序平行排列，其他步骤相同。

将 T568B 线序的 1 线与 3 线、2 线与 6 线对调，其线序就与 T568A 完全相同。

② 测试交叉线时，主测试仪的指示灯按 1-2-3-4-5-6-7-8 的顺序逐个闪亮，而远程测试端的指示灯应该是按着 3-6-1-4-5-2-7-8 的顺序逐个闪亮。

4．制作双绞线的几点说明

双绞线与设备之间的连接方法很简单，一般情况下，设备口相同，使用交叉线；反之使用直通线。在有些场合下，如何判断自己应该用直通线还是交叉线，特别是当集线器或交换机进行互联时，有的口是普通口，有的口是级联口，用户可以参考以下几种办法。

● 查看说明书。如果该设备在级联时需要交叉线连接，一般在设备说明书中有说明。

● 查看连接端口。如果有的端口与其他端口不在一块，且标有 Uplink 或 Out to Hub 等标识，表示该端口为级联口，应使用直通线连接。

● 实测。这是最实用的一种方法。可以先制作两条用于测试的双绞线，其中一条是直通线，另一条是交叉线。用其中的一条连接两个设备，这时注意观察连接端口对应的指示灯，如果指示灯亮表示连接正常，否则换另一条双绞线进行测试。

● 从颜色区分线缆的类型，一般黄色表示交叉线，蓝色表示直通线。

新型的交换机已不再需要区分 Uplink 口，交换机级联时直接使用直通线。

5. 双机互连对等网络的组建

本次任务需要 2 台安装 Windows 7 的计算机，也可以使用虚拟机来搭建实训环境。组建双机互连对等网络的步骤如下。

① 将交叉线两端分别插入两台计算机网卡的 RJ-45 接口，如果观察到网卡的"Link/Act"指示灯亮起，表示连接良好。

② 在计算机 1 上，依次单击"开始"→"控制面板"→"网络和 Internet"→"网络和共享中心"→"更改适配器设置"，打开"网络连接"窗口。

③ 右键单击"本地连接"图标，在弹出的快捷菜单中选择"属性"命令，打开"本地连接属性"对话框。如图 2-11 所示。

④ 选择"本地连接属性"对话框中的"Internet 协议版本 4（TCP/IPv4）"选项，再单击"属性"按钮（或双击"Internet 协议版本 4（TCP/IPv4）"选项），打开"Internet 协议版本 4（TCP/IPv4）属性"对话框。

⑤ 选中"使用下面的 IP 地址"单选按钮，并设置 IP 地址为"192.168.0.1"，子网掩码为"255.255.255.0"。如图 2-12 所示。同理，设置另一台 PC 机的 IP 地址为"192.168.0.2"，子网掩码为"255.255.255.0"。

图 2-11　本地连接属性

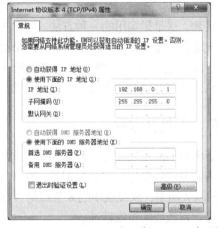

图 2-12　Internet 协议版本 4（TCP/IPv4）属性

⑥ 单击"确定"按钮，返回"本地连接属性"对话框，接着单击"确定"按钮关闭"本地连接"属性对话框。移动鼠标到右下角，可以发现，任务栏右下角的系统托盘中会出现"网络连接成功"的提示信息。如图 2-13 所示。

⑦ 选择"开始"→"运行"命令，在"运行"对话框的"打开"文本框中，输入 cmd 命令，切换到命令行状态。

⑧ 输入"ping　127.0.0.1"命令，进行回送测试，测试网卡与驱动程序是否正常工作。

⑨ 输入"ping　192.168.0.1"命令，测试本机 IP 地址是否与其他主机冲突。

⑩ 输入"ping　192.168.0.2"命令，测试到另一台 PC 机的连通性，如图 2-14 所示。如果 ping 不成功，可关闭另一台 PC 机上的防火墙后再试。同理，可在另一台 PC 机中运行 ping 192.168.0.1 命令。

图 2-13 "本地连接"状态

图 2-14 对等网测试成功

6．对实训的简单总结

双绞线与设备之间的连接方法很简单，一般情况下，设备口相同，使用交叉线；反之使用直通线。在有些场合下，如何判断自己应该用直通线还是交叉线，特别是当集线器或交换机进行互联时，有的口是普通口，有的口是级联口，用户可以参考以下几种办法。

- 查看说明书。如果该设备在级联时需要交叉线连接，一般在设备说明书中有说明。
- 查看连接端口。如果有的端口与其他端口不在一块，且标有 Uplink 或 Out to Hub 等标识，表示该端口为级联口，应使用直通线连接。

现在许多设备是智能设备，不再区分 UpLink，一般直接用直通线连接即可。

- 实测。这是最实用的一种方法。可以先制作两条用于测试的双绞线，其中一条是直通线，另一条是交叉线。用其中的一条连接两个设备，这时注意观察连接端口对应的指示灯，如果指示灯亮表示连接正常，否则换另一条双绞线进行测试。
- 从颜色区分线缆的类型，一般黄色表示交叉线，蓝色表示直通线。

2.1.5　实训思考题

- 思考直通双绞线和交叉双绞线的使用场合。
- 考察双绞线中每根线芯的用途。在 100Mbit/s 以太网中，双绞线中使用哪几条？在吉比特以上的以太网中，双绞线中的 8 条线是否都需要？
- 考察双绞线的布线标准。

2.1.6　实训报告要求

- 实训目的。
- 实训内容。
- 实训环境要求。
- 实训步骤。
- 实训中的问题和解决方法。
- 回答实训思考题。
- 实训心得与体会。
- 建议与意见。

2.2 组建办公室对等网络

使用服务器（或其他计算机）提供的共享文件夹、共享打印机是网络最早，也是最基础的应用。因为以前的硬件（尤其是硬盘）价格昂贵，早期的许多工作站都没有硬盘或者硬盘很少，只能"共享"使用服务器上的资源。现在，使用服务器提供的共享资源，更多的是增加了一些"安全"方面的内容。另外，"对等网"这一名词也是从使用文件共享类的"文件服务器"开始的。

2.2.1 实训目的

- 掌握用交换机组建小型交换式对等网的方法。
- 掌握 Windows 7 对等网建设过程中的相关配置。
- 了解判断 Windows 7 对等网是否导通的几种方法。
- 掌握 Windows 7 对等网中文件夹共享的设置方法和使用。
- 掌握 Windows 7 对等网中映射网络驱动器的设置方法。

2.2.2 实训内容

① 使用交换机组建对等网。
② 配置计算机的 TCP/IP 协议。
③ 安装共享服务。
④ 设置有权限共享的用户。
⑤ 设置文件夹共享。
⑥ 设置打印机共享。
⑦ 使用共享文件夹。
⑧ 使用共享打印机。

2.2.3 实训环境（网络拓扑）

网络拓扑图参考图 2-15 所示。

- 直通线 3 条。
- 打印机 1 台。
- 集线器 1 台。
- 安装 Windows 7 的计算机（亦可使用虚拟机）3 台。

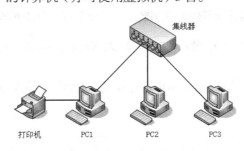

图 2-15 组建办公室对等网络的网络拓扑图

2.2.4 实训步骤

任务 1 小型共享式对等网的组建

组建小型共享式对等网的步骤如下。

1．硬件连接

① 如图 2-15 所示，将 3 条直通双绞线的两端分别插入每台计算机网卡的 RJ–45 接口和集线器的 RJ–45 接口中，检查网卡和集线器的相应指示灯是否亮起，判断网络是否正常连通。

② 将打印机连接到 PC1 计算机。

2．TCP/IP 协议配置

① 配置 PC1 计算机的 IP 地址为 192.168.1.10，子网掩码为 255.255.255.0；配置 PC2 计算机的 IP 地址为 192.168.1.20，子网掩码为 255.255.255.0；配置 PC3 计算机的 IP 地址为 192.168.1.30，子网掩码为 255.255.255.0。设置方法请参见 2.1 节。

由于只涉及对等网，默认网关和 DNS 服务器可以不填写。注意对等网内计算机的 IP 地址要唯一，不能相同！子网掩码要一样。

② 在 PC1、PC2 和 PC3 之间用 ping 命令测试网络的连通性。

3．设置计算机名和工作组名

① 依次单击"开始"→"控制面板"→"系统和安全"→"系统"→"高级系统设置"→"计算机名"，打开"系统属性–计算机名"对话框，如图 2-16 所示。

② 单击"更改"按钮，打开"计算机名/域更改"对话框，如图 2-17 所示。

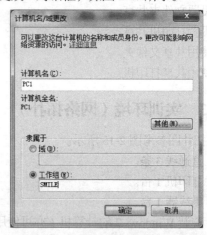

图 2-16 "系统属性–计算机名"对话框 图 2-17 "计算机名/域更改"对话框

③ 在"计算机名"文本框中输入"PC1"作为本机名，选中"工作组"单选按钮，并设置工作组名为"SMILE"。

④ 单击"确定"后，系统用会提示重启计算机，重启后，修改后的"计算机名"和"工作组名"就生效了。

计算机描述可以不填，各计算机的名称不能相同，而工作组应该相同。

4．安装共享服务

① 依次单击"开始"→"控制面板"→"网络和 Internet"→"网络和共享中心"→"更改适配器设置"，打开"网络连接"窗口。

② 右击"本地连接"图标，在弹出的快捷菜单中选择"属性"命令，打开"本地连接属性"对话框。如图 2-18 所示。

③ 如果如图 2-18 所示，"Microsoft 网络的文件和打印机共享"前有对勾，则说明共享服务安装正确。否则，请选中"Microsoft 网络的文件和打印机共享"前的复选框。

④ 单击"确定"按钮，重启系统后设置生效。

5．设置有权限共享的用户

① 单击"开始"菜单，右击"计算机"，在弹出的快捷菜单中选择"管理"，打开"计算机管理"窗口。如图 2-19 所示。

图 2-18 "本地连接属性"对话框　　　　　　图 2-19 "计算机管理"窗口

② 在图 2-19 中，依次展开"本地用户和组"→"用户"，右击"用户"，在弹出的快捷菜单中，选择"新用户……"，打开"新用户"对话框。如图 2-20 所示。

③ 在图 2-20 中，依次输入用户名、密码等信息，然后单击"创建"按钮，创建新用户"shareuser"。

图 2-20 "新用户"对话框

6. 设置文件夹共享

① 右击某一需要共享的文件夹，在弹出的快捷菜单中选择"特定用户…"命令。如图 2-21 所示。

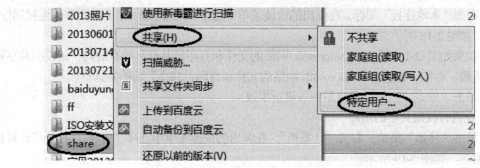

图 2-21　设置文件夹共享

② 在打开的"文件共享"对话框中，单击"箭头"下拉列表，选择能够访问共享文件夹"share"的用户：shareuser。如图 2-22 所示。

③ 单击"共享"按钮，完成文件夹共享的设置，如图 2-23 所示。

图 2-22　"文件共享"对话框

图 2-23　完成文件共享

7. 设置打印机共享

① 单击"开始"→"设备和打印机"，打开"设备和打印机"窗口，如图 2-24 所示。

② 单击"添加打印机"按钮，打开如图 2-25 所示的"选择要安装的打印机的类型"对话框。

图 2-24　"设备和打印机"窗口

图 2-25　"选择要安装的打印机的类型"对话框

③ 单击"添加本地打印机"按钮，打开如图 2-26 所示的"选择打印机端口"对话框。

④ 单击"下一步"按钮，选择"厂商"和"打印机"型号，如图 2-27 所示。

图 2-26 　"选择打印机端口"对话框　　　　　图 2-27 　"选择厂商和打印机" 对话框

⑤ 单击"下一步"按钮，在打开的对话框中键入打印机名称，如图 2-28 所示。

⑥ 单击"下一步"按钮，选择"共享此打印机以便网络中的其他用户可以找到并使用它"单选按钮，共享该打印机，如图 2-29 所示。

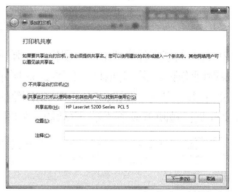

图 2-28 　"键入打印机名称"对话框　　　　　图 2-29 　"打印机共享" 对话框

⑦ 单击"下一步"按钮，设置默认打印机，如图 2-30 所示。单击"完成"按钮，完成打印机安装。

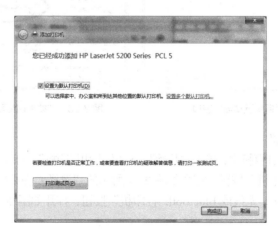

图 2-30 　"设置默认打印机" 对话框

8. 使用共享文件夹

① 在其他计算机中，如 PC2 计算机，在资源管理器或 IE 浏览器的"地址"栏中输入共享文件所在的计算机名或 IP 地址，如输入"\\192.168.1.10"或"\\PC1"，输入用户名和密码，即可访问共享资源（如：共享文件夹"share"），如图 2-31 所示。

图 2-31 "使用共享文件夹"窗口

② 右击共享文件夹"share"图标，在弹出的快捷菜单中选择"映射网络驱动器"命令，打开"映射网络驱动器"对话框，如图 2-32 所示。

③ 单击"完成"按钮，完成"映射网络驱动器"操作。双击打开"计算机"这时可以看到共享文件夹已被映射成了"Z"驱动器，如图 2-33 所示。

图 2-32 "映射网络驱动器"窗口　　　　　图 2-33 "映射网络驱动器的结果"窗口

9. 使用共享打印机

① 在 PC2 或 PC3 计算机中，单击"开始"→"设备和打印机"，打开"设备和打印机"窗口。

② 单击"添加打印机"按钮，打开如图 2-34 所示的"选择要安装的打印机类型"对话框。

③ 单击"添加网络、无线或 Bluetooth 打印机"按钮，打开如图 2-35 所示的"添加网络打印机"对话框。

图 2-34　"选择要安装的打印机类型"对话框

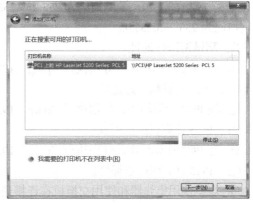
图 2-35　"添加网络打印机"对话框

④ 一般网络上共享的打印机会被自动搜索，如果没有搜索到，请单击"我需要的打印机不在列表中"单选按钮，打开如图 2-36 所示的"添加网络打印机"对话框，选中"按名称选择共享打印机"单选按钮，输入 UNC 方式的共享打印机，本例中输入"\\192.168.1.10\共享打印机名称"或"\\pc1\共享打印机名称"。

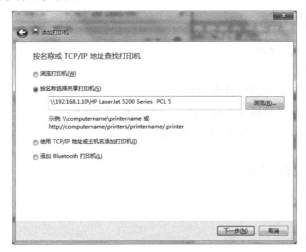
图 2-36　"按名称共享打印机"对话框

⑤ 单击"下一步"按钮继续，最后单击"完成"按钮，完成，网络共享打印机的安装。

　　也可以在 PC2 或 PC3 上，使用 UNC 路径（\\192.168.1.10）列出 PC1 上的共享资源，包括共享打印机资源共享。然后在共享打印机上单击右键，在弹出的快捷菜单中，单击"连接"进行网络共享打印机的安装。

任务 2　小型交换式对等网的组建

为了完成本次实训任务，搭建如图 2-15 所示的网络拓扑结构，将网络中的集线器换成交换机。组建小型交换式对等网的步骤如下。

1. 硬件连接

用交换机替换图 2-15 中的集线器，其余连接同上一个任务。

2. TCP/IP 协议配置

配置 PC1 计算机的 IP 地址为 192.168.1.10，子网掩码为 255.255.255.0；配置 PC2 计算机的

IP 地址为 192.168.1.20，子网掩码为 255.255.255.0；配置 PC3 计算机的 IP 地址为 192.168.1.30，子网掩码为 255.255.255.0。

3．测试网络连通性

① 在 PC1 计算机中，分别执行"ping　192.168.1.20"和"ping　192.168.1.30"命令，测试与 PC2、PC3 计算机的连通性。

② 在 PC2 计算机中，分别执行"ping　192.168.1.10"和"ping　192.168.1.30"命令，测试与 PC1、PC3 计算机的连通性。

③ 在 PC3 计算机中，分别执行"ping　192.168.1.10"和"ping　192.168.1.20"命令，测试与 PC1、PC2 计算机的连通性。

④ 观察使用集线器和使用交换机在连接速度等方面有何不同。

4．对等网设置总结

① 设定计算机名，最好是英文和数字的组合。

② 设定 IP 地址时要保证所有的计算机都处于同一个网段，并在同一工作组内。

③ 计算机中只要有如下 3 个协议就可以：Microsoft 网络客户端、Microsoft 网络的文件和打印机共享、Internet 协议（TCP/IP）。

2.2.5　实训思考题

- 如何组建对等网络？
- 对等网有何特点？
- 如何测试对等网是否建设成功？
- 如果超过三台计算机组成对等网，该增加何种设备？
- 如何实现文件、打印机等的资源共享？

2.2.6　实训报告要求

- 实训目的。
- 实训内容。
- 实训环境要求。
- 实训步骤。
- 实训中的问题和解决方法。
- 回答实训思考题。
- 实训心得与体会。
- 建议与意见。

2.3　组建 Ad-Hoc 模式无线对等网

2.3.1　实训目的

- 熟悉无线网卡的安装。
- 组建 Ad-Hoc 模式无线对等网络，熟悉无线网络安装配置过程。

2.3.2 实训内容

① 安装无线网卡及其驱动程序。

② 配置 PC1 计算机的无线网络。

③ 配置 PC2 计算机的无线网络。

④ 配置 PC1 和 PC2 的 TCP/IP 协议。

⑤ 测试连通性。

2.3.3 实训环境（网络拓扑）及要求

组建 Ad-Hoc 模式无线对等网的拓扑图如图 2-37 所示。

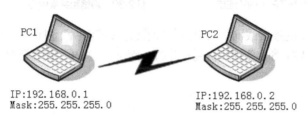

图 2-37　Ad-Hoc 模式无线对等网络拓扑图

组建 Ad-Hoc 模式无线对等网的操作步骤如下。

● 　装有 Windows 7 操作系统的 PC 机 2 台。

● 　无线网卡 2 块(USB 接口，TP-LINK TL-WN322G+)。

2.3.4 实训步骤

1．安装无线网卡及其驱动程序

① 安装无线网卡硬件。把 USB 接口的无线网卡插入 PC1 计算机的 USB 接口中。

② 安装无线网卡驱动程序。安装好无线网卡硬件后，Windows 7 操作系统会自动识别到新硬件，提示开始安装驱动程序。安装无线网卡驱动程序的方法和安装有线网卡驱动程序的方法类似，在这里不再赘述。

③ 无线网卡安装成功后，在桌面任务栏上会出现无线网络连接图标 。

④ 同理，在 PC2 上安装无线网卡及其驱动程序。

2．配置 PC1 计算机的无线网络

① 在第 1 台计算机上，将原来的无线网络连接"TP-Link"断开。单击右下角的无线连接图标，在弹出的快捷菜单中单击"TP-Link"连接，展开该连接，然后单击该连接下的"断开"按钮。如图 2-38 所示。

② 依次单击"开始"→"控制面板"→"网络和 Internet" →"网络和共享中心"，打开"网络和共享中心"窗口。如图 2-39 所示。

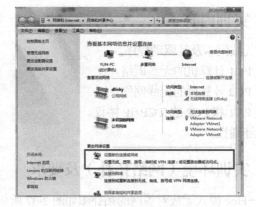

图 2-38　断开 TP-LINK 连接　　　　图 2-39　网络和共享中心

③ 单击"设置新的连接或网络"，打开"设置连接或网络"对话框。如图 2-40 所示。

④ 单击"设置无线临时（计算机到计算机）网络"，打开"设置临时网络"对话框。如图 2-41 所示。

图 2-40　设置连接或网络　　　　图 2-41　设置临时网络

⑤ 设置完成，单击"下一步"按钮，弹出设置完成对话框，显示设置的无线网络名称和密码（不显示）。如图 2-42 所示。

⑥ 单击"关闭"按钮，完成第 1 台笔记本的无线临时网络的设置。单击右下角刚刚设置完成的无线连接"temp"，会发现该连接处于"等待用户"状态，如图 2-43 所示。

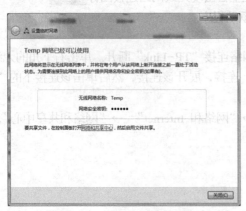

图 2-42　设置完成临时网络　　　　图 2-43　"temp"连接等待用户加入

3．配置 PC2 计算机的无线网络

① 在第 2 台计算机上，单击右下解的无线连接图标，在弹出的快捷菜单中单击"temp"连接，展开该连接，然后单击该连接下的"连接"按钮。如图 2-44 所示。

② 显示输入密码对话框，在该对话框中输入在第 1 台计算机上设置的 temp 无线连接的密码，如图 2-45 所示。

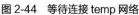

图 2-44　等待连接 temp 网络

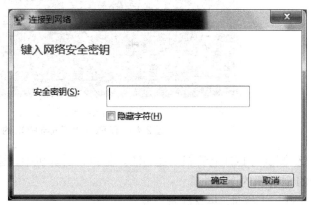

图 2-45　输入 temp 无线连接的密码

③ 按"确定"按钮，完成 PC1 和 PC2 的无线对等网络的连接。

④ 这时查看 PC2 计算机的无线连接，发现前面的"等待用户"，已经变成了"已连接"，如图 2-46 所示。

4．配置 PC1 和 PC2 计算机的无线网络的 TCP/IP

① 在 PC1 的"网络和共享中心"，单击"更改适配器设置"按钮，打开"网络连接"对话框，在无线网络适配器"Wireless Network Connection"上单击右键，如图 2-47 所示。

图 2-46　"等待用户"已经变成了"已连接"

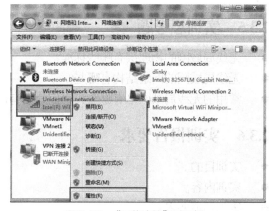

图 2-47　"网络连接"对话框

② 在弹出的快捷菜单中，选择"属性"，打开"无线网络连接"的属性对话框。在此配置无线网卡的 IP 地址为 192.168.0.1，子网掩码为 255.255.255.0。

③ 同理配置 PC2 计算机上的无线网卡的 IP 地址为 192.168.0.2，子网掩码为 255.255.255.0。

5．连通性测试

① 测试与 PC2 计算机的连通性。在 PC1 计算机中，运行"ping　192.168.0.2"命令，如图 2-48 所示，表明与 PC2 计算机连通良好。

图 2-48　在 PC1 上测试与 PC2 的连通性

② 测试与 PC1 计算机的连通性。在 PC2 计算机中，运行"ping 192.168.0.1"命令，测试与 PC1 计算机的连通性。

至此，无线对等网络配置完成。

说明：

① PC2 计算机中的无线网络名（SSID）和网络密钥必须要与 PC1 一样；

② 如果无线网络连接不通，尝试关闭防火墙；

③ 如果 PC1 计算机通过有线接入互联网，PC2 计算机想通过 PC1 计算机无线共享上网，需设置 PC2 计算机无线网卡的"默认网关"和"首选 DNS 服务器"为 PC1 计算机无线网卡的 IP 地址（192.168.0.1），并在 PC1 计算机的有线网络连接属性的"共享"选项卡中，设置已接入互联网的有线网卡为"允许其他网络用户通过此计算机的 Internet 连接来连接"。

2.3.5　实训思考题

● 无线局域网的物理层有哪些标准？

● 无线局域网的网络结构有哪些？

● 常用的无线局域网络有哪些？它们分别有什么功能？

2.3.6　实训报告要求

● 实训目的。

● 实训内容。

● 实训环境要求。

● 实训步骤。

● 实训中的问题和解决方法。

● 回答实训思考题。

● 实训心得与体会。

● 建议与意见。

2.4 组建 Infrastructure 模式无线局域网

2.4.1 实训目的

● 熟悉无线路由器的设置方法，组建以无线路由器为中心的无线局域网。
● 熟悉以无线路由器为中心的无线网络客户端的设置方法。

2.4.2 实训内容

① 安装无线网卡及其驱动程序。
② 配置 PC1 计算机的无线网络。
③ 配置 PC2 计算机的无线网络。
④ 配置 PC1 和 PC2 的 TCP/IP 协议。
⑤ 测试连通性。

2.4.3 实训环境（网络拓扑）及要求

网络拓扑图参考图 2-49 所示。

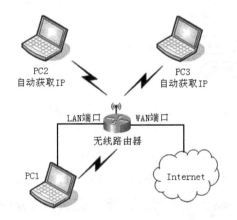

图 2-49　Infrastructure 模式无线局域网络拓扑图

● 装有 Windows 7 操作系统的 PC 机 2 台。
● 无线网卡 2 块(USB 接口，TP-LINK TL-WN322G+)。

2.4.4 实训步骤

1.配置无线路由器

① 将连接外网（如 Internet）的直通网线接入无线路由器的 WAN 端口，把另一直通网线的一端接入无线路由器的 LAN 端口，另一端口接入 PC1 计算机的有线网卡端口，如图 2-49 所示。

② 设置 PC1 计算机有线网卡的 IP 地址为 192.168.1.10，子网掩码为 255.255.255.0，默认网关为 192.168.1.1。再在 IE 地址栏中输入 192.168.1.1，打开无线路由器登录界面，输入用户名为 admin，密码为 admin。如图 2-50 所示。

图 2-50　无线路由器登录界面

③ 进入设置界面以后，通常都会弹出一个设置向导的小页面，如图 2-51 所示。对于有一定经验的用户，可选中"下次登录不再自动弹出向导"复选框，以便进行各项参数的细致设置。单击"退出向导"按钮。

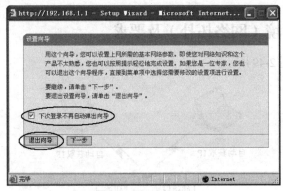

图 2-51　设置向导

④ 在设置界面中，选择左侧向导菜单"网络参数"→"LAN 口设置"链接后，在右侧对话框中可设置 LAN 口的 IP 地址，一般默认为 192.168.1.1，如图 2-52 所示。

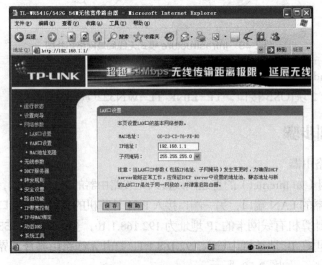

图 2-52　LAN 口设置

⑤ 设置 WAN 口的连接类型，如图 2-53 所示。对于家庭用户而言，一般是通过 ADSL 拨号接入互联网的，需选择 PPPoE 连接类型。输入服务商提供的上网账号和上网口令（密码），最后单击"保存"按钮。

图 2-53　WAN 口设置

⑥ 单击左侧向导菜单中的"DHCP 服务器"→"DHCP 服务"链接，选中"启用"单选按钮，设置 IP 地址池的开始地址为 192.168.1.100，结束的地址为 192.168.1.199，网关为 192.168.1.1。还可设置主 DNS 服务器和备用 DNS 服务器的 IP 地址。如中国电信的 DNS 服务器为 60.191.134.196 或 60.191.134.206。如图 2-54 所示。特别注意，是否设置 DNS 服务器请向 ISP 咨询，有时 DNS 不需要自行设置。

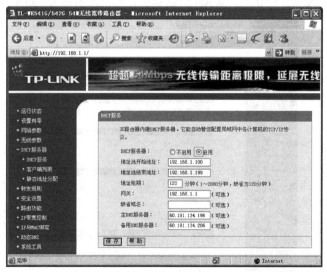

图 2-54　"DHCP 服务"设置

⑦ 单击左侧向导菜单中的"无线参数"→"基本设置"链接，设置无线网络的 SSID 号为 Tp_Link、频段为 13、模式为 54Mbit/s（802.11g）。选中"开启无线功能"、"允许 SSID 广播"和"开启安全设置"复选框，选择安全类型为 WEP，安全选项为"自动选择"，密钥格式为"16 进制"，密钥 1 的密钥类型为"64 位"，密钥 1 的内容为 2013102911，如图 2-55 所示。单击"保存"按钮。

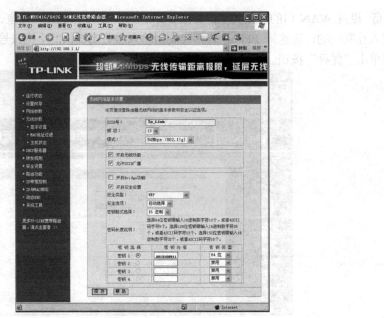

图 2-55　"无线参数"设置

　　选择密钥类型时，选择 64 位密钥时需输入十六进制字符 10 个，或者 ASCII 字符 5 个。选择 128 位密钥时需输入十六进制字符 26 个，或者 ASCII 码字符 13 个。选择 152 位密钥时需输入十六进制字符 32 个，或者 ASCII 码字符 16 个。

　　⑧ 单击左侧向导菜单"运行状态"，可查看无线路由器的当前状态（包括版本信息、LAN 口状态、无线状态、WAN 口状态、WAN 口流量统计等状态信息），如图 2-56 所示。

图 2-56　运行状态

　　⑨ 至此，无线路由器的设置基本完成，重新启动路由器，使以上设置生效，然后拔除 PC1 计算机到无线路由器之间的直通线。

　　下面设置 PC1、PC2、PC3 计算机的无线网络。

2．配置 PC1 计算机的无线网络

在 Windows 7 的计算机中，能够自动搜索到当前可用的无线网络。通常情况下，单击 Windows 7 右下角的无线连接图标，在弹出的快捷菜单中单击"TP-Link"连接，展开该连接，然后单击该连接下的"连接"按钮，按要求输入密钥就可以了。但对于隐藏的无线连接可采用如下步骤。

① 在 PC1 计算机上安装无线网卡和相应的驱动程序后，设置该无线网卡自动获得 IP 地址。

② 依次单击"开始"→"控制面板"→"网络和 Internet" →"网络和共享中心"，打开"网络和共享中心"窗口。如图 2-57 所示。

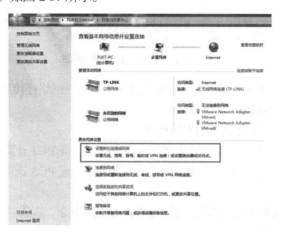

图 2-57　网络和共享中心

③ 单击"设置新的连接网络"，打开"设置连接或网络"对话框。如图 2-58 所示。

④ 单击"手动连接到无线网络"，打开"手动连接到无线网络"对话框，如图 2-59 所示。设置网络名（SSID）为"TP_Link"，并选"即使网络未进行广播也连接"复选框，选择数据加密方式为"WEP"，在"安全密钥"文本框中输入密钥，如 2013102911。

图 2-58　设置连接或网络

图 2-59　手动连接到无线网络

网络名（SSID）和安全密钥的设置必须与无线路由器中的设置一致。

⑤ 设置完成，单击"下一步"按钮，弹出设置完成对话框，显示成功添加了 TP_Link。单击"更改连接设置"，打开"TP_Link 无线网络属性"对话框，单击"连接"或"安全"选项卡，

可以查看设置的详细信息。如图 2-60 所示。

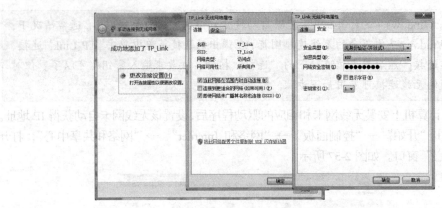

图 2-60 TP_Link 网络属性

⑥ 单击"确定"按钮。等一会，桌面任务栏上的无线网络连接图标由 ▰▰▰ 变为 ▰▰▰ 表示该计算机已接入无线网络。

3．配置 PC2、PC3 计算机的无线网络

① 在 PC2 计算机上，重复上述步骤①~步骤⑥，完成 PC2 计算机无线网络的设置。

② 在 PC3 计算机上，重复上述步骤①~步骤⑥，完成 PC3 计算机无线网络的设置。

4．连通性测试

① 在 PC1、PC2 和 PC3 计算机上运行"ipconfig"命令，查看并记录 PC1、PC2 和 PC3 计算机无线网卡的 IP 地址。

PC1 计算机无线网卡的 IP 地址：_____。

PC2 计算机无线网卡的 IP 地址：_____。

PC3 计算机无线网卡的 IP 地址：_____。

② 在 PC1 计算机上，依次运行"ping PC2 计算机无线网卡的 IP 地址"和"ping PC3 计算机无线网卡的 IP 地址"命令，测试与 PC2 和 PC3 计算机的连通性。

③ 在 PC2 计算机上，依次运行"ping PC1 计算机无线网卡的 IP 地址"和"ping PC3 计算机无线网卡的 IP 地址"命令，测试与 PC1 和 PC3 计算机的连通性。

④ 在 PC3 计算机上，依次运行"ping PC1 计算机无线网卡的 IP 地址"和"ping PC2 计算机无线网卡的 IP 地址"命令，测试与 PC1 和 PC2 计算机的连通性。

2.4.5 实训思考题

在无线局域网和有线局域网的连接中，无线 AP 提供什么样的功能?

2.4.6 实训报告要求

● 实训目的。
● 实训内容。
● 实训环境要求。
● 实训步骤。
● 实训中的问题和解决方法。

- 回答实训思考题。
- 实训心得与体会。
- 建议与意见。

2.5 IP 子网规划与划分

2.5.1 实训目的

- 掌握 IP 地址的设置。
- 掌握子网划分的方法。

2.5.2 实训内容

学生分组进行实验，每组 10 台计算机。

- 为各计算机设置初始 IP 地址，在设置 IP 地址前，先对各计算机的 IP 地址进行规划。IP 地址设为 192.168.22.学号（由于学号唯一，不至于出现冲突），子网掩码采取默认，如果不上互联网，默认网关及 DNS 服务器可以不设。设置完成后进行测试。
- 假如这 10 台计算机组成一个局域网，该局域网的网络地址是 200.200.组号.0，将该局域网划分成两个子网，求出子网掩码和每个子网的 IP 地址，并重新设置该组计算机的 IP 地址。测试结果。

2.5.3 实训步骤

1. 初始 IP 地址的配置

（1）用鼠标右键单击桌面上的"网上邻居"→"属性"，打开"网络连接"窗口。

（2）用鼠标右键单击"网络连接"窗口中的"本地连接"→"属性"，打开"本地连接属性"对话框。

（3）选中"此连接使用下列项目"列表框中的"Internet 协议（TCP/IP）"，选择"属性"命令，进行 TCP/IP 配置，如图 2-61 所示。

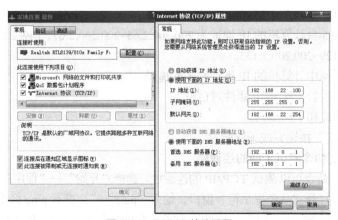

图 2-61　TCP/IP 协议配置

（4）按照分配的 IP 地址配置 IP 地址和子网掩码。

（5）单击"确定"按钮完成 IP 地址的修改和配置。

2．划分子网

以 2 组为例，对 IP 地址进行规划和设置。也就是对于网络 200.200.2.0，拥有 10 台计算机，若将该局域网划分成两个子网，则子网掩码和每个子网的 IP 地址该如何规划。

（1）求子网掩码。

① 根据 IP 地址 200.200.2.0 确定该网是 C 类网络，主机地址是低 8 位，子网数是 2 个，设子网的位数是 m，则 $2^m-2 \geqslant 2$，即 $m \geqslant 2$，根据满足子网条件下，主机数最多原则，取 m 等于 2。

② 根据上述分析计算出子网掩码是 11111111.11111111.11111111.11000000。即 255.255.255.192。

（2）求子网号。

将 200.200.2.0 划成点分二进制形式：11001000.11001000.00000010.00000000。

如果 $m=2$，共划分（2^m-2）个子网，即 2 个子网。子网号由低 8 位的前 2 位决定，主机数由 IP 地址的低 8 位的后 6 位决定，所以子网号分别是：

子网 1：11001000.11001000.00000010.01000000　即 200.200.2.64

子网 2：11001000.11001000.00000010.10000000　即 200.200.2.128

（3）分配 IP 地址。

① 子网 1 的 IP 地址范围应是：

11001000.11001000.00000010.01000001

11001000.11001000.00000010.01000010

11001000.11001000.00000010.01000011

…

11001000.11001000.00000010.01111111110

即 200.200.2.65~200.200.2.126

② 子网 2 的 IP 地址范围应是：

11001000.11001000.00000010.10000001

11001000.11001000.00000010.10000010

11001000.11001000.00000010.10000011

…

11001000.11001000.00000010.1011111110

即 200.200.2.129~200.200.2.190

所以子网 1 的 5 台计算机的 IP 地址为 200.200.2.65~200.200.2.69，子网 2 的 5 台计算机的 IP 地址为 200.200.2.129~200.200.2.133。

（4）设置各子网中计算机的 IP 地址和子网掩码。

① 按前述步骤打开 TCP/IP 属性对话框。

② 输入 IP 地址和子网掩码。

③ 单击"确定"按钮完成子网配置。

3．使用 ping 命令测试子网的连通性

（1）使用 ping 命令可以测试 TCP/IP 的连通性。选择"开始"→"程序"→"附件"→"命令提示符"命令，打开"命令提示符"窗口，输入"ping／?"，查看 ping 命令的用法。

（2）输入"ping 200.200.2.*"，该地址为同一子网中的 IP 地址，观察测试结果。（如利用 IP 地址为 200.200.2.65 的计算机 ping IP 地址为 200.200.2.67 的计算机。）

（3）输入"ping 200.200.2.*"，该地址为不同子网中的 IP 地址，观察测试结果。（如利用 IP 地址为 200.200.2.65 的计算机 ping IP 地址为 200.200.2.129 的计算机。）

2.5.4 实训思考题

● 用"ping"命令测试网络,测试结果可能出现几种情况?请分别分析每种情况出现的可能原因。

● 图 2-62 所示是一个划分子网的网络拓扑图,看图回答问题。

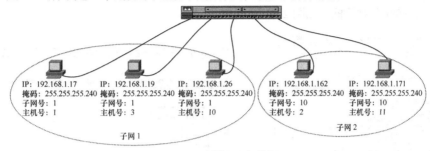

IP: 192.168.1.17   IP: 192.168.1.19   IP: 192.168.1.26   IP: 192.168.1.162   IP: 192.168.1.171
掩码: 255.255.255.240   掩码: 255.255.255.240   掩码: 255.255.255.240   掩码: 255.255.255.240   掩码: 255.255.255.240
子网号: 1   子网号: 1   子网号: 1   子网号: 10   子网号: 10
主机号: 1   主机号: 3   主机号: 10   主机号: 2   主机号: 11
子网 1   子网 2

图 2-62　划分子网拓扑图

✓ 如何求图中各台主机的子网号。
✓ 如何判断图中各台主机是否属于同一个子网。
✓ 求出 192.168.1.0 在子网掩码为 255.255.255.240 情况下的所有子网划分的地址表。

2.5.5 实训报告要求

● 实训目的。
● 实训内容。
● 实训步骤。
● 实训中的问题和解决方法。
● 回答实训思考题。
● 实训心得与体会。
● 建议与意见。

2.6 使用 IPv6 协议

2.6.1 实训目的

● 掌握 IPv6 地址的设置。
● 掌握 IPv6 协议的使用

2.6.2 实训内容

为计算机配置需要的 IPv6 协议。

2.6.3 实训步骤

1．手工简易配置 IPv6 协议

① 在 PCI 计算机上,依次单击"开始" → "控制面板" → "网络和 Internet" → "网络和

共享中心"→"更改适配器设置",打开"网络连接"窗口。

② 右击"本地连接"图标,在弹出的快捷菜单中选择"属性"命令,打开"本地连接属性"对话框。如图 2-63 所示。

③ 选择"本地连接属性"对话框中的"Internet 协议版本 6(TCP/IPv6)"选项,再单击"属性"按钮(或双击"Internet 协议版本 6(TCP/IPv6)"选项),打开"Internet 协议版本 6(TCP/IPv6)属性"对话框。如图 2-64 所示。

图 2-63 "本地连接属性"对话框

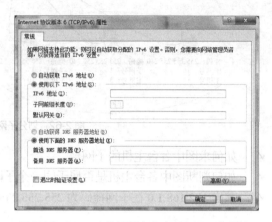

图 2-64 Internet 协议版本 6(TCP/IPv6)属性

④ 填入 ISP 给定的 IPv6 地址,包括网关等信息。

2. 使用程序配置 IPv6 协议

① 选择"开始"→"运行"命令,在"运行"对话框中输入"cmd"命令,单击"确定"按钮,进入命令提示符模式,可以用"ping ::1"命令来验证 IPv6 协议是否正确安装。如图 2-65 所示。

② 选择"开始"→"运行"命令,在"运行"对话框中输入"netsh"命令,单击"确定"按钮,进入系统网络参数设置环境。如图 2-66 所示。

图 2-65 验证 IPv6 协议是否正确安装

图 2-66 netsh 命令

③ 设置 IPv6 地址及默认网关。假如网络管理员分配给客户端的 IPv6 地址为 2010:da8:207::1010,默认网关为 2010:da8:207::1001,则:

● 执行"interface ipv6 add address "本地连接" 2010:da8:207::1010"命令即可设置 IPv6 地址。

● 执行"interface ipv6 add route ::/0 "本地连接" 2010:da8:207::1001 publish=yes"命令即可设置 IPv6 默认网关,如图 2-67 所示。

图 2-67　使用程序配置 IPv6 协议

④ 查看"本地连接"的"Internet 协议版本 6(TCP/IPv6)"属性,可发现 IPv6 地址已经配置好。如图 2-68 所示。

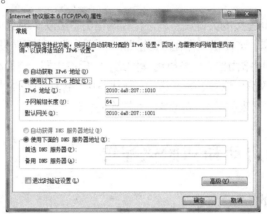

图 2-68　"Internet 协议版本 6(TCP/IPv6)"属性配置结果

2.6.4　实训思考题

● IPv6 的地址格式是怎样的?
● IPv6 协议的数据格式是怎样的?
● 如何自动配置 IPv6 地址?

2.6.5　实训报告要求

● 实训目的。
● 实训内容。
● 实训步骤。
● 实训中的问题和解决方法。
● 回答实训思考题。
● 实训心得与体会。
● 建议与意见。

PART 3

第 3 章
路由与交换技术

　　路由器是网络中网间连接的关键设备，工作在网络层，可以实现数据包的路由和转发，进行子网隔离，抑制广播风暴；交换机工作在数据链路层，可以进行数据转发，提高网络的通信效率。

　　本章实训内容是使用路由器、交换机组建网络，包括路由器、交换机的启动和初始化配置、IOS 基本命令、IOS 的备份与恢复、静态路由、默认路由、各种动态路由、虚拟局域网 Trunking 和 VLAN 的配置、访问列表的使用和网络地址转换的实现。

3.1　路由器的启动和初始化配置

3.1.1　实训目的

● 熟悉 Cisco 2600 系列路由器的基本组成和功能，了解 Console 口和其他基本端口。
● 了解路由器的启动过程。
● 掌握通过 Console 口或用 Telnet 的方式登录到路由器。
● 掌握 Cisco 2600 系列路由器的初始化配置。
● 熟悉 CLI 的各种编辑命令和帮助命令的使用。

3.1.2　实训内容

● 了解 Cisco 2600 系列路由器的基本组成和功能。
● 使用超级终端通过 Console 口登录到路由器。
● 观察路由器的启动过程。
● 对路由器进行初始化配置。

3.1.3　实训环境要求

　　可考虑分组进行，每组需要 Cisco 2600 系列路由器一台；HUB 一台；PC 一台（Windows 98 或 Windows 2000/XP 操作系统，需安装超级终端）；RJ-45 双绞线两条；Console 控制线一条，并配有适合于 PC 串口的接口转换器。

3.1.4　实训拓扑

　　基本配置路由器的网络拓扑图如图 3-1 所示。

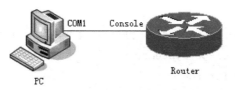

图 3-1　基本配置路由器的网络拓扑图

3.1.5　实训步骤

基本配置路由器的步骤如下。

1．硬件连接

① 如图 3-1 所示，将 Console 控制线的一端插入计算机 COM1 串口，另一端插入路由器的 Console 接口。

② 开启路由器的电源。

2．通过超级终端连接路由器

① 启动 Windows XP 操作系统，通过"开始"→"程序"→"附件"→"通信"→"超级终端"进入超级终端程序，如图 3-2 和图 3-3 所示。

图 3-2　新建连接

图 3-3　连接到 COM1

② 选择连接路由器使用的串行口，并将该串行口设置为 9600 波特、8 个数据位、1 个停止位、无奇偶校验和数据流控制，如图 3-4 所示。

图 3-4　COM1 属性

③ 单击"确定"键，系统将收到路由器的回送信息。

3．路由器的开机过程

① 关闭路由器电源，稍后重新打开电源，观察路由器的开机过程及相关显示内容，部分屏

幕显示信息如下所示。

```
System Bootstrap,Version 12.4(1r) RELEASE SOFTWARE (fc1)    ;显示 BOOT ROM 的版本
Copyright © 2005 by CISCO Systems,Inc.
Initializing memory for ECC
c2821 processor with 262144 Kbytes of main memory         ;显示内存大小
Main memory is configured to 64 bit mode with ECC enabled
Readonly ROMMON initialized
program load complete,entry point:0x8000f000,size:0x274bf4c
Self decompressing the image:
###############################[OK]                       ;IOS 解压过程
```

② 在以下的初始化配置对话框中输入 n（No）和回车，再按回车进入用户模式，方括号中的内容是默认选项。

```
Would you like to enter the initial configuration dialog?
    [yes]:n
Would you like to terminate autoinstall? [yes]: [Enter]
Press RETURN to get started!
Router>
```

4．路由器的命令行配置

路由器的命令行配置方法与交换机基本相同，如下是路由器的一些基本配置。

```
Router>enable
Router#configure terminal
Router(config)#hostname  routerA
routerA(config)#banner motd $                    ;配置终端登录到路由器时的提示信息
you are welcome!
$
routerA(config)#interface f0/1                                ;进入端口 1
routerA(config-if)#ip address 192.168.1.1 255.255.255.0    ;设置端口 1 的 IP 地址和
子网掩码
routerA(config-if)#description connecting the company's intranet!  ;端口描述
routerA(config-if)#no shutdown                    ;激活端口
routerA(config-if)#exit
routerA(config)#interface serial 0/0              ;进入串行端口 0
routerA(config-if)#clock rate 64000               ;设置时钟速率为 64000bps
routerA(config-if)#bandwidth 64                   ;设置提供带宽为 64kbps
routerA(config-if)# ip address 192.168.10.1 255.255.255.0  ;设置 IP 地址和子网掩码
routerA(config-if)#no shutdown                    ;激活端口
routerA(config-if)#exit
routerA(config)#exit
routerA#
```

5．路由器的显示命令

通过 show 命令，可查看路由器的 IOS 版本、运行状态、端口配置等信息，如下所示。

```
routerA#show version              ;显示 IOS 的版本信息
routerA#show running-config       ;显示 RAM 中正在运行的配置文件
routerA#show startup-config       ;显示 NVRAM 中的配置文件
routerA#show interface s0/0       ;显示 s0/0 接口信息
routerA#show flash                ;显示 flash 信息
routerA#show ip arp               ;显示路由器缓存中的 ARP 表
```

3.1.6 实训思考题

● 观察路由器的基本结构，描述路由器的各种接口及其表示方法。
● 简述路由器的软件及内存体系结构。
● 简述路由器的主要功能和几种基本配置方式。

3.1.7 实训报告要求

● 实训目的。
● 实训内容。
● 实训环境要求。
● 实训拓扑。
● 实训步骤。
● 实训中的问题和解决方法。
● 回答实训思考题。
● 实训心得与体会。
● 建议与意见。

3.2 IOS 基本命令、备份与恢复

3.2.1 实训目的

● 掌握在命令行界面中正确输入、执行各项操作命令。
● 熟悉路由器的几种命令工作模式及进入、退出方式。
● 熟练掌握一些常见的操作命令。
● 掌握路由器 IOS 的帮助功能。
● 掌握用 show 命令查看路由器的各项配置信息。
● 掌握将配置文件备份到 TFTP（小文件传输协议）服务器和从 TFTP 服务器恢复备份文件的方法。
● 掌握路由器接口的配置方式。
● 掌握路由器的口令恢复。
● 掌握 IOS 的恢复。

3.2.2 实训内容

● 在命令行界面输入并执行各种 IOS 命令。

- 使用 IOS 的帮助功能进行操作命令的快速输入。
- 将路由器的配置文件备份到 TFTP 服务器和从 TFTP 服务器恢复备份文件到路由器。
- 对路由器的几种接口分别进行配置。
- 恢复路由器的口令。
- 恢复 IOS。

3.2.3 实训环境要求

每组 Cisco 2600 系列路由器一台，PC 一台（Windows XP 或 Windows 2000 操作系统，需安装超级终端），RJ-45 交叉线一条，Console 控制线一条，TFTP 服务器一台。

3.2.4 实训拓扑图

实训拓扑如图 3-5 所示。

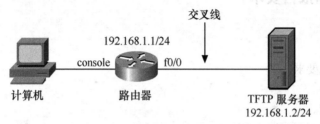

图 3-5 "IOS 基本命令、备份与恢复"网络拓扑图

3.2.5 实训步骤

1．IOS 基本命令、IOS 配置文件、IOS 备份

（1）用反转线连接好计算机和路由器，启动路由器。

【问题 1】rollover 线（反转线）的线序是怎样的。

（2）用户模式和特权模式的切换。

```
Router>enable
Router#disable
Router>enable
```

（3）配置路由器名和 enable 密码。

```
Router#config terminal
Router（config）#hostname RouterA
RouterA（config）#enable password 123456
RouterA（config）#
```

（4）"?"的使用如下。

```
Router#clock
% Incomplete command.

Router#clock ?
set  Set the time and date

Router#clock set
% Incomplete command.
```

```
Router#clock set ?
  hh:mm:ss  Current Time

Router#clock set 11:36:00 ?
  <1-31>  Day of the month
  MONTH   Month of the year

Router#clock set 11:36:00 12 ?
  MONTH  Month of the year

Router#clock set 11:36:00 12 08
                           ^
% Invalid input detected at '^' marker.

Router#clock set 11:36:00 12 august 2003
Router#show clock
11:36:03.149 UTC Tue Aug 12 2003
```

【问题 2】"clock?" 和 "clock ?" 有何差别。

（5）输入 "sh"，按【Tab】键，观察发生的情况。

（6）分别按【Ctrl+P】或【UpArrow】、【Ctrl+A】、【Ctrl+F】、【Ctrl+E】、【Ctrl+B】、【Ctrl+D】快捷键，观察结果。

（7）输入 show history，分别连续按几次【Ctrl+P】、【Ctrl+N】快捷键，观察结果。

（8）分别输入执行 show version、show interfaces、show running-config、show terminal，观察输出结果。

（9）改变历史命令缓冲区的大小。

```
Router#show history
Router#terminal history 15
Router#show history
Router#terminal no editing
```

还能使用各种编辑命令吗?

```
Router#terminal editing
```

又能使用各种编辑命令吗?

（10）配置 f0/0 接口的 IP 地址。

```
RouterA（config）#interface f0/0
RouterA（config-if）#ip address 192.168.1.1  255.255.255.0
RouterA（config-if）#no shutdown
RouterA（config-if）#end
RouterA#
```

（11）输入 line console 0，设置永不自行中断，用 login 和 password Cisco 设置登录密码为 Cisco。

（12）输入 show startup-config，show running-config 观察输出结果。

```
RouterA#show startup-config
RouterA#show running-config
```

检查配置是否是正确的。

（13）输入执行 "copy running-config startup-config"，再用 "show startup-config" 显示配置信息。

```
RouterA#copy running-config startup-config
```

把配置文件保存在 NVRAM 中。

```
RouterA#show startup-config
```

```
RouterA#reload
```
重启路由器。

（14）在计算机上安装 TFTP 服务器软件，并启动 TFTP 服务器，记下 TFTP 服务器的文件存放目录和服务器的 IP 地址。

【问题 3】TFTP 服务器使用 TCP 还是 UDP？如果 TFTP 服务器不和路由器在同一网络，要注意什么。

（15）检查连通性，备份配置文件。

```
RouterA#ping 192.168.1.2
RouterA#copy running-config tftp
```

（16）备份 IOS。

```
RouterA#show version
RouterA#show flash
```

记下 IOS 的文件名。

```
RouterA#copy flash tftp
```

【问题 4】在 TFTP 服务器上查看备份出的 IOS 的大小是多少。

2．路由器的口令恢复和 IOS 恢复

以下两种情况要用到路由器的口令恢复和 IOS 恢复。

● 新任网络管理员无法和上任网络管理员取得联系获得路由器的密码，但现在需要更改路由器的配置。

● 管理员在对路由器的 IOS 进行升级后发现新的 IOS 有问题，需恢复原来的 IOS。

（1）关闭并重新开启路由器电源，等待路由器开始启动时按【Ctrl+Break】快捷键中断正常的启动过程，进入到 ROM 状态。

（2）修改配置寄存器的值，并重新启动。

```
rommon 1>confreg 0x2142
rommon 2>i
```

【问题 5】为什么寄存器的值要改为 0x2142？

（3）等待路由器启动完毕并进入 setup 模式后，按【Ctrl+C】快捷键退出 setup 模式，修改密码。

```
Router>en
Router#copy startup-config running-config
RouterA#conf t
RouterA(config)#enable password Cisco
```

【问题 6】"copy startup-config running-config" 命令不执行会导致什么。

（4）恢复寄存器值，保存配置并重启路由器。

```
RouterA(config)#config-register 0x2102
RouterA(config)#exit
RouterA#copy running-config startup-config
RouterA#reload
```

（5）准备好 TFTP 服务器，检查 IOS 文件 c2600-i-mz.122-8.T1.bin 是否已经在正确目录，并记下服务器的 IP 地址。

（6）重启路由器，按【Ctrl+Break】快捷键中断启动过程，进入到 Rom 模式。

（7）设置环境变量。

```
rommon 1>IP_ADDRESS=192.168.1.1
rommon 2>IP_SUBNET_MASK=255.255.255.0
```

```
rommon 3>IP_DEFAULT_GATEWAY=192.168.1.254
```

这里设置网关是没有意义的，只不过需要一个值而已。

```
rommon 4>TFTP_SERVER=192.168.1.2
rommon 5>TFTP_FILE= c2600-i-mz.122-8.T1.bin
```

（8）下载 IOS，并重启。

```
rommon 6>tftpdnld
rommon 7>i
```

3.2.6 实训思考题

● 简述路由器的工作模式及命令分类。
● 简述在路由器上配置主机名及口令的步骤。

3.2.7 实训问题参考答案

【问题 1】线的两端完全顺序是相反的，即一端的 1 ~ 8 对应另一端的 8 ~ 1。

【问题 2】"clock?" 列出以 "clock" 开头的所有命令，只有一个 "clock"，而 "clock ?" 列出的是 "clock" 命令的子参数。

【问题 3】UDP。要把 IP_DEFAULT_GATEWAY 变量指向网关。

【问题 4】问题答案不确定，IOS 的大小一般是 5MB ~ 15MB 之间。

【问题 5】寄存器的值为 0x2142 会使得路由器跳过 NVRAM 配置文件的执行，从而不检查密码。

【问题 6】不执行此命令，会导致丢失原来的配置，也就是必须按原来的设置重新设置一遍。

3.2.8 实训报告要求

● 实训目的。
● 实训内容。
● 实训环境要求。
● 实训拓扑。
● 实训步骤。
● 实训中的问题和解决方法。
● 回答实训思考题。
● 实训心得与体会。
● 建议与意见。

3.3 静态路由与默认路由配置

3.3.1 实训目的

● 理解 IP 路由寻址过程。
● 掌握创建和验证静态路由、默认路由的方法。

3.3.2 实训内容

- 创建静态路由。
- 创建默认路由。
- 验证路由。

3.3.3 实训环境要求

某公司在济南、青岛、北京各有一分公司，为了使得各分公司的网络能够通信，公司在三地分别购买了路由器，为 R1、R2、R3，同时申请了 DDN 线路。现要用静态路由配置各路由器使得三地的网络能够通信。

为此需要 Cisco 2600 系列路由器 3 台，D-Link 交换机（或 Hub）3 台，PC 若干台（Windows 操作系统，其中一台需安装超级终端），RJ-45 直通型、交叉型双绞线若干条，Console 控制线一条。

3.3.4 实训拓扑图

实训拓扑如图 3-6 所示。

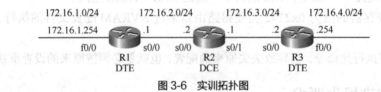

图 3-6 实训拓扑图

3.3.5 实训步骤

（1）在 R1 路由器上配置 IP 地址和 IP 路由。

```
R1#conf t
R1(config)#interface f0/0
R1(config-if)#ip address 172.16.1.254 255.255.255.0
R1(config-if)#no shutdown
R1(config-if)#interface s0/0
R1(config-if)#ip address 172.16.2.1 255.255.255.0
R1(config-if)#no shutdown
R1(config-if)#exit
R1(config)#ip route 172.16.3.0 255.255.255.0 172.16.2.2
R1(config)#ip route 172.16.4.0 255.255.255.0 172.16.2.2
```

（2）在 R2 路由器上配置 IP 地址和 IP 路由。

```
R2#conf t
R2(config)#interface s0/0
R2(config-if)#ip address 172.16.2.2 255.255.255.0
R2(config-if)#clock rate 64000
R2(config-if)#no shutdown
```

```
R2（config-if）#interface s0/1
R2（config-if）#ip address 172.16.3.1 255.255.255.0
R2（config-if）#clock rate 64000
R2（config-if）#no shutdown
R2（config-if）#exit
R2（config）#ip route 172.16.1.0 255.255.255.0 172.16.2.1
R2（config）#ip route 172.16.4.0 255.255.255.0 172.16.3.2
```

（3）在 R3 路由器上配置 IP 地址和 IP 路由。

```
R3#conf t
R3（config）#interface f0/0
R3（config-if）#ip address 172.16.4.254 255.255.255.0
R3（config-if）#no shutdown
R3（config-if）#interface s0/0
R3（config-if）#ip address 172.16.3.2 255.255.255.0
R3（config-if）#no shutdown
R3（config-if）#exit
R3（config）#ip route 172.16.1.0 255.255.255.0 172.16.3.1
R3（config）#ip route 172.16.2.0 255.255.255.0 172.16.3.1
```

（4）在 R1、R2、R3 路由器上检查接口、路由情况。

```
R1#show ip route
R1#show ip interfaces
R1#show interface
R2#show ip route
R2#show ip interfaces
R2#show interface
R3#show ip route
R3#show ip interfaces
R3#show interface
```

（5）在各路由器上用"ping"命令测试到各网络的连通性。

（6）在 R1、R3 上取消已配置的静态路由，R2 保持不变。

```
R1:
R1（config）#no ip route 172.16.3.0 255.255.255.0 172.16.2.2
R1（config）#no ip route 172.16.4.0 255.255.255.0 172.16.2.2
R1（config）#exit
R1#show ip route
R3:
R3（config）#no ip route 172.16.1.0 255.255.255.0 172.16.3.1
R3（config）#no ip route 172.16.2.0 255.255.255.0 172.16.3.1
R3（config）#exit
R3#show ip route
```

（7）在 R1、R3 上配置默认路由。

```
R1:
R1（config）#ip route 0.0.0.0 0.0.0.0 172.16.2.2
R1（config）#ip classless
```

```
R3:
R3(config)#ip route 0.0.0.0 0.0.0.0 172.16.3.1
R3(config)#ip classless
```

【问题】在配置默认路由时，为什么要在 R3 上配置 "ip classless"。

（8）在各路由器上用 "ping" 命令测试到各网络的连通性。

3.3.6 实训思考题

- 默认路由用在什么场合较好。
- 什么是路由?什么是路由协议?
- 什么是静态路由、默认路由、动态路由?路由选择的基本原则是什么?
- 试述 RIP 的缺点。

3.3.7 实训问题参考答案

默认时是可以不配置的，显式配置是防止有人执行了 "no ip classless"，"ip classless" 使得路由器对于查找不到路由的数据包会用默认路由来转发。

3.3.8 实训报告要求

- 实训目的。
- 实训内容。
- 实训环境要求。
- 实训拓扑。
- 实训步骤。
- 实训中的问题和解决方法。
- 回答实训思考题。
- 实训心得与体会。
- 建议与意见。

3.4 RIP 与 IGRP 的配置与调试

3.4.1 实训目的

- 掌握配置与调试 RIP 的方法。
- 掌握配置与调试 IGRP 的方法。

3.4.2 实训内容

- 配置与调试 RIP。
- 配置与调试 IGRP。

3.4.3　实训环境要求

如图 3-7 所示，根据网络拓扑图完成路由配置。

● 192.168.1.0/24 和 172.16.1.0/24 通过两条路径互连，在各路由器上配置 RIP，使得路由器自动建立路由表。

● 192.168.1.0/24 和 172.16.1.0/24 通过两条路径互连，在各路由器上配置 IGRP，为了充分利用线路要求使用负载均衡。

3.4.4　实训拓扑图

实训拓扑如图 3-7 所示。

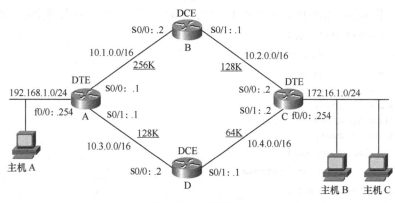

图 3-7　实训拓扑图

3.4.5　实训步骤

1．配置与调试 RIP

（1）在各路由器上进行各基本配置，如路由器名称、接口的 IP 地址、时钟等。

（2）在各路由器上进行 RIP 的基本配置。

```
RouterA:
RouterA（config）#router rip
RouterA（config-router）#network 192.168.1.0
RouterA（config-router）#network 10.0.0.0
RouterB:
RouterB（config）#router rip
RouterB（config-router）#network 10.0.0.0
RouterC:
RouterC（config）#router rip
RouterC（config-router）#network 10.0.0.0
RouterC（config-router）#network 172.16.0.0
RouterD:
RouterD（config）#router rip
RouterD（config-router）#network 10.0.0.0
```

【问题 1】为什么在路由器 A 上使用"network 10.0.0.0"，而不是"network 10.1.0.0"和"network

10.3.0.0"命令？

（3）等待一段时间后，在各路由器上查看路由表。

```
RouterA#show ip route
RouterB#show ip route
RouterC#show ip route
RouterD#show ip route
```

【问题 2】路由器 A 上为什么看不到 172.16.1.0/24 的路由，而是 172.16.0.0/16 的路由？

【问题 3】路由器 A 上到达网络 172.16.0.0/16 有几条路由。路由器 C 上到达网络 192.168.1.0/24 有几条路由？为什么？

（4）测试连通性。

正确设置主机 A、主机 B 的网关，从主机 A ping 主机 B，测试连通性。

（5）观察路由的动态过程：在路由器 B 上关闭 s0/1 接口，等待一段时间后，在各路由器上查看路由表；重新在路由器 B 上开启 s0/1 接口，等待一段时间后，在各路由器上查看路由表。

```
RouterB (config)#int s0/1
RouterB (config-if)#shutdown
RouterB (config-if)#end
RouterB#show ip route
RouterA#show ip route
RouterC#show ip route
RouterD#show ip route
RouterB (config)#int s0/1
RouterB (config-if)# no shutdown
RouterB (config-if)#end
RouterB#show ip route
RouterA#show ip route
RouterC#show ip route
RouterD#show ip route
```

【问题 4】为什么要等待一段时间才能观察到路由表的变化？路由器 A 和 D 的路由表有何变化？

（6）在路由器 A 上改变高级选项，查看各相关信息。

```
RouterA (config)#router rip
RouterA (config-router)#distance 50
RouterA (config-router)#timers basic 30 60 90 120
RouterA (config-router)#end
RouterA#show ip protocols
RouterA#show ip interfaces
RouterA#debug ip rip
```

2．配置与调试 IGRP

（1）在各路由器上进行各基本配置，如路由器名称、接口的 IP 地址、时钟等。

（2）在各路由器进行 IGRP 的基本配置。

```
RouterA:
RouterA (config)#int s0/0
RouterA (config-if)#bandwidth 256
RouterA (config-if)#int s0/1
RouterA (config-if)#bandwidth 128
RouterA (config-if)#exit
RouterA (config)#router igrp 100
```

```
RouterA（config-router）#network 192.168.1.0
RouterA（config-router）#network 10.0.0.0
RouterB：
RouterB（config）#int s0/0
RouterB（config-if）#bandwidth 256
RouterB（config-if）#int s0/1
RouterB（config-if）#bandwidth 128
RouterB（config-if）#exit
RouterB（config）#router igrp 100
RouterB（config-router）#network 10.0.0.0
RouterC：
RouterC（config）#int s0/0
RouterC（config-if）#bandwidth 128
RouterC（config-if）#int s0/1
RouterC（config-if）#bandwidth 64
RouterC（config-if）#exit
RouterC（config）#router igrp 100
RouterC（config-router）#network 10.0.0.0
RouterC（config-router）#network 172.16.0.0
RouterD：
RouterD（config）#int s0/0
RouterD（config-if）#bandwidth 128
RouterD（config-if）#int s0/1
RouterD（config-if）#bandwidth 64
RouterD（config-if）#exit
RouterD（config）#router igrp 100
RouterD（config-router）#network 10.0.0.0
```

【问题5】启动 IGRP 比启动 RIP 要多指明什么？

（3）等待一段时间后，在各路由器上查看路由表，观察度量值等。

```
RouterA#show ip route
```

【问题6】A 路由器到达网络 172.16.0.0/16 有几条路由？

```
RouterB#show ip route
RouterC#show ip route
```

【问题7】C 路由器到达网络 192.168.1.0/24 是通过哪个路由器？

```
RouterD#show ip route
```

【问题8】D 路由器到达网络 172.16.0.0/16 是通过哪个路由器？为什么？

（4）测试连通性。

正确设置主机 A、B、C 的网关，从主机 A ping 主机 B，测试连通性。

（5）观察路由的动态过程：在路由器 B 上关闭 s0/1 接口，等待一段时间后，在各路由器上查看路由表；重新在路由器 B 上开启 s0/1 接口，等待一段时间后，在各路由器上查看路由表。

```
RouterB（config）#int s0/1
RouterB（config-if）#shutdown
RouterB（config-if）#end
RouterB#show ip route
```

```
RouterA#show ip route
RouterC#show ip route
RouterD#show ip route
```

【问题9】路由器 D 的路由表发生了什么变化？

```
RouterB（config）#int s0/1
RouterB（config-if）# no shutdown
RouterB（config-if）#end
RouterB#show ip route
RouterA#show ip route
RouterC#show ip route
RouterD#show ip route
```

（6）负载均衡。

```
RouterA（config）#router igrp 100
RouterA（config-router）#maximum-paths 6
RouterA（config-router）#variance 10
RouterA（config-router）#traffic-share balance
RouterA（config-router）#end
RouterA#show ip route 172.16.0.0
```

【问题10】路由器 A 到达 172.16.0.0/16 有几条路由？为什么？

```
RouterC（config）#router igrp 100
RouterC（config-router）#maximum-paths 6
RouterC（config-router）#variance 10
RouterC（config-router）#traffic-share balance
RouterC（config-router）#end
RouterC#show ip route 192.168.1.0
```

【问题11】路由器 C 到达 192.168.1.0/24 有几条路由？不同路由的共享值是多少？为什么？

3.4.6　实训问题参考答案

【问题1】配置 RIP 时，"network"命令应指明接口所在的主网络号，而不是子网络号，s0/0 和 s0/1 都在 10.0.0.0 主网络上。

【问题2】RIP 是无类协议，它自动在网络的边界进行路由汇总。

【问题3】从路由器 A 到 172.16.0.0/16 有两条路由，分别为

```
R    172.16.0.0/16 [120/2] via 10.1.0.2, 00:00:22, Serial0/0
                           [120/2] via 10.3.0.2, 00:00:08, Serial0/1
```

从路由器 C 到 192.168.1.0/24 有两条路由，分别为

```
R    192.168.1.0/24 [120/2] via 10.2.0.1, 00:00:09, Serial0/0
                           [120/2] via 10.4.0.1, 00:00:23, Serial0/1
```

这是因为 RIP 默认时支持等跳数的负载均衡。

【问题4】路由协议需要一段时间来收敛。路由器 A 删除了 10.2.0.0/16 的路由，同时到达 172.16.0.0/16 只有一条路由了；同样路由器 D 也删除了 10.2.0.0/16 的路由，同时到达 192.168.1.0/24 也只有一条路由了。

【问题5】还要指明自治系统号，同一自治系统中的不同路由器上的自治系统号要相同。

【问题6】只有一条路由，这是因为 IGRP 选择了最佳路由。

【问题7】是通过路由器 B。

【问题 8】是通过 A 路由器到达 172.16.0.0/16 的，IGRP 不是通过跳数来决定最佳路径，通过 A 路由器虽然经过的路由器数量较多，但带宽较大。

【问题 9】减少了 10.2.0.0/16 的路由，同时到达 172.16.0.0/16 的路由是通过路由器 C 了。

【问题 10】还是只有一条，因为 A 路由器比 D 路由器更接近 172.16.0.0/16 网络，它不会把经过 D 路由器到达 172.16.0.0/16 也当成可选路径。

【问题 11】有两条路由了，通过 B 路由器的路由共享值为 2，而通过 D 路由器的路由共享值为 1。

3.4.7 实训报告要求

- 实训目的。
- 实训内容。
- 实训环境要求。
- 实训拓扑。
- 实训步骤。
- 实训中的问题和解决方法。
- 实训心得与体会。
- 建议与意见。

3.5 EIGRP 的配置与调试

3.5.1 实训目的

掌握配置与调试 EIGRP 的基本操作。

3.5.2 实训内容

配置与调试 EIGRP。

3.5.3 实训拓扑图

实训拓扑如图 3-8 所示。

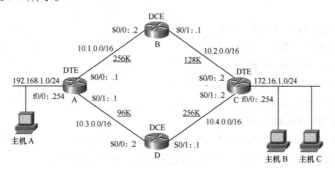

图 3-8 实训拓扑图

实训要求：在各路由器上配置 EIGRP，为了充分利用线路要求使用负载均衡，注意各线路上的带宽。

3.5.4 实训步骤

（1）在各路由器上进行各基本配置，如路由器名称、接口的 IP 地址、时钟等。

（2）在各路由器进行 EIGRP 的基本配置。

```
RouterA:
RouterA (config) #int s0/0
RouterA (config-if) #bandwidth 256
RouterA (config-if) #int s0/1
RouterA (config-if) #bandwidth 96
RouterA (config-if) #exit
RouterA (config) #router eigrp 100
RouterA (config-router) #network 192.168.1.0   0.0.0.255
RouterA (config-router) #network 10.1.0.0   0.0.255.255
RouterA (config-router) #network 10.3.0.0   0.0.255.255
RouterB:
RouterB (config) #int s0/0
RouterB (config-if) #bandwidth 256
RouterB (config-if) #int s0/1
RouterB (config-if) #bandwidth 128
RouterB (config-if) #exit
RouterB (config) #router eigrp 100
RouterB (config-router) #network 10.0.0.0   0.255.255.255
RouterC:
RouterC (config) #int s0/0
RouterC (config-if) #bandwidth 128
RouterC (config-if) #int s0/1
RouterC (config-if) #bandwidth 256
RouterC (config-if) #exit
RouterC (config) #router eigrp 100
RouterC (config-router) #network 10.0.0.0   0.255.255.255
RouterC (config-router) #network 172.16.0.0   0.0.255.255
RouterD:
RouterD (config) #int s0/0
RouterD (config-if) #bandwidth 96
RouterD (config-if) #int s0/1
RouterD (config-if) #bandwidth 256
RouterD (config-if) #exit
RouterD (config) #router eigrp 100
RouterD (config-router) #network 10.0.0.0   0.255.255.255
```

（3）等待一段时间后，在各路由器上查看路由表，观察度量值等。

```
RouterA#show ip route
```

【问题 1】路由器 A 到达网络 172.16.0.0/16 有几条路由？

```
RouterB#show ip route
RouterC#show ip route
```

【问题 2】路由器 C 到达网络 192.168.1.0/24 有几条路由？

```
RouterD#show ip route
```

（4）测试连通性：正确配置主机 A、B、C 的网关，从主机 A ping 主机 B，测试连通性。

（5）观察路由的动态过程：在路由器 B 上关闭 s0/1 接口，等待一段时间后，在各路由器上查看路由表；重新在路由器 B 上开启 s0/1 接口，等待一段时间后，在各路由器上查看路由表。

```
RouterB（config）#int s0/1
RouterB（config-if）#shutdown
RouterB（config-if）#end
RouterB#show ip route
RouterA#show ip route
RouterC#show ip route
RouterD#show ip route
RouterB（config）#int s0/1
RouterB（config-if）# no shutdown
RouterB（config-if）#end
RouterB#show ip route
RouterA#show ip route
RouterC#show ip route
RouterD#show ip route
```

（6）负载均衡。

```
RouterA（config）#router eigrp 100
RouterA（config-router）#variance 10
RouterA（config-router）#traffic-share balance
RouterA（config-router）#end
RouterA#show ip route
```

【问题 3】路由器 A 到达 172.16.0.0/16 有几条路由？观察路由开销。

```
RouterA#access-list 101 permit icmp 192.168.1.0 0.0.0.255 172.16.1.0 0.0.0.255
RouterA#debug ip packet 101
```

从主机 A ping 172.16.1.254、主机 B、主机 C，观察数据包经过的网关。

【问题 4】到达 172.16.1.254、主机 B、主机 C 的数据包经过相同的网关了吗？

```
RouterC（config）#router eigrp 100
RouterC（config-router）#variance 10
RouterC（config-router）#traffic-share balance
RouterC（config-router）#end
RouterC#show ip route
```

【问题 5】路由器 C 到达 192.168.1.0/24 有几条路由？观察路由开销。

3.5.5　实训问题参考答案

【问题 1】一条路由，是通过路由器 B 到达 172.16.0.0/16。

【问题 2】一条路由，是通过路由器 B 到达 192.168.1.0/24。

【问题 3】有两条路由了，路由如下：

```
R     172.16.0.0/16 [90/21026560] via 10.1.0.2, 00:00:05, Serial0/0
                    [90/27693056] via 10.3.0.2, 00:00:05, Serial0/1
```

路由开销的值很大，这是因为 EIGRP 的度量值比 IGRP 大 256 倍。

【问题 4】该问题答案可能不统一，但可以看到到达 172.16.1.254、主机 B、C 的数据包不完全通过同一网关了，即到达同一网络的数据进行了负载均衡。

【问题 5】有两条路由了，分别是通过 B 路由器和 D 路由器，通过 B 路由器的开销较小，通过 D 路由器的开销较大。

3.5.6 实训报告要求

- 实训目的。
- 实训内容。
- 实训环境要求。
- 实训拓扑。
- 实训步骤。
- 实训中的问题和解决方法。
- 实训心得与体会。
- 建议与意见。

3.6 单区域 OSPF 的配置与调试

3.6.1 实训目的

掌握配置与调试单区域 OSPF 的基本操作。

3.6.2 实训内容

配置与调试单区域 OSPF。

3.6.3 实训拓扑图

实训拓扑如图 3-9 所示。

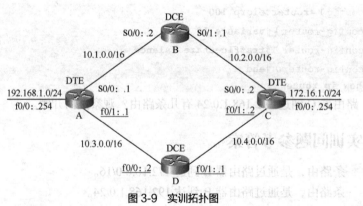

图 3-9 实训拓扑图

实训要求：在各路由器上配置 OSPF，在这里网络较为简单，我们只采用单一区域。

3.6.4 实训步骤

（1）在各路由器上进行各基本配置，如路由器名称、接口的 IP 地址、时钟等。

（2）在各路由器进行 OSPF 的基本配置。

```
RouterA:
RouterA（config）#router ospf 1
RouterA（config-router）#network 192.168.1.0 0.0.0.255 area 0
RouterA（config-router）#network 10.1.0.0 0.0.255.255 area 0
RouterA（config-router）#network 10.3.0.0 0.0.255.255 area 0
RouterB:
RouterB（config）#router ospf 2
RouterB（config-router）#network 10.0.0.0 0.255.255.255 area 0
RouterC:
RouterC（config）#router ospf 3
RouterC（config-router）#network 10.0.0.0 0.255.255.255 area 0
RouterC（config-router）#network 172.16.0.0 0.0.255.255 area 0
RouterD:
RouterD（config）#router ospf 4
RouterD（config-router）#network 10.0.0.0 0.255.255.255 area 0
```

（3）等待一段时间后，在各路由器上查看路由表，观察度量值等。

```
RouterA#show ip route
RouterB#show ip route
RouterC#show ip route
RouterD#show ip route
```

【问题 1】路由器 A 中 172.16.1.0/24 的路由为何不被归纳成 172.16.0.0/16 的路由了？

（4）测试连通性。

从主机 A ping 主机 B、主机 C，测试连通性。

（5）观察路由的动态过程：在路由器 D 上关闭 f0/1 接口，等待一段时间后，在各路由器上查看路由表；重新在路由器 D 上开启 f0/1 接口，等待一段时间后，在各路由器上查看路由表。

```
RouterD（config）#int f0/1
RouterD（config-if）#shutdown
RouterD（config-if）#end
RouterD#show ip route
RouterA#show ip route
RouterB#show ip route
RouterC#show ip route
RouterD（config）#int f0/1
RouterD（config-if）#no shutdown
RouterD（config-if）#end
RouterD#show ip route
RouterA#show ip route
RouterB#show ip route
RouterC#show ip route
```

（6）在路由器 A 上配置。

```
RouterA#show ip ospf database
RouterA#show ip ospf neighbors
```

【问题 2】路由器 A 和路由器 D 中，谁是 DR？为什么？

```
RouterA#show ip ospf interface
```

注意观看输出的各种信息。

（7）在路由器 A、D 上配置。

```
RouterD（config）#int f0/0
RouterD（config-if）#ip ospf priority 10
RouterD#clear ip ospf processes
RouterA（config）#int f0/1
RouterA（config-if）#ip ospf cost 2000
RouterA（config-if）#end
RouterA#clear ip ospf processes
```

重新执行步骤（6），查看 DR、BDR 的 IP 地址是否发生变化。

【问题 3】路由器 A 和路由器 D 中，谁是 DR？

```
RouterA#show ip route
```

【问题 4】观察路由表是否发生变化。到达 172.16.1.0/24 的路由是经过什么路由器？

3.6.5 实训问题参考答案

【问题 1】因为 OSPF 是无类协议，它在发送路由更新时发送子网掩码。

【问题 2】路由器 A 是 DR，路由器 A 的 ID 值为 192.168.1.254，而路由器 D 的 ID 值为 10.1.4.1。

【问题 3】路由器 D 是 DR，路由器 A 的优先级值为默认值 1，而路由器 D 的 ID 值为 10，路由器 D 的优先级高。

【问题 4】发生了变化，到达 172.16.1.0/24 的路由不再经过路由器 D，而是经过路由器 B。

3.6.6 实训报告要求

- 实训目的。
- 实训内容。
- 实训拓扑。
- 实训步骤。
- 实训中的问题和解决方法。
- 实训心得与体会。
- 建议与意见。

3.7 交换机的了解与基本配置

3.7.1 实训目的

- 熟悉 Cisco Catalyst 2950 交换机的开机界面和软硬件情况。
- 掌握对 2950 交换机进行基本的设置。
- 了解 2950 交换机的端口及其编号。

3.7.2 实训内容

- 通过 Console 口连接到交换机上，观察交换机的启动过程和默认配置。
- 了解交换机启动过程所提供的软硬件信息。
- 对交换机进行一些简单的基本配置。

3.7.3 实训拓扑图

基本配置交换机 C2950 的网络拓扑图如图 3-10 所示。

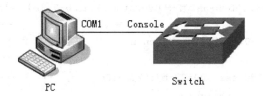

图 3-10 基本配置交换机 C2950 的网络拓扑图

3.7.4 实训步骤

基本配置交换机 C2950 的步骤如下。

1．硬件连接

如图 3-10 所示，将 Console 控制线的一端插入计算机 COM1 串口，另一端插入交换机的 Console 接口。开启交换机的电源。

2．通过超级终端连接交换机

① 启动 Windows XP 操作系统，通过"开始"→"程序"→"附件"→"通信"→"超级终端"进入超级终端程序。如图 3-11 和图 3-12 所示。

图 3-11 新建连接

图 3-12 连接到 COM1

② 选择连接以太网交换机使用的串行口，并将该串行口设置为 9600 波特、8 个数据位、1 个停止位、无奇偶校验和数据流控制。如图 3-13 所示。

图 3-13 COM1 属性

③ 单击"确定"键，系统将收到以太网交换机的回送信息。

3. 2950 交换机的启动

（1）2950 交换机的启动。

```
C2950 Boot Loader（CALHOUN-HBOOT-M）Version 12.1（0.0.34）EA2, CISCO DEVELOPMENT TEST
VERSION                                              ——Boot 程序版本
Compiled Wed 07-Nov-01 20:59 by antonino
WS-C2950G-24 starting...                             ——硬件平台
Base ethernet MAC Address: 00:09:b7:92:29:80         ——交换机 MAC 地址
Xmodem file system is available.
Initializing Flash...                                ——以下初始化 flash
flashfs[0]: 16 files, 2 directories
flashfs[0]: 0 orphaned files, 0 orphaned directories
flashfs[0]: Total bytes: 7741440
flashfs[0]: Bytes used: 3971584
flashfs[0]: Bytes available: 3769856
flashfs[0]: flashfs fsck took 6 seconds.
...done initializing flash.
Boot Sector Filesystem（bs:）installed, fsid: 3
Parameter Block Filesystem（pb:）installed, fsid: 4
Loading                                              ——解压缩 IOS 文件
"flash:c2950-i6q4l2-mz.121-6.EA2a.bin"...
#######################################################
#######################################################
#######################################################
#################
File "flash:c2950-i6q4l2-mz.121-6.EA2a.bin" uncompressed and installed, entry point:
0x80010000
executing...


                Restricted Rights Legend                 ——宣告版权信息


Use, duplication, or discIOSure by the Government is
subject to restrictions as set forth in subparagraph
(c)of the Commercial Computer Software - Restricted
Rights clause at FAR sec. 52.227-19 and subparagraph
(c)(1)(ii)of the Rights in Technical Data and Computer
Software clause at DFARS sec. 252.227-7013.


            cisco Systems, Inc.
            170 West Tasman Drive
            San Jose, California 95134-1706


Cisco Internetwork Operating System Software
IOS（tm）C2950 Software（C2950-I6Q4L2-M）, Version 12.1（6）EA2a, RELEASE SOFTWARE
（fc1）                                               ——IOS 版本
Copyright（c)1986-2001 by cisco Systems, Inc.
Compiled Thu 27-Dec-01 15:01 by antonino
Image text-base: 0x80010000, data-base: 0x8042A000


Initializing flashfs...                              ——再次初始化 flash
```

```
flashfs[1]: 16 files, 2 directories                        ——flash 中文件及目录数
flashfs[1]: 0 orphaned files, 0 orphaned directories
flashfs[1]: Total bytes: 7741440                           ——flash 总量
flashfs[1]: Bytes used: 3971584                            ——已用 flash
flashfs[1]: Bytes available: 3769856                       ——可用 flash
flashfs[1]: flashfs fsck took 6 seconds.
flashfs[1]: Initialization complete.                       ——初始化 flash 完成
Done initializing flashfs.
POST: System Board Test : Passed                           ——系统板自检通过
POST: Ethernet Controller Test : Passed                    ——以太网控制器自检通过
ASIC Initialization Passed                                 ——专用芯片自检通过

POST: FRONT-END LOOPBACK TEST : Passed                     ——环路测试通过
cisco WS-C2950G-24-EI （RC32300） processor （revision A0） with 21299K bytes of
memory.                                                    ——CPU 型号和 RAM 大小
Processor board ID FOC0620X0J4
Last reset from system-reset
24 FastEthernet/IEEE 802.3 interface (s)                   ——24 个快速以太口
2 Gigabit Ethernet/IEEE 802.3 interface (s)                ——2 个千兆以太口

32K bytes of flash-simulated non-volatile configuration memory. ——NVRAM 大小
Base ethernet MAC Address: 00:09:B7:92:29:80
Motherboard assembly number: 73-7280-04
Power supply part number: 34-0965-01
Motherboard serial number: FOC06170J3N
Power supply serial number: DAB06203PFQ
Model revision number: A0
Motherboard revision number: A0
Model number: WS-C2950G-24-EI
System serial number: FOC0620X0J4

Press RETURN to get started!
```

其中较为重要的内容已经在前面进行了注释。启动过程提供了非常丰富的信息，我们可以利用这些信息对 2950 交换机的硬件结构和软件加载过程有直观的认识。在产品验货时，有关部件号、序列号、版本号等信息也非常有用。

（2）2950 交换机的默认配置。

```
switch>enable
switch#
switch#show running-config
Building configuration...

Current configuration : 1087 bytes
!
version 12.1
no service pad
service timestamps debug uptime
service timestamps log uptime
no service password-encryption
!
hostname switch
!
```

```
ip subnet-zero
no ip finger
!
interface FastEthernet0/1
!
……内容相似，省略 0/2~0/23
!
interface FastEthernet0/24
!
interface GigabitEthernet0/1
!
interface GigabitEthernet0/2
!
interface Vlan1
 no ip address
 no ip route-cache
 shutdown
!
ip http server
!
line con 0
line vty 0 4
line vty 5 15
!
end
```

4．交换机的命令行使用方法

① 在任何模式下，输入"？"可显示相关帮助信息。

Switch>?　　　　　　　;显示当前模式下所有可执行的命令

disable	Turn off privileged commands
enable	Turn on privileged commands
exit	Exit from the EXEC
help	Description of the interactive help system
ping	Send echo message
rcommand	Run command on remote switch
show	Show running system information
telnet	Open a telnet connection
traceroute	Trace route to destination

② 在用户模式下，输入 enable 命令，进入特权模式。

Switch>enable　　　　;进入特权模式
Switch#

● 用户模式的提示符为">"，特权模式的提示符为"#"，"Switch"是交换机的默认名称，可用 hostname 命令修改交换机的名称。

● 输入 disable 命令可从特权模式返回用户模式。输入 logout 命令可从用户模式或特权模式退出控制台操作。

③ 如果忘记某命令的全部拼写，则输入该命令的部分字母后再输入"？"，会显示相关匹配命令。

Switch#co?　　　　　　　;显示当前模式下所有以 co 开头的命令

```
                configure        copy
```

④ 输入某命令后，如果忘记后面跟什么参数，可输入"？"，会显示该命令的相关参数。

```
Switch#copy  ?              ;显示 copy 命令后可执行的参数
    flash                Copy from flash file system
    running-config       Copy from current system configuration
    startup-config       Copy from startup configuration
    tftp                 Copy from tftp file system
    xmodem               Copy from xmodem file system
```

⑤ 输入某命令的部分字母后，按 Tab 键可自动补齐命令。

```
Switch#conf(Tab 键)         ;按 Tab 键自动补齐 configure 命令
Switch#configure
```

⑥ 如果要输入的命令的拼写字母较多，可使用简写形式，前提是该简写形式没有歧义。如 config t 是 configure terminal 的简写，输入该命令后，从特权模式进入全局配置模式。

```
Switch#config t             ;该命令代表 configure terminal，进入全局配置模式
Switch(config)#
```

5．交换机的名称设置

在全局配置模式下，输入 hostname 命令可设置交换机的名称。

```
Switch(config)#hostname SwitchA         ;设置交换机的名称为 SwitchA
SwitchA(config)#
```

6．交换机的口令设置

特权模式是进入交换机的第二个模式，比第一个模式（用户模式）有更大的操作权限，也是进入全局配置模式的必经之路。

在特权模式下，可用 enable password 和 enable secret 命令设置口令。

① 输入 enable password xxx 命令，可设置交换机的明文口令为 xxx，即该口令是没有加密的，在配置文件中以明文显示。

```
SwitchA(config)#enable password aaaa         ;设置特权明文口令为 aaaa
SwitchA(config)#
```

② 输入 enable secret yyy 命令，可设置交换机的密文口令为 yyy，即该口令是加密的，在配置文件中以密文显示。

```
SwitchA(config)#enable secret bbbb           ;设置特权密文口令为 bbbb
SwitchA(config)#
```

enable password 命令的优先级没有 enable secret 高，这意味着，如果用 enable secret 设置过口令，则用 enable password 设置的口令就会无效。

③ 设置 console 控制台口令的方法如下。

```
SwitchA(config)#line console 0            ;进入控制台接口
SwitchA(config-line)#login                ;启用口令验证
SwitchA(config-line)#password cisco       ;设置控制台口令为 cisco
SwitchA(config-line)#exit                 ;返回上一层设置
SwitchA(config)#
```

由于只有一个控制台接口，所以只能选择线路控制台 0（line console 0）。config-line 是线路配置模式的提示符。exit 命令是返回上一层设置。

④ 设置 telnet 远程登录交换机的口令的方法如下。

SwitchA(config)#line vty 0 4	;进入虚拟终端
SwitchA(config-line)#login	;启用口令验证
SwitchA(config-line)#password zzz	;设置 telnet 登录口令为 zzz
SwitchA(config-line)#exec-timeout 15 0	;设置超时时间为 15 分钟 0 秒
SwitchA(config-line)#exit	;返回上一层设置
SwitchA(config)#exit	
SwitchA#	

只有配置了虚拟终端（vty）线路的密码后，才能利用 telnet 远程登录交换机。

较早版本的 Cisco IOS 支持 vty line 0～4，即同时允许 5 个 telnet 远程连接。新版本的 Cisco IOS 可支持 vty line 0～15，即同时允许 16 个 telnet 远程连接。

使用 no login 命令允许建立无口令验证的 telnet 远程连接。

7．交换机的端口设置

① 在全局配置模式下，输入 interface fa0/1 命令，进入端口设置模式（提示符为 config-if），可对交换机的 1 号端口进行设置。

SwitchA#config terminal	;进入全局配置模式
SwitchA(config)#interface fa0/1	;进入端口 1
SwitchA(config-if)#	

② 在端口设置模式下，通过 description、speed、duplex 等命令可设置端口的描述、速率、单双工模式等，如下所示。

SwitchA(config-if)#description "link to office"	;端口描述（连接至办公室）
SwitchA(config-if)#speed 100	;设置端口通信速率为 100Mbit/s
SwitchA(config-if)#duplex full	;设置端口为全双工模式
SwitchA(config-if)#shutdown	;禁用端口
SwitchA(config-if)#no shutdown	;启用端口
SwitchA(config-if)#end	;直接退回到特权模式
SwitchA#	

8．交换机可管理 IP 地址的设置

交换机的 IP 地址配置实际上是在 VLAN 1 的端口上进行配置，默认时交换机的每个端口都是 VLAN 1 的成员。

在端口配置模式下使用 ip address 命令可设置交换机的 IP 地址，在全局配置模式下使用 ip default-gateway 命令可设置默认网关。

SwitchA#config terminal	;进入全局配置模式
SwitchA(config)#interface vlan 1	;进入 vlan 1
SwitchA(config-if)#ip address 192.168.1.100 255.255.255.0	;设置交换机可管理 IP 地址
SwitchA(config-if)#no shutdown	;启用端口
SwitchA(config-if)#exit	;返回上一层设置
SwitchA(config)#ip default-gateway 192.168.1.1	;设置默认网关
SwitchA(config)#exit	
SwitchA#	

9．交换机信息的显示

在特权配置模式下，可利用 show 命令显示各种交换机信息。

```
SwitchA#show version                    ;查看交换机的版本信息
SwitchA#show int vlan1                  ;查看交换机可管理 IP 地址
SwitchA#show vtp status                 ;查看 vtp 配置信息
SwitchA#show running-config             ;查看当前配置信息
SwitchA#show startup-config             ;查看保存在 NVRAM 中的启动配置信息
SwitchA#show vlan                       ;查看 vlans 配置信息
SwitchA#show interface                  ;查看端口信息
SwitchA#show int fa0/1                  ;查看指定端口信息
SwitchA#show mac-address-table          ;查看交换机的 mac 地址表
```

10．交换机配置信息的保存或删除

交换机配置完成后，在特权配置模式下，可利用 copy running-config startup-config 命令（当然也可利用简写命令 copy run start）或 write（wr）命令，将配置信息从 DRAM 内存中手工保存到非易失 RAM（NVRAM）中；利用 erase startup-config 命令可删除 NVRAM 中的内容，如下所示。

```
SwitchA#copy running-config startup-config      ;保存配置信息至 NVRAM 中
SwitchA#erase startup-config                    ;删除 NVRAM 中的配置信息
```

3.7.5 实训报告要求

- 实训目的。
- 实训内容。
- 实训拓扑。
- 实训步骤。
- 实训中的问题和解决方法。
- 实训心得与体会。
- 建议与意见。

3.8 单交换机上的 VLAN 划分

3.8.1 实训目的

- 了解和掌握 VALN 的基本概念，掌握按端口划分 VLAN 的配置。

3.8.2 实训内容

- 在交换机上划分 VLAN10 和 VLAN20。

3.8.3 实训拓扑图

单交换机上的 VLAN 划分的网络拓扑图如图 3-14 所示。

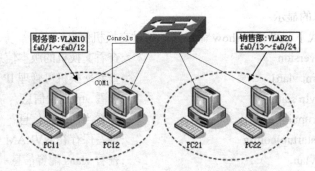

图 3-14　单交换机上的 VLAN 划分的网络拓扑图

单交换机上的 VLAN 划分的步骤如下。

1. 硬件连接

① 如图 3-14 所示，将 Console 控制线的一端插入 PC12 计算机的 COM1 串口，另一端插入交换机的 Console 接口。

② 用 4 根直通线把 PC11、PC12、PC21、PC22 计算机分别连接到交换机的 fa0/2、fa0/3、fa0/13、fa0/14 端口上。

③ 开启交换机的电源。

2. TCP/IP 协议配置

① 配置 PC11 计算机的 IP 地址为 192.168.1.11，子网掩码为 255.255.255.0。

② 配置 PC12 计算机的 IP 地址为 192.168.1.12，子网掩码为 255.255.255.0。

③ 配置 PC21 计算机的 IP 地址为 192.168.1.21，子网掩码为 255.255.255.0。

④ 配置 PC22 计算机的 IP 地址为 192.168.1.22，子网掩码为 255.255.255.0。

3. 连通性测试

用 ping 命令在 PC11、PC12、PC21、PC22 计算机之间测试连通性，结果填入表 3-1 中。

表 3-1　　　　　　　　　　　　　　　　计算机之间的连通性

计算机	PC11	PC12	PC21	PC22
PC11	/			
PC12		/		
PC21			/	
PC22				/

4. VLAN 划分

① 在 PC12 计算机上打开超级终端，配置交换机的 VLAN，新建 VLAN 的方法如下。

```
Switch>enable
Switch#config t
Switch(config)#vlan 10              ;创建 VLAN 10，并取名为 caiwubu（财务部）
Switch(config-vlan)#name caiwubu
Switch(config-vlan)#exit
Switch(config)#vlan 20              ;创建 VLAN 20，并取名为 xiaoshoubu（销售部）
Switch(config-vlan)#name xiaoshoubut
Switch(config-vlan)#exit
```

```
Switch(config)#exit
Switch#
```

② 在特权模式下，输入 show vlan 命令，查看新建的 VLAN。

```
Switch#show vlan
VLAN NAME              Status         Ports
1    default           active         Fa0/1, Fa0/2, Fa0/3, Fa0/4
                                      Fa0/5, Fa0/6, Fa0/7, Fa0/8
                                      Fa0/9, Fa0/10, Fa0/11, Fa0/12
                                      Fa0/13, Fa0/14, Fa0/15, Fa0/16
                                      Fa0/17, Fa0/18, Fa0/19, Fa0/20
                                      Fa0/21, Fa0/22, Fa0/23, Fa0/24
10   caiwubu           active
20   xiaoshoubu        active
```

③ 可利用 interface range 命令指定端口范围，利用 switchport access 把端口分配到 VLAN 中。把端口 fa0/1 ~ fa0/12 分配给 VLAN 10，把端口 fa0/13 ~ fa0/24 分配给 VLAN 20 的方法如下。

```
Switch#config t
Switch(config)#interface range fa0/1-12
Switch(config-if-range)#switchport access vlan 10
Switch(config-if-range)#exit
Switch(config)#interface range fa0/13-24
Switch(config-if-range)#switchport access vlan 20
Switch(config-if-range)#end
Switch#
```

④ 在特权模式下，输入 show vlan 命令，再次查看新建的 VLAN。

```
Switch#show vlan
VLAN NAME              Status         Ports
1    default           active
10   caiwubu           active         Fa0/1, Fa0/2, Fa0/3, Fa0/4
                                      Fa0/5, Fa0/6, Fa0/7, Fa0/8
                                      Fa0/9, Fa0/10, Fa0/11, Fa0/12
20   xiaoshoubu        active         Fa0/13, Fa0/14, Fa0/15, Fa0/16
                                      Fa0/17, Fa0/18, Fa0/19, Fa0/20
                                      Fa0/21, Fa0/22, Fa0/23, Fa0/24
```

⑤ 用 ping 命令在 PC11、PC12、PC21、PC22 计算机之间再次测试连通性，结果填入表 3-2 中。

表 3-2   计算机之间的连通性

计算机	PC11	PC12	PC21	PC22
PC11	/			
PC12		/		
PC21			/	
PC22				/

⑥ 输入 show running-config 命令，查看交换机的运行配置。

Switch#show running-config

3.9 VLAN Trunking 和 VLAN 配置

3.9.1 实训目的

- 进一步了解和掌握 VALN 的基本概念，掌握按端口划分 VLAN 的配置。
- 掌握通过 VLAN Trunking 配置跨交换机的 VLAN。
- 掌握配置 VTP 的方法。

3.9.2 实训内容

- 将交换机 A 的 VTP 配置成 Server 模式，交换机 B 为 Client 模式，两者同一 VTP，域名为 Test。
- 在交换机 A 上配置 VLAN。
- 通过实验验证当在两者之间配置 Trunk 后，交换机 B 自动获得了与交换机 A 同样的 VLAN 配置。

3.9.3 实训拓扑图

用交叉网线把 C2950A 交换机的 FastEthernet0/12 端口和 C2950B 交换机的 FastEthernet0/12 端口连接起来，如图 3-15 所示。

图 3-15　实训拓扑图

3.9.4 实训步骤

1. 配置 C2950A 交换机的 VTP 和 VLAN

（1）电缆连接完成后，在超级终端正常开启的情况下，接通 2950 交换机的电源，实验开始。

在 2950 系列交换机上配置 VTP 和 VLAN 的方法有两种，我们使用 vlan database 命令配置 VTP 和 VLAN。

（2）使用 vlan database 命令进入 VLAN 配置模式，在 VLAN 配置模式下，设置 VTP 的一系列属性，把 C2950A 交换机设置成 VTP Server 模式（默认配置），VTP 域名为 Test。

```
C2950A#vlan database
C2950A（vlan）#vtp server
Setting device to VTP SERVER mode.
C2950A（vlan）#vtp domain test
Changing VTP domain name from exp to test .
```

（3）定义 V10、V20、V30 和 V40 4 个 VLAN。

```
C2950A（vlan）#vlan 10 name V10
VLAN 10 added:
```

```
    Name: V10
C2950A（vlan）#vlan 20 name V20
VLAN 20 added:
    Name: V20
C2950A（vlan）#vlan 30 name V30
VLAN 30 added:
    Name: V30
C2950A（vlan）#vlan 40 name V40
VLAN 40 added:
    Name: V40
```

每增加一个 VLAN，交换机便显示增加 VLAN 信息。

（4）"show vtp status" 命令显示 VTP 相关的配置和状态信息：主要应当关注 VTP 模式、域名、VLAN 数量等信息。

```
C2950A#sh vtp status
VTP Version                     : 2
Configuration Revision          : 2
Maximum VLANs supported locally : 250
Number of existing VLANs        : 9
VTP Operating Mode              : Server
VTP Domain Name                 : test
VTP Pruning Mode                : Disabled
VTP V2 Mode                     : Disabled
VTP Traps Generation            : Disabled
MD5 digest                      : 0x32 0x8C 0xD9 0x00 0xC1 0x05 0x3B 0x5F
Configuration last modified by 192.168.1.1 at 3-1-93 00:03:47
```

（5）"show vtp counters" 命令列出 VTP 的统计信息：各种 VTP 相关包的收发情况表明，因为 C2950A 交换机与 C2950B 交换机暂时还没有进行 VTP 信息的传输，所以各项数值均为 0。

```
C2950A#sh vtp counters
VTP statistics:
Summary advertisements received  : 0
Subset advertisements received   : 0
Request advertisements received  : 0
Summary advertisements transmitted : 0
Subset advertisements transmitted  : 0
Request advertisements transmitted : 0
Number of config revision errors : 0
Number of config digest errors   : 0
Number of V1 summary errors      : 0
VTP pruning statistics:
Trunk  Join Transmitted Join Received  Summary advts received from
                                non-pruning-capable device
--------------- --------------- --------------- ---------------------------
```

（6）把端口分配给相应的 VLAN，并将端口设置为静态 VLAN 访问模式。

在接口配置模式下用 "switchport access vlan" 和 "switchport mode access" 命令（只用后一条命令也可以）。

```
C2950A（config）#int fa0/1
C2950A（config-if）#switchport mode access
C2950A（config-if）#switchport access vlan 10
C2950A（config-if）#int fa0/2
C2950A（config-if）#switchport mode access
```

```
C2950A（config-if）#switchport access vlan 20
C2950A（config-if）#int fa0/3
C2950A（config-if）#switchport mode access
C2950A（config-if）#switchport access vlan 30
C2950A（config-if）#int fa0/4
C2950A（config-if）#switchport mode access
C2950A（config-if）#switchport access vlan 40
```

2．配置 C2950B 交换机的 VTP

配置 C2950B 交换机的 VTP 属性，域名设为 Test，模式为 Client。

```
C2950B#vlan database
C2950B（vlan）#vtp domain test
Changing VTP domain name from exp to test .
C2950B（vlan）#vtp client
Setting device to VTP CLIENT mode.
```

3．配置和监测两个交换机之间的 VLAN Trunking

（1）将交换机 A 的 24 口配置成 Trunk 模式。

```
C2950A（config）#interface fa0/24
C2950A（config-if）#switchport mode trunk
```

（2）将交换机 B 的 24 口也配置成 Trunk 模式。

```
C2950B（config）#interface fa0/24
C2950B（config-if）#switchport mode trunk
```

（3）用 show interface fa0/24 switchport 查看 fa0/24 端口上的交换端口属性，我们关心的是几个与 Trunk 相关的信息。它们是：运行方式为 Trunk，封装格式为 802.1Q，Trunk 中允许所有 VLAN 传输等。

```
C2950B#sh int fa0/24 switchport
Name：Fa0/24
Switchport: Enabled
Administrative Mode: trunk
Operational Mode: trunk
Administrative Trunking Encapsulation: dot1q
Operational Trunking Encapsulation: dot1q
Negotiation of Trunking: On
Access Mode VLAN: 1 （default）
Trunking Native Mode VLAN: 1 （default）
Trunking VLANs Enabled: ALL
Pruning VLANs Enabled: 2-1001
    Protected: false
    Voice VLAN: none （Inactive）
Appliance trust: none
```

4．查看 C2950B 交换机的 VTP 和 VLAN 信息

完成两台交换机之间的 Trunk 配置后，在 C2950B 上发出命令查看 VTP 和 VLAN 信息。

```
C2950B#sh vtp status
VTP Version                   : 2
Configuration Revision        : 2
Maximum VLANs supported locally : 250
Number of existing VLANs      : 9
VTP Operating Mode            : Client
VTP Domain Name               : Test
```

```
VTP Pruning Mode                 : Disabled
VTP V2 Mode                      : Disabled
VTP Traps Generation             : Disabled
MD5 digest                       : 0x74 0x33 0x77 0x65 0xB1 0x89 0xD3 0xE9
Configuration last modified by 0.0.0.0 at 3-1-93 00:20:23
Local updater ID is 0.0.0.0 (no valid interface found)
C2950B#sh vlan brief
VLAN Name                        Status    Ports
---- -------------------------- --------- -------------------------------
1    default                    active    Fa0/1, Fa0/2, Fa0/3, Fa0/4
                                          Fa0/5, Fa0/6, Fa0/7, Fa0/8
                                          Fa0/9, Fa0/10, Fa0/11, Fa0/12
                                          Fa0/13, Fa0/14, Fa0/15, Fa0/16
                                          Fa0/17, Fa0/18, Fa0/19, Fa0/20
                                          Fa0/21, Fa0/22, Fa0/23, Fa0/24
                                          Gi0/1, Gi0/2
10   V10                        active
20   V20                        active
30   V30                        active
40   V40                        active
1002 fddi-default               active
1003 token-ring-default         active
1004 fddinet-default            active
1005 trnet-default              active
```

可以看到 C2950B 交换机已经自动获得 C2950A 交换机上的 VLAN 配置。

　　虽然交换机可以通过 VTP 学到 VLAN 配置信息，但交换机端口的划分是学不到的，而且每台交换机上端口的划分方式各不一样，需要分别配置。

　　若为交换机 A 的 vlan1 配置好地址，在交换机 B 上对交换机 A 的 vlan1 接口用 ping 命令验证两台交换机的连通情况，输出结果也将表明 C2950A 和 C2950B 之间在 IP 层是连通的，同时再次验证了 Trunking 的工作是正常的。

3.9.5　实训思考题

在配置 VLAN Trunking 前，交换机 B 能否从交换机 A 学到 VLAN 配置？

　　不可以。VLAN 信息的传播必须通过 Trunk 链路，所以只有配置好 Trunk 链路后，VLAN 信息才能从交换机 A 传播到交换机 B。

3.9.6　实训报告要求

- 实训目的。
- 实训内容。
- 实训拓扑。
- 实训步骤。
- 实训中的问题和解决方法。
- 回答实训思考题。
- 实训心得与体会。
- 建议与意见。

3.10 ACL 配置与调试

3.10.1 实训目的

- 进一步了解 ACL 的定义与应用。
- 掌握标准 ACL 的配置和调试。
- 掌握扩展 ACL 的配置与调试。

3.10.2 实训内容

要求在 Cisco 2611XM 路由器上配置标准 ACL 和扩展 ACL。

- 标准 ACL 的配置。根据实训拓扑图，设计标准 ACL，首先使得 PC1 所在的网络不能通过路由器 R1 访问 PC2 所在的网络，然后使得 PC2 所在的网络不能通过路由器 R2 访问 PC1 所在的网络。

- 扩展 ACL 的配置。设计扩展 ACL，在 R1 路由器上禁止 PC2 所在网络的 Http 请求和所有的 Telnet 请求，但仍能互相 ping 通。

本实验各设备的 IP 地址分配如表 3-3 所示。

表 3-3　　　　　　　　　各设备的 IP 地址分配表

设 备 名 称	IP 地址分配	
路由器 R1	s0/0:192.168.100.1/24	fa0/0:10.1.1.1/8
路由器 R2	s0/0:192.168.100.2/24	fa0/0:172.16.1.1/16
计算机 PC1	IP：10.1.1.2/8	网关：10.1.1.1
计算机 PC2	IP：172.16.1.2/16	网关：172.16.1.1

3.10.3 实训拓扑图

实训拓扑如图 3-16 所示。

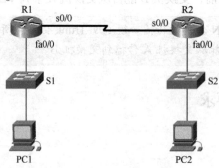

图 3-16　　ACL 实验拓扑结构

3.10.4 实训步骤

1．标准 ACL 的配置与调试

（1）按图进行网络组建，经检查硬件连接没有问题之后，各设备上电。

在开始本实验之前，建议在删除各路由器的初始配置后再重新启动路由器。这样可以防止由残留的配置所带来的问题。在准备好硬件及线缆之后，我们按照下面的步骤开始进行实验。

（2）按照拓扑结构的要求，给路由器各端口配置 IP 地址、子网掩码、时钟（DCE 端），并且用"no shutdown"命令启动各端口，可以用"show interface"命令查看各端口的状态，保证端口正常工作。

（3）设置主机 A 和主机 B 的 IP 地址、子网掩码、网关，完成之后，分别 ping 自己的网关，应该是通的。

（4）为保证整个网络畅通，分别在路由器 R1 和 R2 上配置 rip 路由协议：在 R1 和 R2 上查看路由表。

查看路由器 R1 的路由表。

```
R1#show ip route
Gateway of last resort is not set

R    172.16.0.0/16 [120/1] via 192.168.100.2, 00:00:08, Serial0/0
C    192.168.100.0/24 is directly connected, Serial0/0
C    10.0.0.0/8 is directly connected, FastEthernet0/0
```

查看路由器 R2 的路由表。

```
R2#show ip route
Gateway of last resort is not set

C    192.168.100.0/24 is directly connected, Serial0/0
R    10.0.0.0/8 [120/1] via 192.168.100.1, 00:00:08, Serial0/0
C    172.16.0.0/16 is directly connected, FastEthernet0/0
```

（5）R1 路由器上禁止 PC2 所在网段的访问。

在 R1 路由器上进行配置。

```
R1（config）#access-list 1 deny 172.16.0.0 0.0.255.255
R1（config）#access-list 1 permit any
R1（config）#interface s0/0
R1（config-if）#ip access-group 1 in
```

【问题 1】为什么要配置"access-list 1 permit any"？

测试上述配置是否正确。

此时，在 PC2 上 ping 路由器 R1 应该是不通的，因为访问控制列表"1"已经起了作用，结果如图 3-17 所示。

```
C:\>ping 192.168.100.1

Pinging 192.168.100.1 with 32 bytes of data:

Reply from 192.168.100.1: Destination net unreachable.
Reply from 192.168.100.1: Destination net unreachable.
Reply from 192.168.100.1: Destination net unreachable.
Reply from 192.168.100.1: Destination net unreachable.

Ping statistics for 192.168.100.1:
    Packets: Sent = 4, Received = 4, Lost = 0 (0% loss),
Approximate round trip times in milli-seconds:
    Minimum = 0ms, Maximum = 0ms, Average = 0ms
```

图 3-17 ping 192.168.100.1

【问题2】如果在 PC2 上 ping PC1，结果应该是怎样的?

查看定义的 ACL 列表。

```
R1#show access-lists
Standard IP access list 1
    deny   172.16.0.0, wildcard bits 0.0.255.255 (26 matches) check=276
permit any (276 matches)
```

查看 ACL 在 s0/0 作用的方向。

```
R1#show ip interface s0/0
Serial0/0 is up, line protocol is up
  Internet address is 192.168.100.1/24
  Broadcast address is 255.255.255.255
  Address determined by setup command
  MTU is 1500 bytes
  Helper address is not set
  Directed broadcast forwarding is disabled
  Multicast reserved groups joined: 224.0.0.9
Outgoing access list is not set
  Inbound access list is 1

  Proxy ARP is enabled
```

【问题3】如果把 ACL 作用在 R1 的 fa0/0 端口，相应的配置应该怎样改动?

【问题4】如果把上述配置的 ACL 在端口 s0/0 上的作用方向改为 "out"，结果会怎样?

（6）成功后在路由器 R1 上取消 ACL，转为在 R2 路由器上禁止 PC1 所在网段访问。

① 在 R2 上配置如下。

```
R2 (config)#access-list 2 deny 10.0.0.0 0.255.255.255
R2 (config)#access-list 2 permit any
R2 (config)#interface fa0/0
R2 (config-if)#ip access-group 2 out
```

② 测试和查看结果的操作和步骤（5）基本相同，这里不再赘述。

【问题5】当我们把 ACL 作用到路由器的某个接口上时，"in" 和 "out" 的参照对象是谁?

2．扩展 ACL 的配置与调试

（1）～（4）同上面 "1．标准 ACL 的配置与调试" 的（1）～（4）。

（5）分别在 R1 和 R2 上启动 HTTP 服务。

```
R1 (config)#ip http server
R2 (config)#ip http server
```

（6）在 R1 路由器上禁止 PC2 所在网络的 Http 请求和所有的 Telnet 请求，但允许能够互相ping 通。

① 在 R1 路由器上配置 ACL。

```
R1 (config)# access-list 101 deny tcp 172.16.0.0 0.0.255.255 10.0.0.0 0.255.255.255
eq www
R1 (config)# access-list 101 deny tcp any any eq 23
R1 (config)# access-list 101 permit ip any any
R1 (config)#interface s0/0
R1 (config-if)#ip access-group 101 in
```

② 测试上述配置。

A. 在 PC2 上访问 10.1.1.1 的 WWW 服务，结果是无法访问。

B. 在 PC2 上访问 192.168.100.1 的 WWW 服务，结果是能够访问。

【问题 6】为什么在 PC2 上访问同一个路由器的不同端口，会出现不同的结果？

C. 在 PC2 上远程登录 10.1.1.1 和 192.168.100.1，结果是连接失败。

D. 从 PC2 上 ping 10.1.1.1 和 192.168.100.1，结果是网络连通。

【问题 7】为什么 C 和 D 的测试结果是相同的？

③ 查看定义 ACL 列表。

```
R1#show access-lists
Extended IP access list 101
    deny tcp 172.16.0.0 0.0.255.255 10.0.0.0 0.255.255.255 eq www （12 matches）
    deny tcp any any eq telnet （224 matches）
permit ip any any （122 matches）
```

【问题 8】为什么我们定义 ACL 标号没有延续前面实验的标号选为 3，而是 101？

【问题 9】"any" 代表什么含义？

【问题 10】如果想拒绝 PC2 到主机 10.1.1.2 的 FTP 服务，应该怎样定义 ACL？

3.10.5 实训问题参考答案

【问题 1】因为定义 ACL 时，路由器隐含拒绝所有数据包，如果没有该语句，则会拒绝所有的数据包通过 R1 的 s0/0，而我们的目的只是拒绝来自特定网络的数据包。

【问题 2】如果在 PC2 上 ping PC1，结果应该是不通的，应为 ping 命令执行的时候，发送 "request" 数据包，同时需要 "reply" 数据包，所以只要一个方向不通，则整个 ping 命令的结果就不通。

【问题 3】如果把 ACL 作用在 R1 的 fa0/0 端口，相应的配置应该是：

```
R1(config)#interface fa0/0
R2(config-if)#ip access-group 1 out
```

ACL 作用在接口上的方向发生了变化。

【问题 4】如果把上述配置的 ACL 在端口 s0/0 上的作用方向改为 "out"，结果就是 ACL 不起作用。

【问题 5】参照对象是路由器。

【问题 6】这是由所定义的 ACL 决定的，"access-list 101 deny tcp 172.16.0.0 0.0.255.255 10.0.0.0 0.255.255.255 eq www" 的含义是拒绝网络 172.16.0.0 到网络 10.0.0.0 的 Http 请求，并没有拒绝到网络 192.168.100.0 的 Http 请求，所以访问 192.168.100.1 可以成功，而访问 10.1.1.1 却被拒绝。

【问题 7】同样是由定义的 ACL 引起的，"access-list 101 deny tcp any any eq 23" 和 "access-list 101 permit ip any any" 两条语句的源和目的都是 "any"，也就是全部的，当然访问的结果是一样的。

【问题 8】因为扩展 ACL 标号的范围是 100~199。

【问题 9】"any" 代表 "0.0.0.0 255.255.255.255"。

【问题 10】access-list 101 deny tcp host 172.16.1.1 host 10.1.1.1 eq 21。

3.10.6 实训报告要求

- 实训目的。
- 实训内容。
- 实训拓扑。
- 实训步骤。
- 实训中的问题和解决方法。
- 实训心得与体会。
- 建议与意见。

3.11 NAT 网络地址转换的配置

3.11.1 实训目的

- 熟悉路由器网络地址转换的概念及原理。
- 掌握静态网络地址转换、动态网络地址转换、复用网络地址转换的方法及配置过程。

3.11.2 实训内容

- 配置网络地址转换。
- 验证网络地址转换配置的正确性。

3.11.3 实训要求及网络拓扑

- 设备：Cisco 2600 系列路由器一台，Cisco Catalyst 1900 交换机一台，PC 若干台（其中一台配置为 Web 服务器），RJ-45 直通型、交叉型双绞线若干根。

- 任务：在这个实验中，要求在 Cisco 2611XM 路由器上配置 NAT。

首先配置静态 NAT 转换，然后配置动态 NAT，最后用 NAT 来配置 TCP 负载均衡。具体要求如下。

某公司的网络由两台路由器 RTA 和 RTC 组成。路由器 RTA 是连接 ISP 的边界路由器，而 ISP 只分配了一个子网 192.168.1.32/27 给该公司的网络。因为这个子网只允许有 30 台主机，所以该公司决定在它的网络内部运行 NAT，以使公司内部的几百台主机共享这 30 个全局地址。除了配置 NAT 复用以外，该公

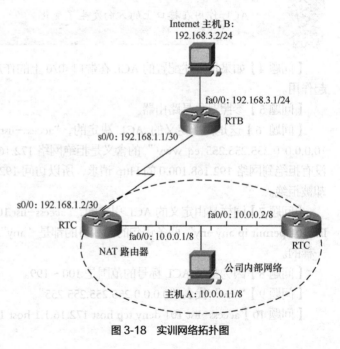

图 3-18　实训网络拓扑图

司还让我们实施TCP负载均衡以使外部来的Web请求被均衡在两台不同的内部Web服务器上。公司内部的网络IP地址分配为10.0.0.0/8网段。

● 网络拓扑如图3-18所示。

3.11.4 实训步骤

（1）按照实训拓扑进行网络组建，经检查硬件连接没有问题之后，各设备上电。

在开始本实验之前，建议在删除各路由器的初始配置后再重新启动路由器。这样可以防止由残留的配置所带来的问题。在准备好硬件及线缆之后，我们按照下面的步骤开始进行实验。

（2）按照拓扑结构的要求，给路由器各端口配置IP地址、子网掩码、时钟（DCE端），并将各端口启动，还要配置主机A和主机B的IP地址、子网掩码、网关等信息，上面的信息配好之后，用ping命令测试直接相连的设备之间是否能够通信。

（3）分别在3台路由器上配置静态路由。

因为路由器RTA和RTB不属于同一个自治系统，所以我们不能在它们之间启用路由选择协议。

① 在路由器RTA上配置静态路由，使它将所有的非本地的数据流转发到ISP的路由器（RTB），配置命令如下。

```
RTA(config)# ip route 0.0.0.0 0.0.0.0 192.168.1.1
```

② 为路由器RTB配置一条到子网192.168.1.32/27（分配给该公司的全局地址块）的静态路由，配置命令如下。

```
RTB(config)# ip route 192.168.1.32 255.255.255.224 192.168.1.2
```

③ 在RTC上配置一条到RTA的默认路由，因为路由选择协议不运行在10.0.0.0/8网络上，配置命令如下。

```
RTC(config)# ip route 0.0.0.0 0.0.0.0 10.0.0.1
```

通过上面的配置，此时我们检验：在路由器RTA上应该可以ping通所有的设备，但是路由器RTC应该ping不通路由器RTB，同样地，路由器RTB应该也ping不通路由器RTC。

【问题1】为什么会出现上面的结果呢？

（4）配置路由器RTA作为一台NAT服务器，RTA将把该公司的内部地址（10.0.0.0/8）转换为ISP所分配的地址（192.168.1.32/27）。

在配置动态NAT之前，我们决定先为主机A和路由器RTC设置静态NAT作为一个测试。

① 在路由器RTA上配置如下。

```
RTA(config)#ip nat inside source static 10.0.0.2 192.168.1.34
RTA(config)#ip nat inside source static 10.0.0.11 192.168.1.35
```

② 为各接口分配它们在NAT过程中适当的角色。

```
RTA(config)#interface s0/0
RTA(config-if)#ip nat outside
RTA(config)#interface fa0/0
RTA(config-if)#ip nat inside
```

③ 测试该网络的静态 NAT 配置。

【问题 2】从主机 A 执行 ping 192.168.1.34，可以 ping 通吗？

【问题 3】从 RTC 执行 ping 192.168.1.35，可以 ping 通吗？

【问题 4】从主机 A 和路由器 RTC 分别向外 ping ISP 的主机 B，能 ping 通吗？为什么？

④ 在路由器 RTA 上监视 NAT 转换，输入如下的命令。

```
RTA#show ip nat translations
Pro Inside global      Inside local      Outside local      Outside global
--- 192.168.1.34       10.0.0.2          ---                ---
--- 192.168.1.35       10.0.0.11         ---                ---
RTA#show ip nat statistics
Total active translations: 2 (2 static, 0 dynamic; 0 extended)
Outside interfaces:
  Serial0/0
Inside interfaces:
  FastEthernet0/0
Hits: 219  Misses: 0
Expired translations: 0
Dynamic mappings:
```

【问题 5】根据"show ip nat statistics"命令输出的结果，有多少个转换是活跃的？

（5）配置复用动态 NAT。

因为该公司想最大限度地利用它所分到的地址空间，所以，一对一的静态地址映射是不够的，我们必须配置复用动态 NAT。

① 在路由器 RTA 上取消静态映射。

```
RTA(config)#no ip nat inside source static 10.0.0.2 192.168.1.34
RTA(config)#no ip nat inside source static 10.0.0.11 192.168.1.35
```

② 配置一个将从该公司分到的地址块（192.168.1.32/27）中分配多达 25 个地址的 NAT 地址池。

```
RTA(config)#ip nat pool globaladdress 192.168.1.33 192.168.1.57 netmask
255.255.255.224
```

③ 创建访问控制列表，以便决定接收的数据包是否进行地址转换，假设我们想让所有来自该公司内部的数据流进行转换，则定义访问控制列表的命令如下。

```
RTA(config)#access-list 1 permit 10.0.0.0 0.255.255.255
```

④ 将访问控制列表 1 指派给 NAT 地址池 globaladdress，并且配置复用选项。

```
RTA(config)#ip nat inside source list 1 pool globaladdress overload
```

用"show running-config"命令检查配置是否正确，特别是地址池的定义是否正确。

⑤ 测试该网络的复用动态 NAT 配置。

从主机 A 和路由器 RTC 分别 ping ISP 的主机 B，这两个 ping 都应该成功，否则的话可能需要排错。

接着我们同时从主机 A 和路由器 RTC telnet 到路由器 RTB 上，让两个会话保持打开，并且返回到路由器 RTA 的控制台界面。在路由器 RTA 上，输入"show ip nat translations"命令，我们应该看到与下面的输出很相似。

```
Pro Inside global       Inside local        Outside local       Outside global
tcp 192.168.1.33:11000  10.0.0.2:11000      192.168.1.1:23      192.168.1.1:23
tcp 192.168.1.33:1029   10.0.0.11:1029      192.168.1.1:23      192.168.1.1:23
```

【问题 6】路由器 RTC 用哪个全球 IP 地址来到达 RTB？

【问题 7】主机 A 用哪个地址来到达 RTB?

【问题 8】从 RTB 的角度看,它与多少台不同的 IP 主机进行通信?

在 RTA 上,执行 "show ip nat statistics" 命令,结果如下。

```
RTA#show ip nat statistics
Total active translations: 2 (0 static, 2 dynamic; 2 extended)
Outside interfaces:
  Serial0/0
Inside interfaces:
  FastEthernet0/0
Hits: 331  Misses: 8
Expired translations: 6
Dynamic mappings:
-- Inside Source
[Id: 1] access-list 1 pool globaladdress refcount 2
 pool globaladdress: netmask 255.255.255.224
        start 192.168.1.33 end 192.168.1.57
        type generic, total addresses 25, allocated 1 (4%), misses 0
```

【问题 9】从上面的结果看,正在被使用的地址占所有可用地址的百分之几?

(6)最后的任务是设置 NAT 使用 TCP 负载均衡,因为该公司想让外部 Web 用户以循环的方式被引向两个互为镜像的内部 Web 服务器。为了达到本实验的目的,路由器 RTA 和 RTC 将担当这两台冗余的 Web 服务器。

① 在每台路由器上配置 HTTP 服务的命令如下:

```
RTA(config)#ip http server
RTC(config)#ip http server
```

② 在路由器 RTA 上,为 TCP 负载均衡配置一个 NAT 地址池和访问控制列表。用关键字 "rotary" 来配置循环均衡。该访问控制列表将识别外部浏览器所请求网页的虚拟地址 192.168.1.60。注意,我们在步骤(5)中没有在该公司的全球地址池中分配这个地址,具体配置如下。

```
RTA(config)#ip nat pool Webservers 10.0.0.1 10.0.0.2 netmask 255.0.0.0 type rotary
RTA(config)#access-list 2 permit host 192.168.1.60
RTA(config)#ip nat inside destination list 2 pool Webservers
```

③ 通过在该公司外部主机 B 运行一个网络浏览器来测试我们的配置。将浏览器的地址指向 192.168.1.60。

【问题 10】是哪一台路由器的网页出现在浏览器的窗口中?

当然最简单的方法是查看它的主机名,输入 http://192.168.1.60。浏览器将显示该路由器的网页。

【问题 11】现在刷新浏览器。在刷新之后,将出现哪台路由器的网页?

重复该刷新操作,并注意观察结果。

3.11.5 实训思考题

(1)地址转换有什么作用?它分为哪几种类型?

(2)简述配置地址转换的步骤。

(3)回答实训过程中的各种思考题。

3.11.6 实训问题参考答案

【问题 1】因为路由器 RTC 和 RTB 相互之间没有到达对方的路由。

【问题 2】这个 ping 也应该成功，否则就需要进行排错。

【问题 3】这个 ping 也应该成功，否则就需要进行排错。

【问题 4】尽管主机 B 的网关（路由器 RTB）没有到网络 10.0.0.0/8 的路由，这两个 ping 都应该成功。

【问题 5】有两个转换是活跃的。

【问题 6】RTC 用 192.168.1.33 去往 RTB。

【问题 7】主机 A 用 192.168.1.33 去往 RTB。

【问题 8】RTB 在与一个主机进行通信。

【问题 9】4%。

【问题 10】不一定，或许是 RTA，或许是 RTC。

【问题 11】如果第一次出现 RTA 的 Web 页面，则刷新后是 RTC 的 Web 页面；如果第一次出现 RTC 的 Web 页面，则刷新后是 RTA 的 Web 页面。

3.11.7 实训报告要求

- 实训目的。
- 实训内容。
- 实训要求及拓扑。
- 实训步骤。
- 实训中的问题和解决方法。
- 实训心得与体会。
- 建议与意见。

## PART 4

第 4 章
Windows Server 2008
网络操作系统

Windows Server 2008 不仅继承了 Windows Server 2003 的简易性和稳定性，而且提供了更高的硬件支持和更强大的功能，无疑是中小型企业应用服务器的当然之选。

本章详细介绍 Windows Server 2008 的安装和日常管理方法，主要介绍安装与基本配置 Windows Server 2008、安装与配置 Hyper-V 服务器、部署与管理 Active Directory 域服务环境、管理用户和组、管理基本磁盘和动态磁盘、配置与管理 DNS 服务器、配置与管理 DHCP 服务器、配置与管理 Web 服务器、配置与管理 FTP 服务器和配置与管理 NAT 服务器等内容。

4.1　安装与基本配置 Windows Server 2008

4.1.1　实训目的

● 了解 Windows Server 2008 各种不同的安装方式，能根据不同的情况正确选择不同的方式来安装 Windows Server 2008 操作系统。

● 熟悉 Windows Server 2008 安装过程以及系统的启动与登录。

● 掌握 Windows Server 2008 的各项初始配置任务。

● 掌握 VMware Workstation 10.0 的用法。

4.1.2　实训内容

● 使用光盘安装 Windows Server 2008

● 配置 Windows Server 2008

● 添加与管理角色

● 使用 Windows Server 2008 的管理控制台

4.1.3　实训环境设计与准备

1．实训设计

我们在为学校选择网络操作系统时，首先推荐 Windows Server 2008 操作系统。在安装 Windows Server 2008 操作系统时，根据教学环境不同，为教与学的方便设计不同的安装形式。在此我们选择在 VMware 中安装 Windows Server 2008。

① 物理主机安装了 Windows 7，计算机名为 client1，并且成功安装了 VMware Workstation 9.0。

② Windows Server 2008 R2（64 位版本）DVD-ROM 或镜像已准备好。

③ 要求 Windows Server 2008 的安装分区大小为 50GB，文件系统格式为 NTFS，计算机名为 win2008-1，管理员密码为 P@ssw0rd1，服务器的 IP 地址为 10.10.10.1，子网掩码为 255.255.255.0，DNS 服务器为 10.10.10.1，默认网关为 10.10.10.254，属于工作组 COMP。

④ 要求配置桌面环境、关闭防火墙，放行 ping 命令。

⑤ 该网络拓扑图如图 4-1 所示。

角色:独立服务器
主机名:win2008-0
IP地址:10.10.10.254/24
操作系统:Windows Server 2008
工作组名:COMP

角色:物理主机
主机名:client1
IP地址:10.10.10.100/24
操作系统:Windows 7

角色:独立服务器
主机名:win2008-1
IP地址:10.10.10.1/24
操作系统:Windows Server 2008
工作组名:COMP

图 4-1　安装 Windows Server 2008 拓扑图

2．实训准备

（1）满足硬件要求的计算机 1 台。

（2）Windows Server 2008 相应版本的安装光盘或镜像文件。

（3）用纸张记录安装文件的产品密匙（安装序列号）。规划启动盘的大小。

（4）在可能的情况下，在运行安装程序前用磁盘扫描程序扫描所有硬盘，检查硬盘错误并进行修复，否则安装程序运行时如检查到有硬盘错误会很麻烦。

（5）如果想在安装过程中格式化 C 盘或 D 盘（建议安装过程中格式化用于安装 Windows Server 2008 系统的分区），需要备份 C 盘或 D 盘有用的数据。

（6）导出电子邮件账户和通讯簿：将"C:\Documents and Settings\Administrator（或你的用户名）"中的"收藏夹"目录复制到其他盘，以备份收藏夹。

① 如果不作特殊说明，本书以后出现的"网络环境"都应包括以上条件。② 所有的实训环境都可以在 VMware 10.0 上或 Hyper-V 中实现，请读者根据所处的实际环境选择相应的虚拟机软件。③ 所需软件和镜像文件请访问作者的 360 共享群（优秀教材资源）：http://qun.yunpan.360.cn/50004880，输入邀请码：0468。

4.1.4　实训步骤

1．使用光盘安装 Windows Server 2008

使用 Windows Server 2008 企业版的引导光盘进行安装是最简单的安装方式。在安装过程中，需要用户干预的地方不多，只需掌握几个关键点即可顺利完成安装。需要注意的是如果当前服务器没有安装 SCSI 设备或者 RAID 卡，则可以略过相应步骤。相比 Windows Server 2003 虽然各方面的性能都有很大程度的提高，但安装过程却大大简化了。

① 设置光盘引导。重新启动系统并把光盘驱动器设置为第一启动设备，保存设置。

② 从光盘引导。将 Windows Server 2008 安装光盘放入光驱并重新启动。如果硬盘内没有安装任何操作系统，计算机会直接从光盘启动到安装界面；如果硬盘内安装有其他操作系统，

计算机就会显示"Press any key to boot from CD or DVD……"的提示信息，此时在键盘上按任意键，才从DVD-ROM启动。

③ 启动安装过程以后，显示如图4-2所示"安装Windows"对话框，首先需要选择安装语言及输入法设置。

④ 单击"下一步"按钮，接着出现是否立即安装Windows Server 2008的对话框。如图4-3所示。

图4-2 安装Windows对话框

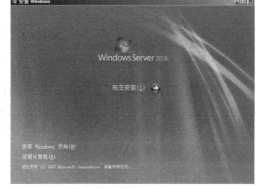

图4-3 现在安装

⑤ 单击"现在安装"按钮，显示如图4-4所示的"选择要安装的操作系统"对话框。在操作系统列表框中，列出了可以安装的操作系统。这里选择"Windows Server 2008 R2 Enterprise（完全安装）"，安装Windows Server 2008企业版。

⑥ 单击"下一步"按钮，选择"我接收许可条款"接收许可协议，单击"下一步"按钮，出现如图4-5所示的"您想进行何种类型的安装？"对话框。"升级"用于从Windows Server 2003升级到Windows Server 2008，且如果当前计算机没有安装操作系统，则该项不可用；"自定义（高级）"用于全新安装。

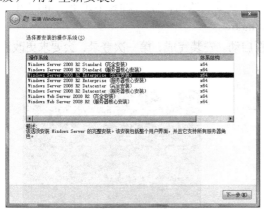

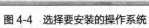

图4-4 选择要安装的操作系统

图4-5 您想进行何种类型的安装

⑦ 单击"自定义（高级）"，显示如图4-6所示的"您想将Windows安装在何处"的对话框，显示当前计算机上硬盘上的分区信息。如果服务器上安装有多块硬盘，则会依次显示为磁盘0、磁盘1、磁盘2……

⑧ 单击"驱动器选项（高级）"，显示如图4-7所示的"硬盘信息"对话框。在此可以对硬盘进行分区、格式化和删除已有分区的操作。

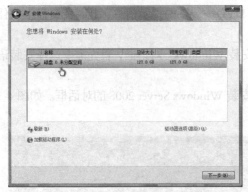

图 4-6　您想将 Windows 安装在何处

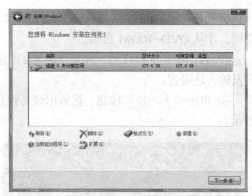

图 4-7　硬盘信息

⑨ 对硬盘进行分区，单击"新建"按钮，在"大小"文本框中输入分区大小，比如 10000M，如图 4-8 所示。单击"应用"按钮，弹出如图 4-9 所示的自动创建额外分区的提示。单击"确定"按钮，完成系统分区（第一分区）和主分区（第二个分区）的建立。其他分区照此操作。

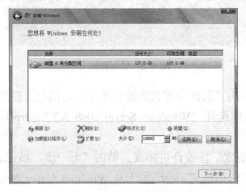

图 4-8　创建 10000M 的分区

图 4-9　创建额外分区的提示信息

⑩ 选择第二个分区来安装操作系统，单击"下一步"按钮，显示如图 4-10 所示的"正在安装 Windows"对话框，开始复制文件并安装 Windows。

⑪ 在安装过程中，系统会根据需要自动重新启动。安装完成，第一次登录，会要求更改密码，如图 4-11 所示。

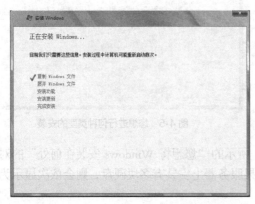

图 4-10　"正在安装 Windows"对话框

图 4-11　提示更改密码

对于账户密码，Windows Server 2008 的要求非常严格，无论管理员账户还是普通账户，都要求必须设置强密码。除必须满足"至少 6 个字符"和"不包含 Administrator 或 admin"的要求外，还至少满足以下 2 个条件。

- 包含大写字母（A，B，C 等）。
- 包含小写字母（a，b，c 等）。
- 包含数字（0，1，2 等）。
- 包含非字母数字字符（#，&，～ 等）。

⑫ 按要求输入密码，按回车键，即可登录到 Windows Server 2008 系统，并默认自动启动"初始配置任务"窗口。如图 4-12 所示。

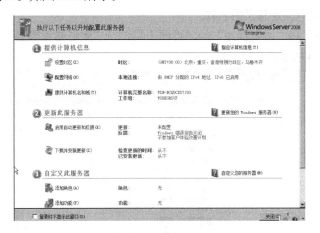

图 4-12　"初始配置任务"窗口

> "初始配置任务"窗口能够完成：设置时区、配置网络、提供计算机名和域、启用自动更新和反馈、下载并安装更新、添加角色、添加功能等初始任务。

⑬ 激活 Windows Server 2008。单击"开始"→"控制面板"→"系统"菜单，打开如图 4-13 所示的"系统"对话框。右下角显示 Windows 激活的状况，可以在此激活 Windows Server 2008 网络操作系统和更改产品密钥。激活有助于验证 Windows 的副本是否为正版，以及在多台计算机上使用的 Windows 数量是否已超过 Microsoft 软件许可条款所允许的数量。激活的最终目的有助于防止软件伪造。如果不激活，可以试用 60 天。如果是 Windows Server 2008 R2，则只能试用 30 天。

图 4-13　"系统"对话框

至此，Windows Server 2008 安装完成，现在就可以使用了。

2．配置 Windows Server 2008

安装 Windows Server 2008 与 Windows Server 2003 最大的区别就是，在安装过程中不会提示设置计算机名、网络连接信息等，因此所需时间大大减少，一般十多分钟即可安装完成。在安装完成后，应先设置一些基本配置，如计算机名、IP 地址、配置自动更新等，这些均可在"服务器管理器"中完成。

（1）更改计算机名

Windows Server 2008 系统在安装过程中不需要设置计算机名，而是使用由系统随机配置的计算机名。但系统配置的计算机不仅冗长，而且不便于标记。因此，为了更好地识别服务器，应将其更改为易记或有一定意义的名称。

① 打开"开始"→"所有程序"→"管理工具"→"服务器管理器"，打开"服务器管理器"窗口，如图 4-14 所示。

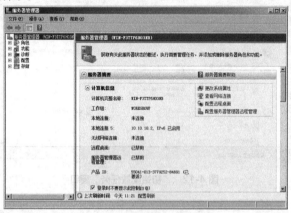

图 4-14　"服务器管理器"窗口

② 在"计算机信息"区域中单击"更改系统属性"按钮，出现图 4-15 所示的"系统属性"对话框。

③ 单击"更改"按钮，显示如图 4-16 所示"计算机名/域更改"对话框。在"计算机名"文本框中输入新的名称，如 win2008。在"工作组"文本框中可以更改计算机所处的工作组。

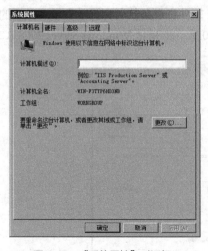

图 4-15　"系统属性"对话框

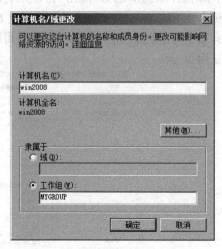

图 4-16　"计算机名/域更改"对话框

④ 单击"确定"按钮，显示重新启动计算机提示框，提示必须重新启动计算机才能应用更改。如图 4-17 所示。

⑤ 单击"确定"按钮，回到"系统属性"对话框，再按"关闭"按钮，关闭"系统属性"对话框。接着出现对话框，提示必须重新启动计算机以应用更改。如图 4-18 所示。

⑥ 单击"立即重新启动"按钮，即可重新启动计算机并应用新的计算机名。若选择"稍后重新启动"则不会立即重新启动计算机。

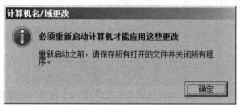

图 4-17 "重新启动计算机"提示框

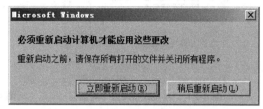

图 4-18 "重新启动计算机"提示框

（2）配置 TCP/IP

网络配置是提供各种网络服务的前提。Windows Server 2008 安装完成以后，默认为自动获取 IP 地址，自动从网络中的 DHCP 服务器获得 IP 地址。不过，由于 Windows Server 2008 用来为网络提供服务，所以通常需要设置静态 IP 地址。另外，还可以配置网络发现、文件共享等功能，实现与网络的正常通信。

① 右键单击桌面右下角任务托盘区域的网络连接图标，选择快捷菜单中的"网络和共享中心"选项，打开如图 4-19 所示"网络和共享中心"对话框。

② 单击"本地连接"右侧的"查看状态"，打开"本地连接状态"对话框，如图 4-20 所示。

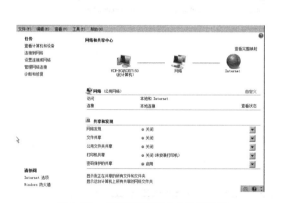

图 4-19 "网络和共享中心"对话框

图 4-20 "本地连接"对话框

③ 单击"属性"按钮，显示如图 4-21 所示"本地连接属性"对话框。Windows Server 2008 中包含 IPv6 和 IPv4 两个版本的 Internet 协议，并且默认都已启用。

④ 在"此连接使用下列项目"选项框中选择"Internet 协议版本 4（TCP/IPv4）"，单击"属性"按钮，显示如图 4-22 所示"Internet 协议版本 4（TCP/IPv4）属性"对话框。选中"使用下面的 IP 地址"单选按钮，分别键入为该服务器分配的 IP 地址、子网掩码、默认网关和 DNS 服务器。如果要通过 DHCP 服务器获取 IP 地址，则保留默认的"自动获得 IP 地址"。

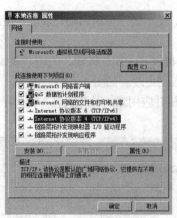

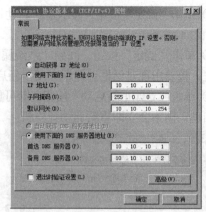

图 4-21 "本地连接属性"对话框　　　图 4-22 "Internet 协议版本 4（TCP/IPv4）属性"对话框

⑤ 单击"确定"按钮，保存所作的修改。

（3）启用网络发现

Windows Server 2008 新增了"网络发现"功能，用来控制局域网中计算机和设备的发现与隐藏。如果启用"网络发现"功能，单击"开始"菜单中的"网络"选项，打开如图 4-23 所示"网络"窗口，显示当前局域网中发现的计算机，也就是"网络邻居"功能。同时，其他计算机也可发现当前计算机。如果禁用"网络发现"功能，则既不能发现其他计算机，也不能被发现。不过，关闭"网络发现"功能时，其他计算机仍可以通过搜索或指定计算机名、IP 地址的方式访问到该计算机，但不会显示在其他用户的"网络邻居"中。

图 4-23 "网络"窗口

提示　如果在"开始"菜单中没有"网络"选项，则可以用鼠标右键单击"开始"菜单，选择"属性"，再单击"「开始」菜单"选项卡，单击"自定义"按钮，然后选中"网络"选项，按"确定"按钮即可。

为了便于计算机之间的互相访问，可以启用此功能。在图 4-23 中，单击菜单条上的"网络和共享中心"按钮，出现"网络和共享中心"窗口，再单击右侧的向下的小箭头，出现如图 4-24所示的"共享和发现设置"窗口，选择"启用网络发现"单选按钮，并单击"应用"按钮即可。

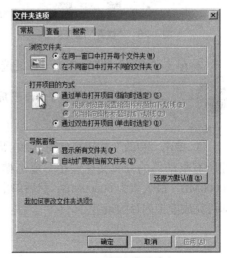

图4-24 "网络和共享中心"窗口

（4）文件共享

网络管理员可以通过启用或关闭文件共享功能，实现为其他用户提供服务或访问其他计算机共享资源。在图4-24所示的"共享和发现设置"窗口中，单击"文件共享"右侧的向下的小箭头，选择"启用文件共享"单选按钮，并单击"应用"按钮，即可启用文件共享功能。同理，也可启用或关闭"公共文件夹共享"和"打印机共享"功能。

● 密码保护的共享

如果启用"密码保护的共享"功能，则其他用户必须使用当前计算机上有效的用户账户和密码才可以访问共享资源。Windows Server 2008默认启用该功能，如图4-24所示。

（5）配置文件夹选项

设置文件夹选项，隐藏受保护的操作系统文件（推荐）、隐藏已知文件类型的扩展名以及显示隐藏的文件和文件夹，设置文件夹选项步骤如下。

① 依次单击"开始"→"控制面板"→"文件夹选项"命令，打开"文件夹选项"对话框。如图4-25所示。

② 在"常规"选项卡中可以对浏览文件夹、打开项目的方式和导航窗格进行设置。

● 在"文件夹选项"对话框的"浏览文件夹"选项区域中，如果选择"在同一窗口中打开每个文件夹"单选项，则在资源管理器中打开不同的文件夹时，文件夹会出现在同一窗口中；如果选择"在不同窗口中打开不同的文件夹"单选项，则每打开一个文件夹就会显示相应的新的窗口，这样设置方便移动或复制文件。

● 在"文件夹选项"对话框的"打开项目的方式"选项区域中，如果选择"通过单击打开项目（指向时选定）"单选项，资源管理器中的图标将以超文本的方式显示，单击图标就能打开文件、文件夹或者应用程序，图标的下划线何时加上由与该选项关联的两个按钮来控制；如果选择"通过双击打开项目（单击时选定）"单选项，则打开文件、文件

图4-25 "常规"选项卡

夹和应用程序的方法与 Windows 传统的使用方法一样。

③ 在"文件夹选项"对话框的"查看"选项卡中，可以设置文件或文件夹在资源管理器中的显示属性，如图 4-26 所示。单击"文件夹视图"选项区域中的"应用到文件夹"按钮时，会把当前设置的文件夹视图应用到所有文件夹。单击"重置文件夹"按钮时，会使得系统恢复文件夹的视图为默认值。

（6）配置虚拟内存

在 Windows 中，如果内存不够，系统会把内存中暂时不用的一些数据写到磁盘上以腾出内存空间给别的应用程序使用，当系统需要这些数据时再重新把数据从磁盘读回内存中。用来临时存放内存数据的磁盘空间称为虚拟内存。建议将虚拟内存的大小设为实际内存的 1.5 倍，虚拟内存太小会导致系统没有足够的内存运行程序，特别是当实际的内存不大时。下面是设置虚拟内存的具体步骤。

① 依次单击"开始"→"控制面板"→"系统"命令，然后单击"高级系统设置"，打开"系统属性"对话框，再单击"高级"选项卡，如图 4-27 所示。

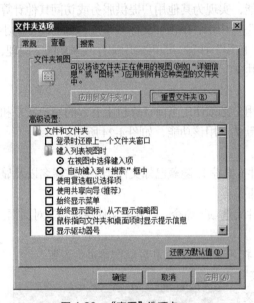

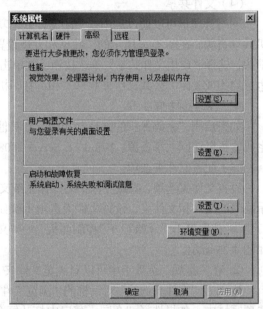

图 4-26 　"查看"选项卡　　　　　　　　　　图 4-27 　"系统属性"对话框

② 单击"设置"按钮，打开"性能选项"对话框，再单击"高级"选项卡，如图 4-28 所示。

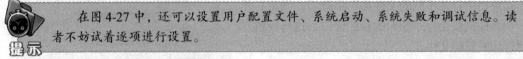

在图 4-27 中，还可以设置用户配置文件、系统启动、系统失败和调试信息。读者不妨试着逐项进行设置。

③ 单击"更改"按钮，如图 4-29 所示，打开"虚拟内存"对话框。去除勾选的"自动管理所有驱动器的分页文件大小"复选框，选择"自定义大小"单选框，并设置初始大小为 40000MB，最大值为 60000MB，然后单击"设置"按钮。最后单击"确定"按钮并重启计算机即可完成虚拟内存的设置。

虚拟内存可以分布在不同的驱动器中，总的虚拟内存等于各个驱动器上的虚拟内存之和。如果计算机上有多个物理磁盘，建议把虚拟内存放在不同的磁盘上以增加虚拟内存的读写性能。虚拟内存的大小可以自定义，即管理员手动指定，或者由系统自行决定。页面文件所使用的文件名是根目录下的 pagefile.sys，不要轻易删除该文件，否则可能会导致系统的崩溃。

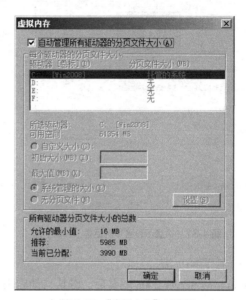

图 4-28 "性能选项"对话框　　　　图 4-29 "虚拟内存"对话框

（7）设置显示属性

在"控制面板"中还可以对个性化、任务栏和「开始」菜单、Windows 防火墙、轻松访问中心、区域和语言选项和文件夹选项等进行设置。如图 4-30 所示。

图 4-30 "控制面板"对话框

前面已经介绍了对文件夹选项的设置。下面介绍设置"显示属性"的具体步骤如下。

依次单击"开始"→"控制面板"→"个性化"命令，单击"显示设置"按钮，如图4-31所示。可以对分辨率进行设置。再单击"高级设置"按钮打开如图4-32所示的"高级设置"对话框，可以对适配器、监视器、颜色等进行设置和管理。

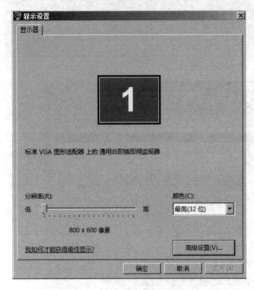

图 4-31　"显示设置"对话框　　　　　　　图 4-32　"高级设置"对话框

（8）配置防火墙

Windows Server 2008 安装后，默认自动启用防火墙。为了后面实训的要求及实际需要，可以设置关闭防火墙、允许某些端口或服务通过防火墙。

下面介绍设置防火墙的具体步骤。

① 依次单击"开始"→"控制面板"→"Windows 防火墙"命令。打开如图4-33所示的"Windows 防火墙"窗口。

② 单击"更改设置"链接，弹出如图4-34所示的"Windows 防火墙设置"对话框，从中可以启用防火墙，也可以关闭防火墙，还可以允许一些不受防火墙影响的例外程序或端口通过防火墙。

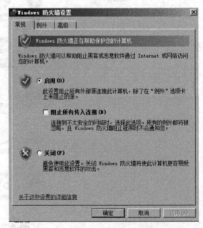

图 4-33　"Windows 防火墙"窗口　　　　图 4-34　"Windows 防火墙设置"对话框

提示　在图 4-34 中，如果选择了启用防火墙，也选中了"阻止所有传入连接"复选框，则其他计算机主动访问计算机的请求都将被拒绝，这就相当于计算机在网上隐身了，但并不影响这台计算机访问其他计算机。

（9）查看系统信息

系统信息包括硬件资源、组件和软件环境等内容。依次单击"开始"→"所有程序"→"附件"→"系统工具"→"系统信息"命令，显示如图 4-35 所示的"系统信息"窗口。

图 4-35　"系统信息"窗口

（10）设置自动更新

系统更新是 Windows 系统必不可少的功能，Windows Server 2008 也是如此。为了增强系统功能，避免因漏洞而造成故障，必须及时安装更新程序，以保护系统的安全。

① 单击左下角"开始"菜单右侧的"服务器管理器"图标，打开"服务器管理器"窗口，选中左侧的"服务器管理器（WIN2008-0）"，在"安全信息"区域中，单击"配置更新"超级链接，显示如图 4-36 所示"Windows Update"窗口。

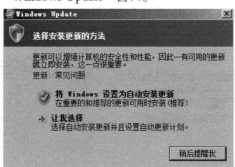

图 4-36　"Windows Update"窗口

② 单击"将 Windows 设置成自动安装更新"链接。Windows Server 2008 就会根据所做配置自动从 Windows Update 网站检测并下载更新。

3．添加与管理角色

Windows Server 2008 的一个亮点就是组件化，所有角色、功能甚至用户账户都可以在"服务器管理器"中进行管理。同时，它去掉了 Windows Server 2003 中的"添加/删除 Windows 组件"功能。

（1）添加服务器角色

Windows Server 2008 支持的网络服务虽然多，但默认不会安装任何组件，只是一个提供用户登录的独立的网络服务器，用户需要根据自己的实际需要选择安装相关的网络服务。

① 依次单击"开始"→"所有程序"→"管理工具"→"服务器管理器"命令，打开"服务器管理器"对话框，选中左侧的"角色"目录树，再单击"添加角色"超级链接启动"添加角色向导"。首先显示如图 4-37 所示"开始之前"对话框，提示此向导可以完成的工作以及操作之前需注意的相关事项。

② 单击"下一步"按钮，显示如图 4-38 所示"选择服务器角色"对话框，显示了所有可以安装的服务角色。如果角色前面的复选框没有被选中，则表示该网络服务尚未安装，如果已选中，说明已经安装。在列表框中选择拟安装的网络服务即可。和 Windows Server 2003 相比，Windows Server 2008 增加了一些服务器角色，但同时也减少了一些角色。

图 4-37 "开始之前"对话框 　　　　　图 4-38 "选择服务器角色"对话框

③ 由于一种网络服务往往需要多种功能配合使用，因此，有些角色还需要添加其他功能，如图 4-39 所示。此时，需单击"添加所需的角色服务"按钮添加即可。

④ 选中了要安装的网络服务以后，单击"下一步"按钮，通常会显示该角色的简介信息。以安装 Web 服务为例，显示如图 4-40 所示"Web 服务简介"对话框。

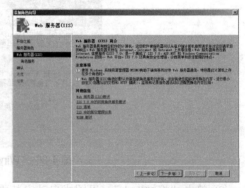

图 4-39 "添加角色向导"对话框 　　　　图 4-40 "Web 服务简介"对话框

⑤ 单击"下一步"按钮，显示"选择角色服务"按钮，可以为该角色选择详细的组件，如图 4-41 所示。

⑥ 单击"下一步"按钮，显示如图 4-42 所示"确认安装选择"对话框。如果在选择服务器角色的同时选中了多个，则会要求选择其他角色的详细组件。

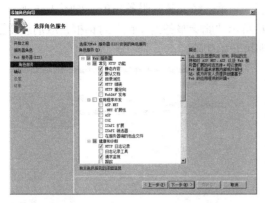

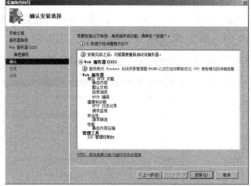

图 4-41 "选择角色服务"对话框　　　　图 4-42 "确认安装选择"对话框

⑦ 单击"安装"按钮即可开始安装。

部分网络服务安装过程中可能需要提供 Windows Server 2008 安装光盘,有些网络服务可能会在安装过程中调用配置向导,做一些简单的服务配置,但更详细的配置通常都借助于安装完成后的网络管理实现(有些网络服务安装完成以后需要重新启动系统才能生效)。

(2)添加角色服务

服务器角色的模块化是 Windows Server 2008 的一个突出特点,每个服务器角色都具有独立的网络功能。但是在安装某些角色时,同时还会安装一些扩展组件,来实现更强大的功能,而普通用户则完全可以根据自己的需要酌情选择。添加角色服务就是安装以前没有选择的子服务。例如"网络策略和访问服务"角色中包括网络策略服务器、路由和远程访问服务、健康注册机构等,先前已经安装了"路由和远程访问服务",则可按照如下操作步骤完成其他角色服务的添加。

① 打开"服务器管理器"窗口,展开"角色",选择已经安装的网络服务,例如"路由和远程访问服务", 如图 4-43 所示。

② 在"角色服务"选项区域中,单击"添加角色服务"链接,打开如图 4-44 所示"选择角色服务"对话框,可以选择要添加的角色服务即可。

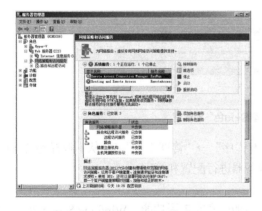

图 4-43 "服务器管理器"窗口　　　　图 4-44 "选择角色服务"对话框

③ 单击"下一步"按钮,即可开始安装。

(3)删除服务器角色

服务器角色的删除同样可以在"服务器管理器"窗口中完成,不过建议删除角色之前确认是否有其他网络服务或 Windows 功能需要调用当前服务,以免删除之后服务器瘫痪,步骤如下。

① 在"服务器管理器"窗口，选择"角色"，显示已经安装的服务角色，如图 4-45 所示。

② 单击"删除角色"链接，打开如图 4-46 所示"删除服务器角色"对话框，取消想要删除的角色前的复选框并单击"下一步"按钮，即可开始删除。

图 4-45 "服务器管理器"窗口

图 4-46 "删除服务器角色"对话框

提示 角色服务的删除，同样需要在指定服务器角色的管理器窗口中完成，单击"角色服务"选项框边的"删除角色"链接即可。

（4）管理服务器角色

Windows Server 2008 的网络服务管理更加智能化了，大多数服务器角色都可以通过控制台直接管理。最简单的方法就是在"服务器管理器"窗口中，展开角色并单击相应的服务器角色进入管理，如图 4-47 所示。

图 4-47 "服务器管理器-角色"对话框

除此之外，也可以通过单击"开始"→"所有程序"→"管理工具"，并从中选择想要管理的服务器角色，来打开单独的控制台窗口，对服务器进行配置和管理。

（5）添加和删除功能

用户可以通过"添加功能"为自己的服务器添加更多的实用功能，Windows Server 2008 的许多功能都是需要特殊硬件配置支持的，因此默认安装过程中不会添加任何扩展功能。在使用过程中，用户可以根据自己的需要添加功能。在"初始配置任务"窗口中，单击"配置此服务器"选项框中的"添加功能"链接，打开如图 4-48 所示"添加功能向导"对话框。选中欲安装功能组件前的复选框，并单击"安装"或"下一步"按钮即可。

除此之外，同样可以在"服务器管理器"窗口中完成 Windows 功能组件的添加或删除。在"服务器管理器"窗口中，打开如图 4-49 所示"功能摘要"窗口，在这里可以配置和管理已经安装的 Windows 功能组件。单击"添加功能"链接即可启动添加功能向导，从中选择想要添加的功能。单击"删除功能"链接，可以打开"删除功能向导"，选择已经安装但又不需要的功能，将其删除。

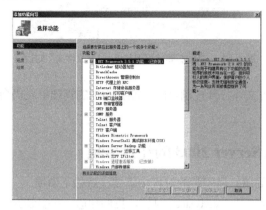

图 4-48　"添加功能向导-选择功能"对话框

图 4-49　"服务器管理器-功能摘要"窗口

4．使用 Windows Server 2008 的管理控制台

Microsoft 管理控制台（Microsoft Management Console，MMC）虽然不能执行管理功能，但却是集成管理必不可少的工具，这点在 Windows Server 2008 中尤为突出。在一个控制台窗口中即可实现对本地所有服务器角色，甚至远程服务器的管理和配置，大大简化了管理工作。

Windows Server 2008 中的控制台版本为 MMC 3.0。使用 MMC 控制台进行管理的时候，需要添加相应的管理单元，方法及步骤如下。

① 执行"开始"→"运行"命令，在"运行"对话框中输入"MMC"，单击"确定"按钮，打开 MMC 管理控制台对话框。

② 执行"文件"→"添加/删除管理"命令，或者按【Ctrl+M】组合键，打开"添加/删除管理单元"对话框，如图 4-50 所示。

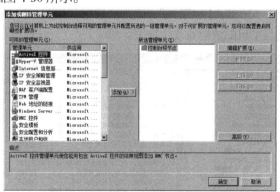

图 4-50　"添加/删除管理单元"对话框

③ 在该对话框中列出了当前计算机中安装的所有 MMC 插件。选择一个插件，单击"添加"按钮，即可将其添加到 MMC 控制台中。如果添加的插件是针对本地计算机的，管理插件会自动添加到 MMC 控制台；如果添加的插件也可以管理远程计算机，比如添加"共享文件夹"，将打开选择管理对象的对话框，如图 4-51 所示。

若是直接在被管理的服务器上安装 MMC，可以选择"本地计算机（运行此控制台的计算机）"单选项，将只能管理本地计算机。若要实现对远程计算机的管理，则选中"另一台计算机"单选项，并输入另一台计算机的名称。

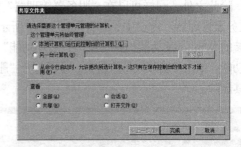

④ 添加完毕后，单击"确定"按钮，新添加的管理单元将出现在控制台树中。

图 4-51 "添加/删除管理单元–共享文件夹"对话框

⑤ 执行"文件"→"保存"或者"另存为"命令可以保存控制台文件。下次双击控制台文件打开控制台时，原先添加的管理单元仍会存在，可以方便进行计算机管理。

4.1.5 在虚拟机中安装 Windows Server 2003 的注意事项

在虚拟机中安装 Windows Server 2003 比较简单，但安装的过程中需要注意如下事项。

（1）Windows Server 2003 安装完成后，必须安装"VMware 工具"。我们知道，在安装完操作系统后，需要安装计算机的驱动程序。VMware 专门为 Windows、Linux、Netware 等操作系统"定制"了驱动程序光盘，称做"VMware Tools"。VMware 工具除了包括驱动程序外，还有一系列的功能。

安装方法：单击"虚拟机"→"安装 VMware 工具"命令，根据向导完成安装（详见第 1 章）。

安装 VMware 工具并且重新启动后，用户从虚拟机返回主机，不再需要按下【Ctrl+Alt】快捷键，你只要把鼠标从虚拟机中向外"移动"超出虚拟机窗口后，就可以返回到主机按钮，在没有安装 VMware 工具之前，移动鼠标会受到窗口的限制。另外，启用 VMware 工具之后，虚拟机的性能会提高很多。

（2）修改本地策略，去掉【Ctrl+Alt+Del】快捷键登录选项，步骤如下。

从"开始"菜单中选择运行，运行"gpedit.msc"，打开"组策略编辑器"窗口，单击"计算机配置"→"Windows 设置"→"安全设置"→"本地策略"→"安全选项"命令，双击"交互式登录：无须按【Ctrl+Alt+Del】已禁用"，改为已启用，如图 4-52 所示。

这样设置后可避免与主机的快捷键发生冲突。

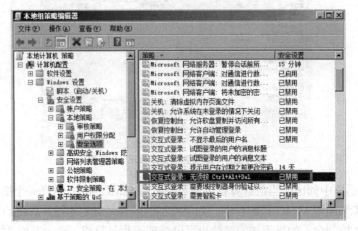

图 4-52 无须按【Ctrl+Alt+Del】快捷键

4.1.6 实训思考题

- 安装 Windows Server 2008 网络操作系统时需要哪些准备工作？
- 安装 Windows Server 2008 网络操作系统时应注意的问题是什么？
- 如果虚拟机服务器上只有一个网卡，而又需要多个 IP 地址，该如何操作？
- 在 VMware 中安装 Windows Server 2008 网络操作系统时，如果不安装 VMware Tools 会出现什么问题？

4.1.7 实训报告要求

参见实训 1。

4.2 安装与配置 Hyper-V 服务器

4.2.1 实训目的

- 掌握安装与卸载 Hyper-V 角色的方法。
- 掌握创建虚拟机和安装虚拟操作系统的方法。
- 掌握在 Hyper-V 中服务器和虚拟机的配置。
- 掌握创建虚拟网络和虚拟硬盘的方法与技巧。

4.2.2 实训环境

① 安装好 Windows Server 2008 x64，并利用"服务管理器"添加"Hyper-V"角色。
② 对 Hyper-V 服务器进行配置。
③ 利用"Hyper-V 管理器"建立虚拟机。

本实训项目的参数配置及网络拓扑图如图 4-53 所示。

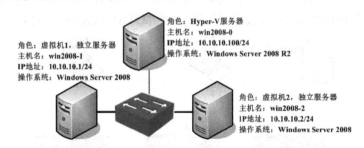

图 4-53 安装与配置 Hyper-V 服务器拓扑图

4.2.3 实训要求

1．完成 Hyper-V 服务器的安装与基本配置

具体要求如下。

- 安装与卸载 Hyper-V 服务器。
- 连接服务器。

- 创建虚拟机。
- 配置虚拟机属性。
- 配置 Hyper-V 服务器。
- 配置虚拟机。
- 创建虚拟网络。
- 创建虚拟硬盘。

2．配置 Hyper-V 专用虚拟网络

如图 4-54 所示，Hyper-V 专用（Private）虚拟网络只允许位于同一个 Hyper-V 服务器上之虚拟机相互通信，虚拟机对服务器是不通的，虚拟机对服务器上物理网卡也是不通。运用专用虚拟网络可建立一个完全隔绝的测试环境，我们可在其上建立一个"隔绝测试域"进行测试。

① 设置 Hyper-V 服务器的 IP 地址为 192.168.2.32，Hyper-V 服务器的计算机名为 win2008-0。

② 利用 Windows Server 2008 ISO 文档，全新安装第一个 Windows Server 2008 虚拟机，再以此虚拟机为材料，于 Hyper-V 中将其导出制作成 TEST1、TEST2 两个虚拟机。

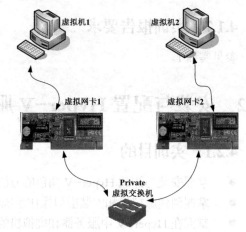

图 4-54　Hyper-V 专用（Private）虚拟网络示意图

③ 进行 Hyper-V 专用虚拟网络测试。要求测试虚拟机间、虚拟机和 Hyper-V 服务器间的网络连通情况。

3．配置 Hyper-V 内部虚拟网络

如图 4-55 所示，Hyper-V 内部（Internal）虚拟网络不仅允许位于同一部 Hyper-V 服务器上的虚拟机相互通信，同时也允许虚拟机对服务器通信，原因在于服务器上多绑了一个虚拟网卡。运用内部虚拟网络可建立一个没有实体网卡的测试环境与 Hyper-V 服务器连接。

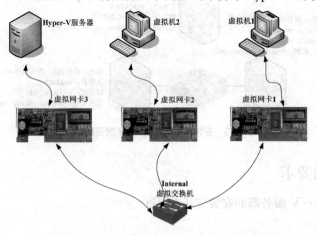

图 4-55　Hyper-V 内部（Internal）虚拟网络示意图

实训要求：在前面专用虚拟网络环境的基础上，直接进行内部虚拟网络的测试。要求测试虚拟机间、虚拟机和 Hyper-V 服务器间的网络连通情况。

4．配置 Hyper-V 外部虚拟网络

Hyper-V 外部虚拟网络就是将虚拟机链接至物理网卡上，让虚拟机能存取实体网络。如图 4-56 所示。

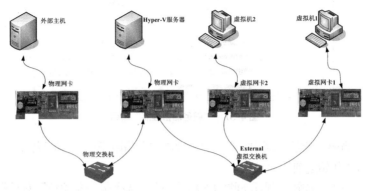

图 4-56　Hyper-V 外部（External）虚拟网络示意图

> **注意**　有的 Hyper-V 版本中（比如 X64、R2 版），外部网络仍然会在 Hyper-V 服务器上添加一个虚拟网卡（本地连接 N），原来的物理网卡失效，该虚拟网卡继承 Hyper-V 服务器的实体网卡的 IP 地址、网关、DNS 服务器等所有参数，不必重新设置。因此，我们认为外部虚拟网络是将虚拟机链接至了物理网卡上。

实训要求如表 4-1 所示。

表 4-1　　　　　　　　　　测试环境主机一览表

主机一览	外部主机	Hyper-V 服务器	虚拟机 1	虚拟机 2
网卡类型	物理网卡	物理网卡	虚拟网卡	虚拟网卡
测试 IP	192.168. 2.31	192.168.2.32	192.168.2.201	192.168.2.202

请按上表组建网络测试环境，并进行外部虚拟网络的测试。要求测试虚拟机间、虚拟机和 Hyper-V 服务器、虚拟机和外部主机间的网络连通情况。

4.2.4　实训步骤

1．完成 Hyper-V 服务器的安装与基本配置

（1）安装 Hyper-V 角色

Hyper-V 通过"添加角色向导"即可完成角色的安装。不同的版本 Hyper-V 角色安装不尽相同，请参考 Windows Server 2008 操作系统帮助文件。

① 选择"开始"→"管理工具"→"服务器管理器"→"角色"选项，显示如图 4-57 所示的"服务器管理器"窗口。

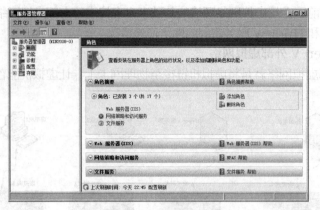

图 4-57   "服务器管理器"窗口

② 在"角色摘要"分组区域中，单击"添加角色"超链接，启动"添加角色向导"，显示如图 4-58 所示的"开始之前"对话框。

③ 单击"下一步"按钮，显示如图 4-59 所示的"选择服务器角色"对话框，在"角色"列表中，勾选"Hyper-V"复选框。

图 4-58 "添加角色向导-开始之前"对话框   图 4-59 "选择服务器角色"对话框

④ 单击"下一步"按钮，显示如图 4-60 所示的"Hyper-V"对话框，简要介绍其功能。

⑤ 单击"下一步"按钮，显示如图 4-61 所示的"创建虚拟网络"对话框。在"以太网卡"列表中，选择需要用于虚拟网络的物理网卡，建议至少为物理计算机保留一块物理网卡。

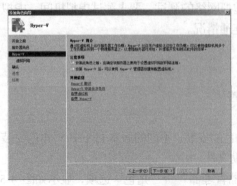

图 4-60 "Hyper-V"对话框   图 4-61 "创建虚拟网络"对话框

⑥ 单击"下一步"按钮，显示如图 4-62 所示的"确认安装选择"对话框。

⑦ 单击"安装"按钮，开始安装 Hyper-V 角色，显示如图 4-63 所示的"安装进度"对话框。

图 4-62 "确认安装选择"对话框

图 4-63 "安装进度"对话框

⑧ 文件复制完成，显示如图 4-64 所示的"安装结果"对话框，提示需要重新启动服务器完成安装。

⑨ 单击"关闭"按钮，显示如图 4-65 所示的"添加角色向导"对话框。单击"是"按钮，重新启动服务器。

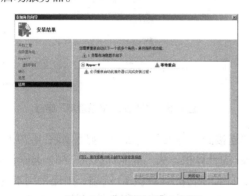

图 4-64 "安装结果"对话框

图 4-65 "添加角色向导"对话框

⑩ 重新启动后，继续执行安装进程，显示如图 4-66 所示的"继续执行配置"对话框。

⑪ 安装完成，显示如图 4-67 所示的"安装结果"对话框，单击"关闭"按钮，完成 Hyper-V 角色的安装。

图 4-66 "继续执行配置"对话框

图 4-67 "安装结果"对话框

卸载 Hyper-V 角色通过"删除角色向导"完成，删除 Hyper-V 角色之后，建议手动清理默认快照路径以及虚拟机配置文件路径下的文件。由于"删除角色"与"添加角色"极其相似，不再一一赘述。请读者自己尝试卸载 Hyper-V 角色。

（2）连接服务器

配置服务器之前，首先要连接到目标服务器，在"服务器管理器"控制台中，既可以连接到本地计算机，也可以连接到具备访问权限的远程计算机中。

① 选择"开始"→"管理工具"→"服务器管理器"→"角色"选项，显示如图 4-68 所示的"服务器管理器"窗口。

② 选择"服务器管理器"→"角色"→"Hyper-V"→"Hyper-V 管理器"选项，显示如图 4-69 所示的"Hyper-V 管理器"窗口。

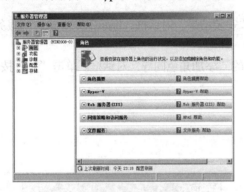

图 4-68 "服务器管理器"窗口

图 4-69 "Hyper-V 管理器"窗口

③ 在窗口右侧的"操作"面板中，单击"连接到服务器"超链接，显示如图 4-70 所示的"选择计算机"对话框。选择运行 Hyper-V Sever 的计算机，从"本地计算机"和"远程计算机"选项中进行选择。如果选择"本地计算机（运行此控制台的计算机）"选项，则连接到本地计算机，如果选择"另一台计算机"选项，在文本框中输入要连接到远程计算机的 IP 地址，或者单击"浏览"按钮，选择目标计算机。本例中连接到本地计算机。

④ 单击"确定"按钮，关闭"选择计算机"对话框，返回到"服务器管理器"窗口，打开 Windows Server 虚拟化管理单元，如图 4-71 所示。

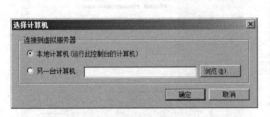

图 4-70 "选择计算机"对话框

图 4-71 "服务器管理器-虚拟化管理"窗口

（3）创建虚拟网络

Hyper-V 支持"虚拟网络"功能，提供多种网络模式，设置的虚拟网络将影响宿主操作系统的网络设置。对 Hyper-V 进行初始配置时需要为虚拟环境提供一块用于通信的物理网卡，当完成配置后，会为当前的宿主操作系统添加一块虚拟网卡，用于宿主操作系统与网络的通信。而此时的物理网卡除了作为网络的物理连接外，还兼做虚拟交换机，为宿主操作系统及虚拟机操作系统提供网络通信。

特别注意　　　　**只有创建了虚拟网络，才能设置每个虚拟机的网络连接方式。**

① 打开"服务器管理器"窗口，单击菜单栏的"操作"菜单，在显示的下拉菜单列表中，选择"虚拟网络管理器"命令，或者在"服务器管理器"窗口右侧的"操作"面板中，单击"虚拟网络管理器"超链接，如图 4-72 所示。

② 打开虚拟网络配置对话框，显示如图 4-73 所示的"虚拟网络管理器"对话框。

图 4-72　"操作–虚拟网络管理器"菜单　　　　图 4-73　"虚拟网络管理器"对话框

③ 单击"添加"按钮，显示如图 4-74 所示的"虚拟网络管理器"对话框。

● 在"名称"文本框中，输入虚拟网络的名称。

● 在"连接类型"文本框中，选择虚拟网络类型，如果选择"外部"和"内部"类型，将可以设置虚拟网络所在的"VLAN"区域。如果选择"专用虚拟机网络"类型，不提供"VLAN"设置功能。本例中选择"内部"类型的虚拟网络，在网卡下拉列表中选择关联的网卡。为了观察内部和外部网络类型的区别，在这里取名称为"内部虚拟网络"。选择"启用管理操作系统的虚拟 LAN 标识"选项，设置新创建的虚拟网络所处的 VLAN，如图 4-75 所示。

图 4-74　"虚拟网络管理器–添加"对话框　　　　图 4-75　"虚拟网络管理器–启用 LAN 标识"窗口

④ 单击"确定"按钮，完成虚拟网络的设置。按同样的方法创建一个"外部"类型的虚拟网络，取名称为"外部虚拟网络"。

⑤ 选择"开始"→"控制面板"→"网络和 Internet" →"网络和共享中心"选项，显示如图 4-76 所示的"网络和共享中心"窗口。

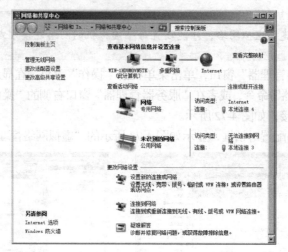

图 4-76 "网络和共享中心"窗口

⑥ 单击"更改适配器设置"超链接，显示如图 4-77 所示的"网络连接"窗口。"本地连接"为宿主计算机的物理网卡，"本地连接 3"是真正用于虚拟机之间连接的网卡。

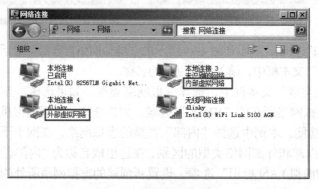

图 4-77 "网络连接"窗口

⑦ 右键单击"本地连接 3"，在弹出的快捷菜单中选择"状态"命令，显示如图 4-78 所示的"本地连接 3 状态"对话框，显示当前连接的速度为 10GB。

① "虚拟网络"其实叫"虚拟交换机"更恰当，请读者慢慢体会。② "本地连接 3"是安装"内部"类型的"虚拟网络"（名称为"内部虚拟网络"）后新增加的网络适配器，"本地连接 4"是安装"外部"类型的"虚拟网络"（名称为"外部虚拟网络"）后新增加的网络适配器，请认真区分。③ 配置不同类型的虚拟网络时请特别注意，不要将 TCP/IP 协议配置到了错误的网卡上。在本例中内部类型的虚拟网络，请在本地连接 3 上正确配置 IP，外部类型的虚拟网络，请在本地连接 4 上正确配置 IP。

（4）删除虚拟网络

当已经创建的虚拟网络不能满足环境需求时，可以删除已经存在的虚拟网络。

①　在打开的"虚拟网络管理器"对话框中，选择需要删除的虚拟网络，如图 4-79 所示。

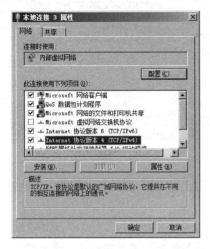 

图 4-78　"本地连接 3 状态"对话框　　　图 4-79　"虚拟网络管理器–删除虚拟网络"窗口

②　单击"移除"按钮，删除虚拟网络。

③　单击"确定"按钮，完成虚拟网络配置的更改。

（5）创建虚拟机

在 Windows Server 2008 的 Hyper-V 角色中，提供虚拟机创建向导，根据向导即可轻松创建虚拟机。

①　打开"服务器管理器"窗口，单击菜单栏的"操作"菜单，在显示的下拉菜单列表中，选择"新建"选项，在弹出的级联菜单中选择"虚拟机"命令，或者右键单击当前计算机名称，在弹出的快捷菜单中选择"新建"选项，在弹出的级联菜单中选择"虚拟机"命令，如图 4-80 所示。

②　启动创建虚拟机向导，显示如图 4-81 所示的"开始之前"对话框。

  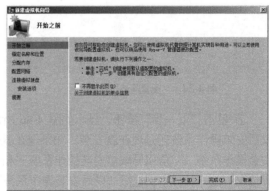

图 4-80　虚拟机功能菜单　　　　　　图 4-81　"创建虚拟机–开始之前"对话框

③　单击"下一步"按钮，显示如图 4-82 所示"指定名称和位置"对话框。在"名称"文本框中键入虚拟机的名称，默认虚拟机配置文件保存在"C:\Program DatalMicrosoft\Windows\Hyper-V\"目录中。

④ 单击"下一步"按钮，显示如图 4-83 所示"分配内存"对话框，设置虚拟机内存。

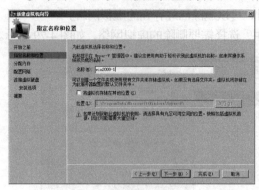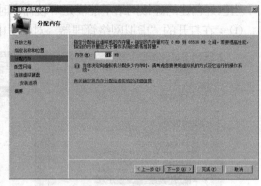

图4-82 "指定名称和位置"对话框　　　　　　图4-83 "分配内存"对话框

⑤ 单击"下一步"按钮，显示如图 4-84 所示"配置网络"对话框，配置虚拟网络，本例中以创建的"内部虚拟机网络"为例说明。

图 4-84 中，网络连接类型是在"（3）创建虚拟网络"中创建好的，谨记！！
说明

⑥ 单击"下一步"按钮，显示如图 4-85"连接虚拟硬盘"对话框。

设置虚拟机使用的虚拟硬盘，可以创建一个新的虚拟硬盘，也可以使用已经存在的虚拟硬盘。

本例中新建一个虚拟硬盘，因此选择"创建虚拟硬盘"选项。单击"浏览"按钮，可以改变虚拟硬盘存储的位置。由于虚拟硬盘比较大，建议事先在目标磁盘上建立存放虚拟硬盘的文件夹，最好不使用默认设置。

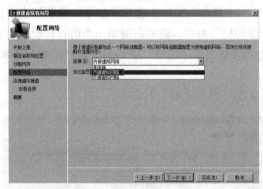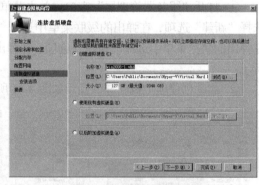

图4-84 "配置网络"对话框　　　　　　图4-85 "连接虚拟硬盘"对话框

⑦ 单击"下一步"按钮，显示如图 4-86 所示"安装选项"对话框，根据具体情况选择是以后安装操作系统还是现在就安装。如果现在就安装，则可以选择"从引导 CD/DVD-ROM 安装操作系统"、"从引导软盘安装操作系统"和"从基于网络的安装服务器安装操作系统"三种情况中的一种。本例选择"以后安装操作系统"。

⑧ 单击"下一步"按钮，完成创建虚拟机的操作。如图 4-87 所示。

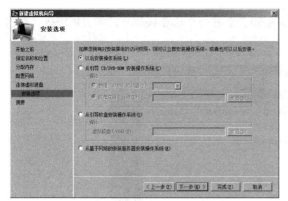

图 4-86 "安装选项"对话框　　　　　　　图 4-87 "服务器管理器-完成创建虚拟机"对话框

（6）创建快照

你有没有想过可以及时地返回到以前的某个时间点，然后看看当时虚拟机是怎么样的？比如，在关键任务应用中安装预测产品补丁之前，你的虚拟机是怎样的？

微软的 Hyper-V 提供了一个很有用的工具，帮你创建和应用虚拟机的即时状态浏览：快照功能。这个工具很好用，可以从 Hyper-V 管理控制台创建虚拟机快照。

① 创建快照。右键单击目标虚拟机，在弹出的快捷菜单中选择"快照"命令，在选择的虚拟机基础上创建快照。快照创建完成，在"快照"选项下增加一个该虚拟机的快照。任何时刻你都可以创建快照，它会自动嵌入该虚拟机的即时状态浏览树结构中。如图 4-88 所示。

② 应用快照。若要应用快照，只需在相应的快照上单击鼠标右键，选中菜单中的"应用"即可，如图 4-89 所示。

图 4-88 "快照"对话框　　　　　　　　图 4-89 应用"快照"对话框

当应用快照时，当前的虚拟机配置会被完全覆盖，这包括所有附属 VHD 的内容。因为这个操作是永久性的，所以，最好在应用原来的快照之前先创建一个新快照。以便今后还可以再返回到当前状态。另外，如果虚拟机原来的状态是关闭的，那么虚拟机返回后也会是处于关闭状态。当返回到某一快照时，任何依赖于次快照的其他快照都会被移除，因为它们已经失效。

在虚拟机的运行的界面（见图 4-90）中有一个还原按钮 ，单击该按钮，则恢复到上次最近时间点的快照。

图 4-90 "还原上次快照"对话框

2.配置 Hyper-V 专用虚拟网络

操作步骤如下。

（1）建立第一个 Windows Server 2008 虚拟机

① 准备 Windows Server 2008 的 ISO 文件。可运用 CDImage、WinISO、UltraISO 等工具事先将各种操作系统安装光盘制作成 ISO 文件备用。

② 至 Hyper-V 管理器 win2008-0 上新建虚拟机。请在桌面左下单击"开始"→"管理工具"→"Hyper-V 管理器"→单击左方"Hyper-V 服务器"→鼠标右键"新建"→"虚拟机"。

③ 出现新建虚拟机向导。名称改为 win2008-1，然后单击"下一步"按钮进行定制设置。

④ 指定名称和位置。此界面可设置虚拟机名称及相关文件夹存储位置，注意文件夹硬盘空间是否足够存放配置文件或虚拟机快照（可事先建立文件夹，专门存储虚拟机相关文件）。

⑤ 指派内存。此界面可设置虚拟机内存大小，目前虚拟机不多，可以给大一点 2048MB，以后只要虚拟机关机可再自由调整。单击"下一步"按钮。

⑥ 设置虚拟网卡。此界面可设置虚拟机网卡连接至哪一组虚拟网络，因为此时尚未设置专用虚拟网络，所以在连接处选择"未连接"。单击"下一步"按钮。

⑦ 指定虚拟机硬盘文件。此界面为连接虚拟硬盘，因为是全新安装，用户以系统已自动设置到"连接虚拟硬盘"的位置。单击"下一步"按钮。

⑧ 安装选项。此界面为安装选项。单击"从引导 CD/DVD-ROM 安装操作系统"→单击"浏览"→将映像文件位置指向 Server 2008 的 ISO 文件位置→单击"下一步"按钮。

⑨ 完成新建虚拟机。此界面为新建虚拟机设置摘要，包含名称、内存、网络、虚拟机硬盘文件位置，单击"完成"按钮。

⑩ 开始虚拟机全新安装。此界面为虚拟机开机安装第一步，详细安装步骤可参考"项目 1 安装和规划 Windows Server 2008"。

⑪ 安装好 2008 Server 虚拟机，更改密码登录后，先关机让系统回存虚拟硬盘文件。

请注意一些虚拟机桌面常用的功能键：

"Ctrl-Alt-Del=Ctrl+Alt+End"

"全屏幕模式=Ctrl+Alt+Break"

"默认鼠标释放组合键=Ctrl+Alt+左箭头"

如果觉得以上组合键不好用可到 Hyper-V 服务管理器去设置，其步骤如下：

> 单击"开始" → "管理工具" → "Hyper-V 管理器" → 单击"Hyper-V 服务器" → 单击鼠标右键"Hyper-V 设置" → 单击左方"鼠标释放键" → 至右方下拉菜单选择一组鼠标释放组合键。比如可以选"Ctrl+Alt+Shift" → 单击"确定"按钮。

（2）建立专用虚拟网络

① 在 Hyper-V 服务器 win2008-0 的桌面左下角单击"开始" → "管理工具" → "Hyper-V 管理器"，打开"Hyper-V 管理器"控制台。在控制台中单击右侧"虚拟网络管理器"，在虚拟网络管理器页面单击"新建虚拟网络"，右边单击"专用"项，再单击"添加"按钮"。

② 完成建立专用虚拟网络。名称命名为 Private Network，连接类型选择"专用虚拟机网络"，单击"应用"按钮，单击"确定"按钮。

③ 设置 win2008-1 虚拟机的虚拟网卡。进入"Hyper-V 管理器" → 选中"win2008-1 虚拟主机" → 鼠标右键单击"设置"。

④ 完成虚拟网卡设置。将虚拟网卡连接至专用虚拟网络，选择左边"网络适配器" → 至右边的"网络"选项，单击"Private Network"，再单击"应用"按钮，最后单击"确定"按钮。

⑤ 将虚拟机开机 → 在虚拟机桌面上单击上方菜单"操作" → 单击"插入集成服务安装盘"安装 Hyper-V 新版驱动程序 → 安装后再将虚拟机重开机，系统会自动设置至安装完成。

⑥ 简化测试环境，进入服务器管理器控制台，关闭虚拟机防火墙服务。单击桌面左下角的"服务器管理器"或者依次单击"开始" → "管理工具" → "服务器管理器"，均可进入服务器管理器控制台。

⑦ 进入防火墙设置窗口。进入服务器管理器后，在左侧树中展开"配置"节点，单击"高级安全 Windows 防火墙" → 在中间窗口下方单击"Windows 防火墙属性"。

⑧ 关闭防火墙。分别单击"域配置文件"、"专用配置文件"、"公用配置文件"选项卡，将这些字段的防火墙状态设置为"关闭"状态，然后单击"应用"按钮，最后单击"确定"按钮。

⑨ 关闭服务器管理器，将虚拟机关机让系统回存虚拟硬盘文件。在本阶段我们全新安装了一个 Windows Server 2008 虚拟机，建立专用虚拟网络，并且将虚拟机网卡链接至专用虚拟网络-Private Network，最后简化测试环境关闭虚拟机防火墙服务。此虚拟机文件读者可多复制一份留存，作为日后测试材料。

（3）导出虚拟机

下一阶段读者需要将刚刚安装的 win2008-1 虚拟机导出制作成 TEST1、TEST2 两个虚拟机，再进行 Hyper-V 专用虚拟网络测试。操作步骤如下。

① 建立文件夹保存虚拟机文件。在 D 盘上新建立两个文件夹 test1 和 test2 分别用来保存 TEST1、TEST2 两个虚拟机文件。

② 导出虚拟机。桌面左下单击"开始" → "管理工具" → "Hyper-V 管理器" → 选择"win2008-1 虚拟机" → 单击鼠标右键 → 单击"导出"。

③ 指定导出虚拟机目标文件夹位置。本例中为 D:\test1。

④ 导出虚拟机的时候，在"虚拟机"窗口的"win2008-1 虚拟机"的"任务状态"中会显

示导出进度。

⑤ 导出虚拟机成功后，到导出虚拟机目标文件夹检查文件是否导出无误。这时应该发现在 test1 文件夹下面有一个 "D:\test1\ win2008-1" 文件夹，该文件夹下应该有 "Snapshots"、"Virtual Hard Disks" 和 "Virtual Machines" 3 个文件夹。

⑥ 依照上述步骤，再导出一个到 TEST2 虚拟机文件夹，记得检查文件是否导出无误。

⑦ 导入虚拟机。在桌面左下单击 "开始" → "管理工具" → "Hyper-V 管理器" →打开 Hyper-V 管理器窗口→单击 "Hyper-V 虚拟服务器" →单击鼠标右键→单击 "导入虚拟机"。

⑧ 指定 TEST1 虚拟机文件夹作导入操作，本例中位置处的值是：D:\test1\win2008-1。特别注意，这是一个文件夹！

⑨ 重新命名导入虚拟机为 TEST1。在 Hyper-V 管理器中间虚拟机窗口→单击 "导入虚拟机" →单击鼠标右键→单击 "重新命名" →输入 "TEST1"。

⑩ 按照上述步骤，将 test2 虚拟机导入，并且命名为 TEST2。这时在 "Hyper-V 管理器" 中间的虚拟机窗口，已出现两个虚拟机，名称分别为 TEST1、TEST2。

（4）测试专用虚拟网络环境

① 将 TEST1 虚拟机开机，进入服务器管理器，设置 IP 地址为 192.168.2.201。

② 将 TEST2 虚拟机的 IP 地址设置为 192.168.2.202。

③ 验证 Hyper-V 专用虚拟网络，同一部 Hyper-V 服务器上的虚拟机可相互通信。到 TEST1 虚拟机，在命令方式下输入 "ping 192.168.2.202"，查看结果，若有回应则表示操作成功。

④ 验证 Hyper-V 专用虚拟网络，虚拟机不能与 Hyper-V 服务器通信。一样，到 TEST1 虚拟机，在命令方式下输入 "ping 192.168.2.32"，结果若是 "目标主机无法访问" 则表示操作成功。

3. 配置 Hyper-V 内部虚拟网络

操作步骤如下。

① 在 Hyper-V 服务器上建立内部虚拟网络。在桌面左下单击 "开始" → "管理工具" → "Hyper-V 管理器" →单击右方 "虚拟网络管理器"，打开虚拟网络管理器界面，选择 "新建虚拟网络" →右边选择 "内部" →再单击 "添加"。

② 完成建立内部虚拟网络。在建立内部虚拟网络窗口下的 "名称" 项下，输入：Internal Virtual Network，连接类型选择 "仅内部"，然后单击 "应用" 按钮，再单击 "确定" 按钮完成操作。

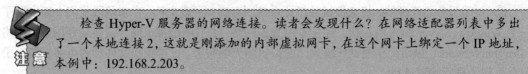

注意　检查 Hyper-V 服务器的网络连接。读者会发现什么？在网络适配器列表中多出了一个本地连接 2，这就是刚添加的内部虚拟网卡，在这个网卡上绑定一个 IP 地址，本例中：192.168.2.203。

③ 检查内部虚拟网卡 IP 是否设置成功。在 Hyper-V 服务器的命令行方式中输入："ipconfig /all"，可以看到虚拟网卡的 IP 地址为 192.168.2.203。

④ 进入 TEST1 虚拟机的设置窗口，设置 TEST1 虚拟机的网卡，更改网络连接至内部虚拟网络。右键单击该虚拟机，在弹出的快捷菜单中单击 "设置" 命令，将该虚拟机的 "网络适配器" 的连接方式改为 "Internal Virtual Network"，并应用。

⑤ 进入 TEST2 虚拟机的设置窗口，设置 TEST2 虚拟机的网卡，更改连接至内部虚拟网络。右击该虚拟机，在弹出的快捷菜单中单击 "设置" 命令，将该虚拟机的 "网络适配器" 的连接方式改为 "Internal Virtual Network"，并应用。

⑥ 连接 TEST1、TEST2 虚拟机并开机。

⑦ 在 TEST1 虚拟机进行验证。在 TEST1 虚拟机命令行下输入：ping　192.168.2.202（TEST2 虚拟机），正常情况网络应该是畅通的。

⑧ 在 TEST2 虚拟机进行验证。在 TEST2 虚拟机命令行下输入：ping　192.168.2.201（TEST1 虚拟机），正常情况网络应该是畅通的。

⑨ 在 TEST1 虚拟机进行第二项验证。在 TEST1 虚拟机命令行下输入：ping　192.168.1.32（服务器实体网卡），正常情况网络应该是不通的。

⑩ 在 TEST2 虚拟机进行第二项验证。在 TEST2 虚拟机命令行下输入：ping　192.168.1.32（服务器实体网卡），正常情况网络应该是不通的。

此小节介绍了 Hyper-V 内部虚拟网络架构，建立了内部虚拟网络，以 TEST1、TEST2 两个虚拟机进行测试，验证了在内部虚拟网络架构下，虚拟机可相互通信，虚拟机对服务器亦可相互通信，但虚拟机对服务器实体网卡还是不能通信，这也就是内部虚拟网络的特点。

4. 配置 Hyper-V 外部虚拟网络

外部虚拟网络设置及测试步骤如下。

① 在 Hyper-V 服务器上，在虚拟网络管理器中移除专用、内部虚拟网络，添加外部虚拟网络，名称为 External Virtual Network。

② 检查 Hyper-V 服务器 win2008-0 的网络连接，发现新添加了一个虚拟网卡，物理网卡的 TCP/IP 协议失效，且不能重置，而该虚拟网卡的参数与物理网卡参数完全一致。

③ 进入 TEST1 虚拟机的设置窗口，设置 TEST1 虚拟机的网卡，更改网络连接至外部虚拟网络，将该虚拟机的"网络适配器"的连接方式改为"External Virtual Network"，并应用。

④ 进入 TEST2 虚拟机的设置窗口，设置 TEST2 虚拟机的网卡，更改网络连接至外部虚拟网络，将该虚拟机的"网络适配器"的连接方式改为"External Virtual Network"，并应用。

⑤ 连接 TEST1、TEST2 虚拟机并开机。

⑥ 第一验证 Hyper-V 外部虚拟网络，虚拟机可相互通信，虚拟机对服务器亦可相互通信。到 TEST1 虚拟机，在命令行方式输入：ping　192.168.2.202，正确响应；再输入：ping　192.168.2.32，亦有正确响应。

⑦ 第二验证 Hyper-V 外部虚拟网络，虚拟机对外部主机可相互通信。到 TEST1 虚拟机，在命令行方式输入：ping　192.168.2.31，正确响应。

⑧ 第三验证 Hyper-V 外部虚拟网络，服务器对外部主机可相互通信。到 Hyper-V 服务器 win2008-0，在命令行方式输入：ping 192.168.1.31，能够正确响应。

本小节介绍了 Hyper-V 外部虚拟网络架构，建立了外部虚拟网络，以 TEST1、TEST2、Hyper-V 服务器、外部主机共四部机器进行测试，验证了外部虚拟网络四个特点。① 同一部 Hyper-V 服务器上的虚拟机可相互通信。② 虚拟机对服务器可相互通信。③ 虚拟机对外部主机可相互通信。④ Hyper-V 服务器对外部主机可相互通信。

4.2.5　实训思考题

- 安装 Hyper-V 服务器的硬件条件是什么？
- 内部虚拟网络与外部虚拟网络的区别是什么？
- 请使用 Microsoft Visio 2003/2010 完成专用虚拟网络、内部虚拟网络、外部虚拟网络的网络拓扑示意图，用图示的方式说明各种不同方式的区别与应用。

4.2.6　实训报告要求

- 实训目的。
- 实训内容。
- 实训步骤。
- 实训中的问题和解决方法。
- 回答实训思考题。
- 实训心得与体会。
- 建议与意见。

4.3　部署与管理 Active Directory 域服务环境

4.3.1　实训目的

- 理解域环境中计算机 4 种不同的类型。
- 熟悉 Windows Server 2008 域控制器、额外域控制器以及子域的安装。
- 掌握确认域控制器安装成功的方法。

4.3.2　实训环境

1．部署需求

在部署目录林根级域之前需满足以下要求。

- 设置域控制器的 TCP/IP 属性，手工指定 IP 地址、子网掩码、默认网关和 DNS 服务器 IP 地址等。
- 在域控制器上准备 NTFS 卷，如 C:。

2．部署环境

所有实例被部署在该域环境下。域名为 long.com。win2008-1 和 win2008-2 是 Hyper-V 服务器的 2 台虚拟机。读者在做实训时，为了不相互影响，建议 Hyper-V 服务器中虚拟网络的模式选"专用"。网络拓扑图及参数规划如图 4-91 所示。

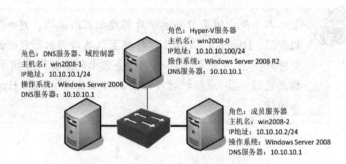

图 4-91　创建目录林根级域的网络拓扑图

将已经安装 Windows Server 2008 X64 的 Hyper-V 服务器,按要求进行 IP 地址、DNS 服务器、计算机名等的设置,为后续工作奠定基础。

由于域控制器所使用的活动目录和 DNS 有着非常密切的关系,因此网络中要求有 DNS 服务器存在,并且 DNS 服务器要支持动态更新。如果没有 DNS 服务器存在,可以在创建域时一起把 DNS 安装上。这里假设图 4-91 中的 win2008-1 服务器未安装 DNS,并且是该域林中的第一台域控制器。

4.3.3 实训步骤

1. 安装 Active Directory 域服务

活动目录在整个网络中的重要性不言而喻,经过 Windows 2000 Server 和 Windows Server 2003 的不断完善,Windows Server 2008 中的活动目录服务功能更加强大,管理更加方便。在 Windows Server 2008 系统中安装活动目录时,需要先安装 Active Directory 域服务,然后运行 Dcpromp.exe 命令启动安装向导。

Active Directory 域服务的主要作用是存储目录数据并管理域之间的通信,包括用户登录处理、身份验证和目录搜索等。如果直接运行 Dcpromo.exe 命令启动 Active Directory 服务,则将自动在后台安装 Active Directory 域服务。

① 首先确认 win2008-1 的"本地连接"属性 TCP/IP 中首选 DNS 指向了自己(本例定为 10.10.10.1)。

② 以管理员用户身份登录到 win2008-1 上,选择"开始"→"管理工具"→"服务器管理器"→"角色"选项,显示"服务器管理器"窗口。

③ 单击"添加角色",运行"添加角色向导"。当显示如图 4-92 所示的"选择服务器角色"窗口时,勾选"Active Directory 域服务"复选框。

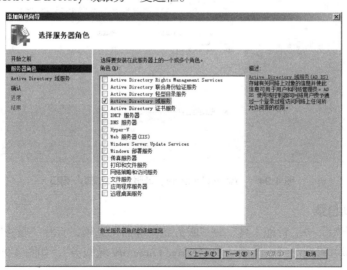

图 4-92 选择服务器角色

④ 单击"下一步"按钮,显示"Active Directory 域服务"窗口,窗口中简要介绍了 Active Directory 域服务的主要功能以及安装过程中的注意事项。如图 4-93 所示。

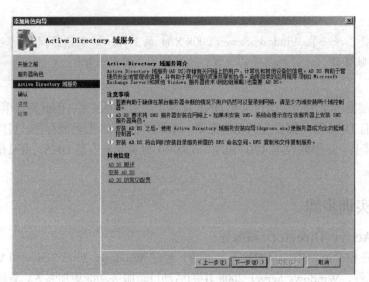

图 4-93 "Active Directory 域服务"安装向导

⑤ 单击"下一步"按钮，显示"确认安装选择"窗口，在对话框中显示确认要安装的服务。

⑥ 单击"安装"按钮即可开始安装。安装完成后显示如图 4-94 所示的"安装结果"窗口，提示"Active Directory 域服务"已经成功安装。

⑦ 单击"关闭"按钮关闭安装向导，并返回"服务器管理器"窗口。

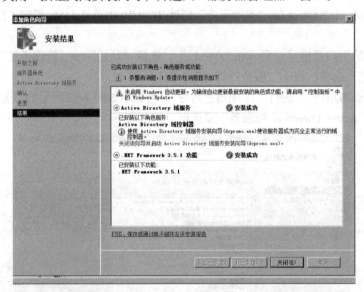

图 4-94 "Active Directory 域服务安装成功"窗口

2．安装活动目录

① 选择"开始"→"管理工具"→"服务器管理器"选项，打开"服务器管理器"窗口，展开"角色"，即可看到已经安装成功的"Active Directory 域服务"，如图 4-95 所示。

图 4-95　"服务器管理–AD 域服务"窗口

② 单击"摘要"区域中的"运行 Active Directory 域服务安装向导（dcpromo.exe）"链接或者运行"dcpromo"命令，可启动"Active Directory 域服务安装向导"。首先显示如图 4-96 所示的欢迎界面。

③ 单击"下一步"按钮，显示如图 4-97 所示的"操作系统兼容性"窗口。

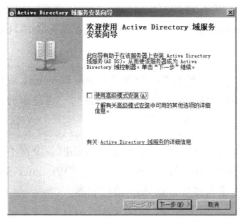

图 4-96 欢迎使用 Active Directory 域服务向导

图 4-97　"操作系统兼容性"窗口

④ 单击"下一步"按钮，显示如图 4-98 所示的"选择某一部署配置"对话框，选择"在新林中新建域"单选按钮，创建一台全新的域控制器。如果网络中已经存在其他域控制器或林，则可以选择"现有林"单选按钮，在现在林中安装。

三个选项的具体含义如下。

● "现有林"→"向现有域添加域控制器"：可以向现有域添加第二台或更多域控制器。

● "现有林"→"在现有林中新建域"：在现有林中创建现有域的子域。

● "在新林中新建域"：新建全新的域。

提示
　　　网络既可以有一台域控制器，也可以配置多台域控制器，以分担用户的登录和访问。多个域控制器可以一起工作，自动备份用户账户和活动目录数据，即使部分域控制器瘫痪后网络访问仍然不受影响，从而提高络安全性和稳定性。

⑤ 单击"下一步"按钮，显示如图 4-99 所示的"命名林根域"对话框。在"目录林根级域的 FQDN"文本框中输入林根域的域名（如本例为 long.com）。林中的第一台域控制器是根域，在根域下可以继续创建从属于根域的子域控制器。

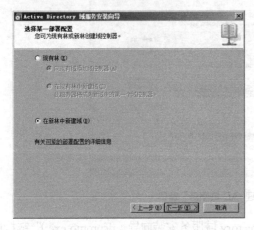 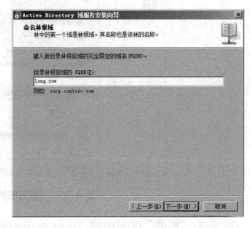

图 4-98 "选择某一部署配置"对话框   图 4-99 "命名林根域"对话框

⑥ 单击"下一步"按钮，显示如图 4-100 所示的"设置林功能级别"对话框。不同的林功能级别可以向下兼容不同平台的 Active Directory 服务功能。选择"Windows 2000"则可以提供 Windows 2000 平台以上的所有 Active Directory 功能；选择"Windows Server 2003 则可提供 Windows Server 2003 平台以上的所有 Active Directory 功能。用户可以根据自己实际网络环境选择合适的功能级别。

提示 安装后若要设置"林功能级别"，请登录域控制器，打开"Active Directory 域和信任关系"窗口，用鼠标右键单击"Active Directory 域和信任关系"，在弹出的快捷菜单中单击"提升林功能级别"，选择相应的林功能级别。

⑦ 单击"下一步"按钮，显示如图 4-101 所示的"设置域功能级别"对话框。设置不同的域功能级别主要是为兼容不同平台下的网络用户和子域控制器。例如设置为"Windows Server 2003"，则只能向该域中添加 Windows Server 2003 平台或更高版本的域控制器。

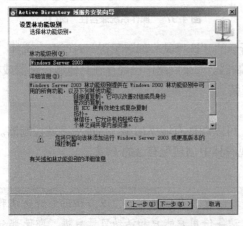 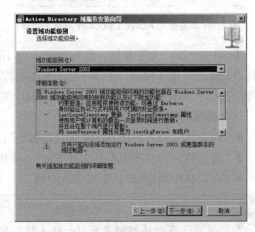

图 4-100 "设置林功能级别"对话框   图 4-101 "设置域功能级别"对话框

安装后若要设置"域功能级别",请登录域控制器,打开"Active Directory 域和信任关系"窗口,用鼠标右键单击域名"long.com",在弹出的快捷菜单中单击"提升域功能级别",选择相应的域功能级别。

　　⑧ 单击"下一步"按钮,显示如图 4-102 所示的"其他域控制器选项"对话框。林中的第一个域控制器必须是全局编录服务器且不能是只读域控制器,所以"全局编录"和"只读域控制器"两个选项都是不可选的。建议勾选"DNS 服务器"复选框,在域控制器上同时安装 DNS 服务。

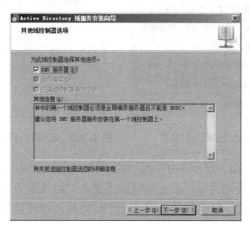

图 4-102　"其他域控制器选项"对话框

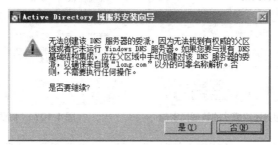

　　在运行"Active Directory 域服务安装向导"时,建议安装 DNS。如果这样做,该向导将自动创建 DNS 区域委派。无论 DNS 服务器服务是否与 AD DS 集成,都必须将其安装在部署的 AD DS 目录林根级域的第一个域控制器上。

　　⑨ 单击"下一步"按钮,开始检查 DNS 配置,并显示如图 4-103 所示的警告框。该信息表示因为无法找到有权威的父区域或者未运行 DNS 服务器,所以无法创建该 DNS 服务器的委派。

图 4-103　无法创建 DNS 服务器当派

　　如果服务器没有分配静态 IP 地址,此时就会显示如图 4-104 所示的"静态 IP 分配"对话框。提示需要配置静态 IP 地址。可以返回重新设置,也可跳过此步骤,只使用动态 IP 地址。

⑩ 单击"是"按钮，显示如图 4-105 所示的"数据库、日志文件和 SYSVOL 的位置"对话框，默认位于"C:\Windows"文件夹下，也可以单击"浏览"按钮更改为其他路径。其中，数据库文件夹用来存储互动目录数据库，日志文件夹用来存储活动目录的变化日志，以便于日常管理和维护。需要注意的是，SYSVOL 文件夹必须保存在 NTFS 格式的分区中。

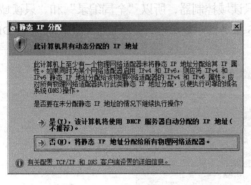
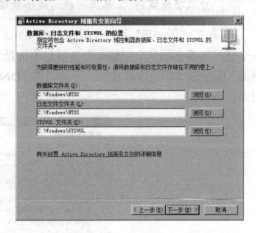

图 4-104　"静态 IP 地址分配"对话框　　　　图 4-105　数据库、日志文件和 SYSVOL 的位置

⑪ 单击"下一步"按钮，显示 4-106 所示的"目录服务还原模式的管理员密码"对话框。由于有时需要备份和还原活动目录，且还原时必须进入"目录服务还原模式"下，所以此处要求输入"目录服务还原模式"时使用的密码。由于该密码和管理员密码可能不同，所以一定要牢记该密码。

⑫ 单击"下一步"按钮，显示如图 4-107 所示的"摘要"对话框，列出前面所有的配置信息。如果需要修改，可单击"上一步"按钮返回。

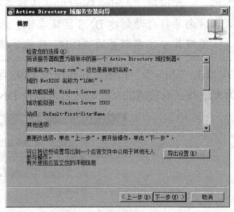

图 4-106　目录服务还原模式的管理员密码　　　　图 4-107　"摘要"对话框

单击"导出设置"按钮，即可将当前安装设置输出到记事本中，以用于其他类似域控制器的无人值守安装。

⑬ 单击"下一步"按钮即可开始安装，显示"Active Directory 域服务安装向导"对话框，根据所设置的选项配置 Active Directory。由于这个过程一般比较长，可能要花几分钟或更长时间，所以要耐心等待，也可勾选"完成后重新启动"复选框，则安装完成后计算机会自动重新启动。

⑭ 配置完成后，显示"完成 Active Directory 域服务安装向导"对话框，表示 Active Directory 已安装成功了。

⑮ 单击"完成"按钮，显示"提示重启计算机"对话框，提示在安装完 Active Directory 后必须重新启动服务器。单击"立即重新启动"按钮重新引导计算机即可。

⑯ 重新启动计算机后，升级为 Active Directory 域控制器之后，必须使用域用户账户登录，格式为域名\用户账户。如图 4-108 所示。

图 4-108 "登录"对话框

如果希望登录本地计算机，请单击"切换用户"→"其他用户"按钮，然后在用户名处输入"计算机名\登录账户名"，在密码处输入该账户的密码，即可登录本机。

3. 验证 Active Directory 域服务的安装

活动目录安装完成后，在 win2008-1 上可以从各个方面进行验证。

（1）查看计算机名

选择"开始"→"控制面板"→"系统和安全"→"系统"→"高级系统设置"→"计算机"选项卡，可以看到计算机已经由工作组成员变成了域成员，而且是域控制器。

（2）查看管理工具

活动目录安装完成后，会添加一系列的活动目录管理工具，包括"Active Directory 用户和计算机"、"Active Directory 站点和服务"、"Active Directory 域和信任关系"等。单击"开始"→"管理工具"，可以在"管理工具"中找到这些管理工具的快捷方式。

（3）查看活动目录对象

打开"Active Directory 用户和计算机"管理工具，可以看到企业的域名 long.com。单击该域，窗口右侧详细信息窗格中会显示域中的各个容器。其中包括一些内置容器，主要如下。

● built-in：存放活动目录域中的内置组账户。
● computers：存放活动目录域中的计算机账户。
● users：存放活动目录域中的一部分用户和组账户。
● Domain Controllers：存放域控制器的计算机账户。

（4）查看 Active Directory 数据库

Active Directory 数据库文件保存在 %SystemRoot%\Ntds （本例为 c:\windows\ntds）文件夹中，主要的文件如下。

- Ntds.dit：数据库文件。
- Edb.chk：检查点文件。
- Temp.edb：临时文件。

（5）查看 DNS 记录

为了让活动目录正常工作，需要 DNS 服务器的支持。活动目录安装完成后，重新启动 win2008-1 时会向指定的 DNS 服务器上注册 SRV 记录。一个注册了 SRV 记录的 DNS 服务器如图 4-109 所示（在"服务器管理器"中查询 DNS 角色）。

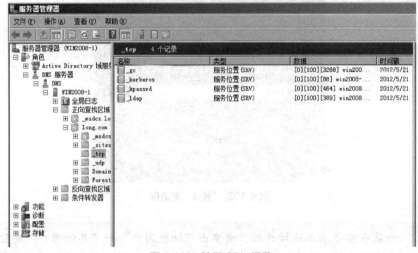

图 4-109 注册 SRV 记录

有时由于网络连接或者 DNS 配置的问题，造成未能正常注册 SRV 记录的情况。对于这种情况，可以先维护 DNS 服务器，并将域控制器的 DNS 设置指向正确的 DNS 服务器，然后重新启动 NETLOGON 服务。

具体操作可以使用命令：

```
net stop netlogon
net start netlogon
```

试一下：SRV 记录手动添加无效。将注册成功的 DNS 服务器中"long.com"域下面的 SRV 记录删除一些，试着在域控制器上使用上面的命令恢复 DNS 服务器被删除的内容。成功了吗？

4．将客户端计算机加入到域

下面我们再将 win2008-2 独立服务器加入到 long.com 域，将 win2008-2 提升为 long.com 的成员服务器。其步骤如下。

① 首先在 win2008-2 服务器上，确认"本地连接"属性中的 TCP/IP 首选 DNS 指向了 long.com 域的 DNS 服务器，即 10.10.10.1。

② 单击"开始"→"控制面板"→"系统和安全"→"系统"→"高级系统设置"，弹出"系统属性"对话框，选择"计算机名"选项卡，单击"更改"按钮，弹出"计算机名/域更改"对话框，如图 4-110 所示。

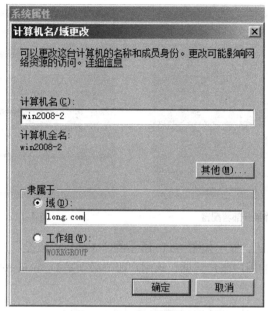

图 4-110 "计算机名/域更改"对话框

③ 在"隶属于"选项区域中，选择"域"单选按钮，并输入要加入的域的名字 long.com，单击"确认"按钮。

④ 输入有权限加入该域的账户的名称和密码，确定后重新启动计算机即可。

提示

> Windows 2003 的计算机要加入到域中的步骤和 Windows Server 2008 加入到域中的步骤是一样的。

5．安装额外的域控制器

在一个域中可以有多台域控制器，和 Windows NT 4.0 不一样，Windows Server 2008 的域中的不同的域控制器的地位是平等的，它们都有所属域的活动目录的副本，多个域控制器可以分担用户登录时的验证任务，提高用户登录效率，同时还能防止单一域控制器的失败而导致网络的瘫痪。在域中的某一域控制器上添加用户时，域控制器会把活动目录的变化复制到域中别的域控制器上。在域中安装额外的域控制器，需要把活动目录从原有的域控制器复制到新的服务器上。

下面以图 4-91 中的 win2008-2 服务器为例说明添加的过程。

① 首先要在 win2008-2 服务器上检查"本地连接"属性，确认 win2008-2 服务器和现在的域控制器 win2008-1 能否正常通信；更为关键的是要确认"本地连接"属性中 TCP/IP 的首选 DNS 指向了原有域中支持活动目录的 DNS 服务器，本例中是 win2008-1，其 IP 地址为10.10.10.1（win2008-1 既是域控制器，又是 DNS 服务器）。

② 安装 Active Directory 域服务。操作方法与安装第一台域控制器的完全相同。

③ 启动 Active Directory 安装向导，当显示"选择某一部署配置"对话框时，选择"现有林"单选按钮，并选择"向现有域添加域控制器"单选按钮，如图 4-111 所示。

④ 单击"下一步"按钮，显示如图 4-112 所示的"网络凭据"对话框。在"键入位于计划安装此域控制器的林中任何域的名称"文本框中输入主域的域名。域林中可以存在多个主域控制器，彼此之间通过信任关系建立连接。

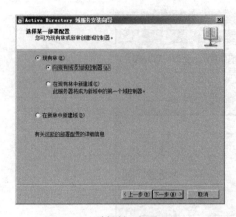

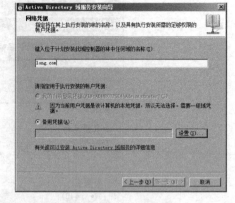

图 4-111 选择某一部署配置　　　　　　　图 4-112 网络凭据

⑤ 单击"设置"按钮，显示如图 4-113 所示的"Windows 安全"对话框。需要指定可以通过相应主域控制器验证的用户账户凭据，该用户账户必须是 Domain Admins 组，拥有域管理员权限。

图 4-113 Windows 安全-网络凭据

⑥ 单击"确定"按钮返回"网络凭据"对话框。单击"下一步"按钮，显示如图 4-114 所示的"选择一个域"对话框，为该额外域控制器选择域。在"域"列表框中选择主域控制器所在的域 long.com。

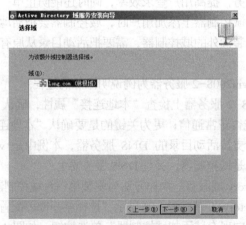

图 4-114 "选择一个域"对话框

⑦ 单击"下一步"按钮，显示"请选择一个站点"对话框，在"站点"列表框中选择站点。
⑧ 单击"下一步"按钮，显示如图 4-115 所示的"其他域控制器选项"对话框，勾选 "全

局编录"复选框，将额外域控制器作为全局编录服务器。由于当前存在一个注册为该域的权威性名称服务器的 DNS 服务器，所以可以不勾选"DNS 服务器"。当然也可勾选"DNS 服务器"。

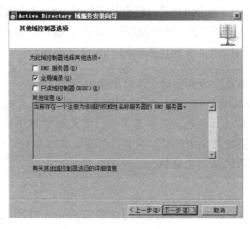

图 4-115　"其他域控制器选项"对话框

⑨ 单击"下一步"按钮，完成设置数据库、日志文件和 SYSVOL 的位置，并设置目录服务还原模式的 Administrator 密码等操作，然后开始安装并配置 Active Directory 域服务。

⑩ 配置完成以后，显示"完成 Active Directory 域服务安装向导"对话框，域的额外域控制器安装完成。

⑪ 单击"完成"按钮，根据系统提示重新启动计算机，并使用域用户账户登录到域。

6．转换服务器角色

Windows Server 2008 服务器在域中可以有 3 种角色：域控制器、成员服务器和独立服务器。当一台 Windows Server 2008 成员服务器安装了活动目录后，服务器就成为域控制器，域控制器可以对用户的登录等进行验证；然而 Windows Server 2008 成员服务器可以仅仅加入到域中，而不安装活动目录，这时服务器的主要目的是为了提供网络资源，这样的服务器称为成员服务器。严格说来，独立服务器和域没有什么关系，如果服务器不加入到域中也不安装活动目录，服务器就称为独立服务器。服务器的这 3 个角色的改变如图 4-116 所示。

图 4-116　服务器角色的变化

（1）域控制器降级为成员服务器

在域控制器上把活动目录删除，服务器就降级为成员服务器了。下面以图 4-91 中的win2008-2 降级为例，介绍具体步骤。

① 删除活动目录注意要点。

用户删除活动目录也就是将域控制器降级为独立服务器。降级时要注意以下三点。

a．如果该域内还有其他域控制器，则该域会被降级为该域的成员服务器。

b. 如果这个域控制器是该域的最后一个域控制器，则被降级后，该域内将不存在任何域控制器了。因此，该域控制器被删除，而该计算机被降级为独立服务器。

c. 如果这台域控制器是"全局编录"，则将其降级后，它将不再担当"全局编录"的角色，因此请先确定网络上是否还有其他的"全局编录"域控制器。如果没有，则要先指派一台域控制器来担当"全局编录"的角色，否则将影响用户的登录操作。

> 指派"全局编录"的角色时，可以依次打开"开始"→"管理工具"→"Active Directory 站点和服务"→"Sites"→"Default-First-Site-Name"→"Servers"，展开要担当"全局编录"角色的服务器名称，用鼠标右键单击"NTDS Settings 属性"选项，在弹出的快捷菜单中选择"属性"选项，在显示的"NTDS Settings 属性"对话框中选中"全局编录"复选框。

② 删除活动目录。

a. 以管理员身份登录 win2008-2，直接运行命令 dcpromo 打开"Active Directory 域服务删除向导"。但如果该域控制器是"全局编录"服务器，就会显示图 4-117 所示的提示框。

b. 如图 4-118 所示，若该计算机是域中的最后一台域控制器，请选中"这个服务器是域中的最后一个域控制器"复选框，则降级后变为独立服务器，此处由于 long.com 还有一个域控制器 win2008-1.long.com，所以不勾选复选框。单击"下一步"按钮。

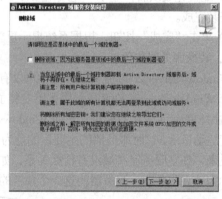

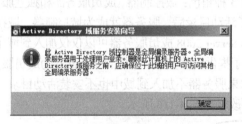

图 4-117　"删除 AD 提示"窗口　　　　图 4-118　指明是否是域中的最后一个域控制器

③ 接下来输入删除 Active Directory 域服务后的管理员 administrator 的新密码，单击"下一步"按钮；确认从服务器上删除活动目录后，服务器将成为 long.com 域上的一台成员服务器。确定后，安装向导从该计算机删除活动目录。删除完毕后重新启动计算机，这样就把域控制器降级为成员服务器了。

（2）成员服务器降级为独立服务器

Win2008-2 删除 Active Directory 域服务后，降级为域 long.com 的成员服务器。现在将该成员服务器继续降级为独立服务器。

首先在 win2008-2 上以管理员身份登录。登录成功后单击"开始"→"控制面板"→"系统和安全"→"系统"→"高级系统设置"，弹出"系统属性"对话框，选择"计算机名"选项卡，单击"更改"按钮；弹出"计算机名称更改"对话框；在"隶属于"选项区域中，选择"工作组"单选按钮，并输入从域中脱离后要加入的工作组的名字（本例 WORKGROUP），单击"确定"按钮；输入有权限脱离该域的账户的名称和密码，确定后重新启动计算机即可。

4.3.4 实训思考题

● 为什么要安装额外的域控制器？什么时候需要安装多个域树？
● 简述什么是活动目录、域、活动目录树和活动目录林。
● 为什么在域中常常需要 DNS 服务器？
● 活动目录中存放了什么信息？

4.3.5 实训报告要求

参见实训 1。

4.4 管理用户和组

4.4.1 实训目的

● 熟悉 Windows Server 2008 各种账户类型。
● 熟悉 Windows Server 2008 用户账户的创建和管理。
● 熟悉 Windows Server 2008 组账户的创建和管理。
● 掌握用户配置文件的创建与使用。

4.4.2 实训环境

1．网络环境

① 已建好的 l00Mbit/s 的以太网络，包含交换机（或集线器）、五类（或超五类）UTP 直通线若干、3 台以上计算机。

② 计算机配置要求 CPU 最低 1.4GHz 以上，内存不小于 1024MB，硬盘剩余空间不小于 10GB，有光驱和网卡。

2．软件

Windows Server 2008 X64 安装光盘，或硬盘中有全部的安装程序。

4.4.3 实训要求

在 4.3 节的基础上完成本实训，在域中的计算机上设置以下内容。

① 在域控制器 long.com 上建立本地域组 Student_ test，域账户 Userl、User2、User3、User4、User5，并将这 5 个账户加入到 Student_test 组中。

② 设置用户 Userl、User2 下次登录时要修改密码。

③ 设置用户 User3、User4、User5 不能更改密码并且密码永不过期。

④ 设置用户 Userl、User2 的登录时间是星期一至星期五的 9:00～17:00。

⑤ 设置用户 User3、User4、User5 的登录时间周一至周五的晚 17 点至第二天早 9 点以及周六、周日全天。

⑥ 设置用户 User3 只能从计算机 win2008-2 上登录；设置用户 User4 只能从计算机 win2008-2 上登录；设置用户 User5 只能从计算机 win2008-3 上登录。

⑦ 设置用户 User5 的账户过期日为"2014-08-01"。

⑧ 将 Windows Server 2008 内置的账户 Guest 加入到本地域组 Student_test。

⑨ Userl、User2 用户创建并使用漫游用户配置文件，要求桌面显示"计算机"、"网络"、"控制面板"、"用户文件"等常用的图标。

⑩ User3、User4、User5 创建并使用强制性用户配置文件，要求桌面显示"计算机"、"网络"、"控制面板"、"用户文件"等常用的图标。

4.4.4　实训思考题

- 分析用户、组和组织单元的关系。
- 简述用户账户的管理方法与注意事项。
- 简述组的管理方法。

4.4.5　实训报告要求

参见实训 1。

4.4.6　实训建议

针对各高职高专网络实验室的现状，对本项目及以后项目的相关实训提出如下建议：① 学生每 3～6 人组成一个小组，每小组配置 3～6 台计算机，内存配置要求高于普通计算机 1～2 倍；② 最好安装 Windows Server 2008 X64 位系统并配置完好 Hyper-V，利用 Hyper-V 搭建虚拟网络实训环境；③ 如果不支持 Hyper-V，请在每台计算机上均安装虚拟机软件 VMware Workstation 9.0，利用虚拟机虚拟多个操作系统并组成虚拟局域网来完成各项实训的相关设置；④ 养成良好习惯，每做完一个实验，就利用虚拟机保存一个还原点，以方便后续实训的相关操作。

4.5　管理基本磁盘与动态磁盘

4.5.1　实训目的

- 熟悉 Windows Server 2008 基本磁盘管理的相关操作。
- 掌握 Windows Server 2008 在动态磁盘上创建各种类型的卷。
- 掌握 Windows Server 2008 的备份与还原操作。

4.5.2　实训环境

1．网络环境

① 已建好的 100Mbit/s 的以太网络，包含交换机（或集线器）、五类（或超五类）UTP 直通线若干、3 台及以上计算机。

② 计算机配置要求 CPU 最低 1.4GHz 以上，内存不小于 1024MB，硬盘剩余空间不小于 10GB，有光驱和网卡。

2．软件

Windows Server 2008 X64 安装光盘，或硬盘中有全部的安装程序。

4.5.3　实训要求

在安装了 Windows Server 2008 的虚拟机上完成如下操作。

① 在安装了 Windows Server 2008 的虚拟机 win2008-1 上（有一块硬盘，硬盘分区为 C、D、E），添加 5 块虚拟硬盘（磁盘 1、磁盘 2、磁盘 3、磁盘 4、磁盘 5），类型为 SCSI，大小为 4GB，并初始化新添加的硬盘。

② 利用 Windows Server 2008 的"磁盘管理"，在磁盘 1、磁盘 2 创建磁盘镜像（RAID 1），大小为 1GB，盘符为 G。

③ 利用 Windows Server 2008 的"磁盘管理"，在磁盘 3、磁盘 4、磁盘 5 创建 RAID 5，大小为 2233MB，盘符为 H。

④ 利用 Windows Server 2008 的"磁盘管理"，在磁盘 1、磁盘 2、磁盘 3、磁盘 4、磁盘 5 创建带区卷，每个硬盘使用了 800MB 空间，总大小为 4000MB，盘符为 I。

⑤ 利用 Windows Server 2008 的"磁盘管理"，对 E 盘在磁盘 1、磁盘 3 上进行扩展，在磁盘 1 上扩展 2271MB，在磁盘 3 上扩展 1062MB 空间。

⑥ 编辑虚拟机的配置文件，将虚拟硬盘磁盘 3 删除来模拟硬盘损坏，同时添加一块新硬盘（大小为 7GB），恢复 RAID 5 卷的数据。

⑦ 对整个服务器创建一个备份计划，要求凌晨 2:00 对数据进行备份，备份至光盘。对服务器 D 盘创建一个一次性备份，备份至 E 盘。

4.5.4　实训指导

本节内容相对简单，下面仅对部分内容作指导性说明。

1．建立 RAID 5 动态磁盘卷

在 Windows Server 2008 动态磁盘上建立卷，与在基本磁盘上建立分区的操作类似。下面以创建 RAID-5 卷为例建立 1000MB 的动态磁盘卷。

① 以管理员身份登录 win2008-2，将磁盘 1-4 转换为动态磁盘。

② 在要磁盘 2 的未分配空间上单击鼠标右键，在弹出的快捷菜单中选择 "新建 RAID-5 卷"选项，打开"新建卷向导"对话框。

③ 单击"下一步"按钮，打开选择磁盘对话框，如图 4-119 所示。选择要创建的 RAID-5 卷需要使用的磁盘，选择空间容量为 1000MB。对于 RAID-5 卷来说，至少需要选择 3 个以上动态磁盘。我们选择磁盘 2-4。

④ 为 RAID-5 卷指定驱动器号和文件系统类型，完成向导设置。

⑤ 建立完成的 RAID-5 卷如图 4-120 所示。

建立其他类型动态卷的方法与此类似，用鼠标右键单击动态磁盘的未分配空间，出现选择菜单，按需要在菜单中选择相应选项，完成不同类型动态卷的建立即可，不再一一叙述。

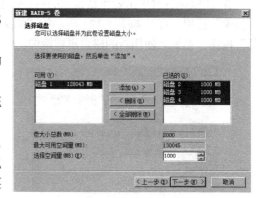

图 4-119　为 RAID-5 卷选择磁盘

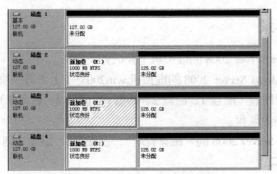

图 4-120　建立完成的 RAID 5 卷

2．维护动态卷

（1）维护镜像卷

在 win2008-2 上提前建立镜像卷 F，容量为 50MB，使用磁盘 1 和磁盘 2。在 F 盘上存储一个文件夹 test，供测试用。

不再需要镜像卷的容错能力时，可以选择将镜像卷中断。方法是右击镜像卷，选择"中断镜卷"、"删除镜像"或"删除卷"。

- 如果选择"中断镜卷"，中断后的镜像卷成员，会成为两个独立的卷，不再容错。
- 如果选择"删除镜像"，则选中的磁盘上的镜像卷被删除，不再容错。
- 如果选择"删除卷"，则镜像卷成员会被删除，数据将会丢失。

如果包含部分镜像卷的磁盘已经断开连接，磁盘状态会显示为"脱机"或"丢失"。要重新使用这些镜像卷，可以尝试重新连接并激活磁盘。方法是在要重新激活的磁盘上单击鼠标右键，并在弹出的快捷菜单中选择"重新激活磁盘"选项。

如果包含部分镜像卷的磁盘丢失并且该卷没有返回到"良好"状态，则应当用另一个磁盘上的新镜像替换出现故障的镜像。具体方法如下。

① 在显示为"丢失"或"脱机"的磁盘上单击鼠标右键并删除镜像，如图 4-121 所示。然后查看系统日志以确定磁盘或磁盘控制器是否出现故障。如果出现故障的镜像卷成员位于有故障的控制器上，则在有故障的控制器上安装新的磁盘并不能解决问题。

② 使用新磁盘替换损坏的磁盘。

③ 用鼠标右键单击要重新镜像的卷（不是已删除的卷），然后在弹出的快捷菜单中选择"添加镜像"选项，打开如图 4-122 所示的"添加镜像"对话框。选择合适的磁盘后单击"添加镜像"按钮，系统会使用新的磁盘重建镜像。

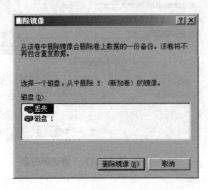

图 4-121　从损坏的磁盘上删除镜像

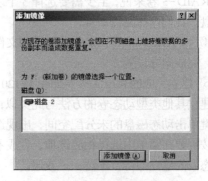

图 4-122　"添加镜像"对话框

（2）维护 RAID-5

在 win2008-2 上提前建立 RAID-5 卷 E，容量为 50MB，使用磁盘 2-4。在 E 盘上存储一个文件夹 test，供测试用。

对于 RAID-5 卷的错误，首先右键单击卷并选择"重新激活磁盘"选项进行修复。如果修复失败，则需要更换磁盘并在新磁盘上重建 RAID-5 卷。RAID-5 卷的故障恢复过程如下。

① 在"磁盘管理"控制台，右键单击将要修复的 RAID-5 卷，选择"重新激活卷"选项。

② 由于卷成员磁盘失效，所以将会弹出"缺少成员"的消息框，在消息框中单击"确定"按钮。

③ 再次右键单击将要修复的 RAID-5 卷，在弹出菜单中选择"修复卷"选项。

④ 在"RAID-5 修复卷"对话框中，选择新添加的动态磁盘，然后单击"确定"按钮。

⑤ 在磁盘管理器中，可以看到 RAID-5 在新磁盘上重新建立，并进行数据的同步操作，同步完成后，RAID-5 卷的故障则被修复成功。

4.5.5　实训思考题

- 简述基本磁盘与动态磁盘的区别。
- 磁盘碎片整理的作用是什么？
- Windows Server 2008 中支持的动态卷类型有哪些？各有何特点？
- 基本磁盘转换为动态磁盘应注意什么问题？如何转换？
- 如何限制某个用户使用服务器上的磁盘空间？

4.5.6　实训报告要求

参见实训 1。

4.6　配置与管理 DNS 服务器

4.6.1　实训目的

- 掌握 DNS 的安装与配置。
- 掌握两个以上的 DNS 服务器的建立与管理。
- 掌握 DNS 正向查询和反向查询的功能及配置方法。
- 掌握各`种 DNS 服务器的配置方法。
- 掌握 DNS 资源记录的规划和创建方法。

4.6.2　实训环境

1．部署需求

在部署 DNS 服务器前需满足以下要求：

- 设置 DNS 服务器的 TCP/IP 属性，手工指定 IP 地址、子网掩码、默认网关和 DNS 服务器地址等；
- 部署域环境，域名为 long.com。

2．部署环境

所有实例部署在同一个域环境下，域名为 long.com。其中 DNS 服务器主机名为 win2008-1，其本身也是域控制器，IP 地址为 10.10.10.1。DNS 客户机主机名为 win2008-2，其本身是域成员服务器，IP 地址为 10.10.10.2。这两台计算机都是域中的计算机，具体网络拓扑如图 4-123 所示。

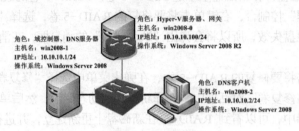

角色：Hyper-V服务器、网关
主机名：win2008-0
IP地址：10.10.10.100/24
操作系统：Windows Server 2008 R2

角色：域控制器、DNS服务器
主机名：win2008-1
IP地址：10.10.10.1/24
操作系统：Windows Server 2008

角色：DNS客户机
主机名：win2008-2
IP地址：10.10.10.2/24
操作系统：Windows Server 2008

图 4-123　架设 DNS 服务器网络拓扑图

4.6.3　实训要求

- 添加 DNS 服务器。
- 部署主 DNS 服务器。
- 创建资源记录。
- 配置 DNS 客户端并测试主 DNS 服务器的配置。

4.6.4　实训步骤

1．安装 DNS 服务器角色

在安装 Active Directory 域服务角色时，可以选择一起安装 DNS 服务器角色，如时那时没有安装，那么可以在计算机"win2008-1"上通过"服务器管理器"安装 DNS 服务器角色，具体步骤如下。

① 以域管理员账户登录到 win2008-1。选择"开始"→"管理工具"→"服务器管理器"→"角色"选项，然后在控制台右侧中单击"添加角色"按钮，启动"添加角色向导"，单击"下一步"按钮，显示如图 4-124 所示的"选择服务器角色"对话框，在"角色"列表中，勾选"DNS 服务器"复选框。

图 4-124　"选择服务器角色"对话框

② 单击"下一步"按钮，显示"DNS服务器"对话框，简要介绍其功能和注意事项。

③ 单击"下一步"按钮，出现"确认安装选择"对话框，在域控制器上安装DNS服务器角色，区域将与Active Directory域服务集成在一起。

④ 单击"安装"按钮开始安装DNS服务器，安装完毕，最后单击"关闭"按钮，完成DNS服务器角色的安装。

2．DNS服务的停止和启动

要启动或停止DNS服务，可以使用net命令、"DNS管理器"控制台或"服务"控制台，具体步骤如下。

（1）使用net命令

以域管理员账户登录到win2008-1，单击左下角的PowerShell按钮![btn]，输入命令"net stop dns"停止DNS服务，输入命令"net star dns"启动DNS服务。

（2）使用"DNS管理器"控制台

单击"开始"→"管理工具"→"DNS"，打开DNS管理器控制台，在左侧控制台树中用鼠标右键单击服务器win2008-1，在弹出的菜单中选择"所有任务"→"停止"或"启动"或"重新启动"即可停止或启动DNS服务。如图4-125所示。"

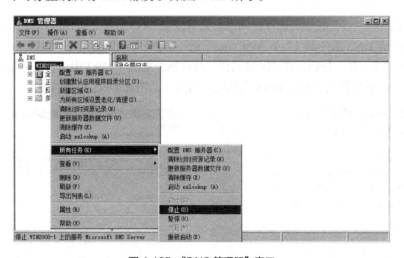

图4-125 "DNS管理器"窗口

（3）使用"服务"控制台

单击"开始"→"管理工具"→"DNS"，打开"服务"控制台，找到"DNS Server"服务，选择"启动"或"停止"操作即可启动或停止DNS服务。

3．部署主DNS服务器的DNS区域

在域控制器上安装完DNS服务器角色之后，将存在一个与Active Directory域服务集成的区域。

（1）创建正向主要区域

在DNS服务器上创建正向主要区域"long.com"，具体步骤如下。

① 在win2008-1上，单击"开始"→"管理工具"→"DNS"，打开DNS管理器控制台，展开DNS服务器目录树，如图4-126所示。用鼠标右键单击"正向查找区域"选项，在弹出的快捷菜单中选择"新建区域"选项，显示"新建区域向导"。

② 单击"下一步"按钮，出现如图4-127所示"区域类型"对话框，用来选择要创建的区

域的类型，有"主要区域"、"辅助区域"和"存根区域"三种。若要创建新的区域时，应当选中"主要区域"单选按钮。

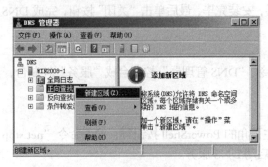

图 4-126　DNS 控制台

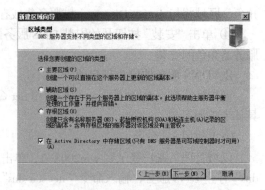

图 4-127　区域类型

如果当前 DNS 服务器上安装了 Active Directory 服务，则"在 Active Directory 中存储区域"复选框将自动选中。

③　单击"下一步"按钮，选择在网络上如何复制 DNS 数据，本例选择"至此域中域控制器上运行的所有 DNS 服务器（D）：long.com"选项。如图 4-128 所示。

④　单击"下一步"按钮，在"区域名称"对话框（见图 4-129）中设置要创建的区域名称，如 long.com。区域名称用于指定 DNS 名称空间的部分，由此 DNS 服务器管理。

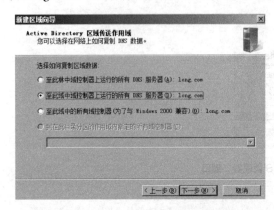

图 4-128　Active Directory 区域传送作用域

图 4-129　区域名称

⑤　单击"下一步"按钮，选择"只允许安全的动态更新"选项。

⑥　单击"下一步"按钮，显示新建区域摘要。单击"完成"按钮，完成区域创建。

由于是活动目录集成的区域，不指定区域文件。否则指定区域文件 long.com.dns。

（2）创建反向主要区域

反向查找区域用于通过 IP 地址来查询 DNS 名称。创建的具体过程如下。

①　在 DNS 控制台中，选择反向查找区域，右键单击，在弹出的快捷菜单中选择新建区域（见图 4-130），并在区域类型中选择"主要区域"（见图 4-131）。

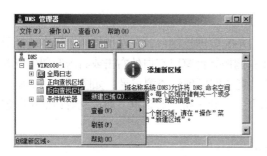

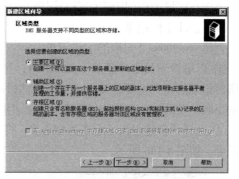

| 图 4-130　新建反向查找区域 | 图 4-131　选择区域类型 |

② 在"反向查找区域名称"对话框，选择"IPv4 反向查找区域"选项，如图 4-132 所示。

③ 在如图 4-133 所示的对话框中输入网络 ID 或者反向查找区域名称，本例中输入的是网络 ID，区域名称根据网络 ID 自动生成。例如，当输入了网络 ID 为 10.10.10.0，反向查找区域的名称自动为 10.10.10.in-addr.arpa。

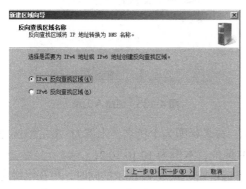

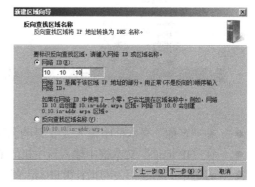

| 图 4-132　反向查找区域名称-IPv4 | 图 4-133　反向查找区域名称-网络 ID |

④ 单击"下一步"按钮，选择"只允许安全的动态更新"选项。

⑤ 单击"下一步"按钮，显示新建区域摘要。单击"完成"按钮，完成区域创建。如图 4-134 所示为创建后的效果。

图 4-134　创建正反向区域后的 DNS 管理器

4．创建资源记录

DNS 服务器需要根据区域中的资源记录提供该区域的名称解析。因此，在区域创建完成之后，需要在区域中创建所需的资源记录。

（1）创建主机记录

创建 win2008-2 对应的主机记录。

① 以域管理员账户登录 win2008-1，打开 DNS 管理控制台，在左侧控制台树中选择要创建资源记录的正向主要区域 long.com，然后在右侧控制台窗口空白处右击或右击要创建资源记录的正向主要区域，在弹出的菜单中选择相应功能项即可创建资源记录，如图 4-135 所示。

② 选择"新建主机（A 或 AAAA）"，将打开"新建主机"对话框，通过此对话框可以创建 A 记录，如图 4-136 所示。

图 4-135　创建资源记录

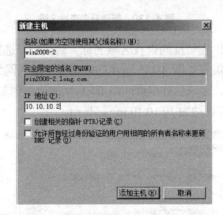

图 4-136　创建 A 记录

- 在"名称"文本框中输入 A 记录的名称，该名称即为主机名，本例为"win2008-2"；
- 在"IP 地址"文本框中输入该主机的 IP 地址，本例为 10.10.10.2；
- 若选中"创建相关的指针(PTR)记录"复选框则在创建 A 记录的同时，可在已经存在的相对应的反向主要区域中创建 PTR 记录。若之前没有创建对应的反向主要区域，则不能成功创建 PTR 记录。本例不选中，后面单独建立 PTR 记录。

（2）创建别名记录

win2008-2 同时还是 Web 服务器，为其设置别名 www。步骤如下。

在图 4-135 中，选择"新建别名(CNAME)"，将打开"新建资源记录"对话框的"别名(CNAME)"选项卡，通过此选项卡可以创建 CNAME 记录，如图 4-137 所示。

在"别名（CNAME）"文本框中输入一个规范的名称（本例为 www），单击"浏览"按钮，选中起别名的目的服务器（本例 win2008-2.long.com）。或者直接输入目的服务器的名字。在"目标主机的完全合格的域名（FQDN）"中输入需要定义别名的完整 DNS 域名。

（3）创建邮件交换器记录

在图 4-135 中，选择"新建邮件交换器（MX）"，将打开"新建资源记录"对话框的"邮件交换器（MX）选项卡，通过此选项卡可以创建 MX 记录，如图 4-138 所示。

- 在"主机或子域"文本框中输入 MX 记录的名称，该名称将与所在区域的名称一起构成邮件地址中"@"右面的后缀。例如邮件地址为 yy@long.com，则应将 MX 记录的名称设置为空（即使用其中所属域的名称 long.com）；如果邮件地址为 yy@mail.long.com，则应将输入 mail 为 MX 记录的名称记录。本例输入"mail"。
- 在"邮件服务器的完全合格的域名(FQDN)"文本框中输入该邮件服务器的名称（此

名称必须是已经创建的对应于邮件服务器的 A 记录）。本例为"win2008-2.long.com"。

● 在"邮件服务器优先级"文本框中设置当前 MX 记录的优先级；如果存在两个或更多的 MX 记录，则在解析时将首选优先级高的 MX 记录。

图 4-137　创建 CNAME 记录

图 4-138　创建 MX 记录

（4）创建指针记录

① 以域管理员账户登录 win2008-1，打开 DNS 管理控制台。

② 在左侧控制台树中选择要创建资源记录的反向主要区域 10.10.10.in-addr.arpa，然后在右侧控制台窗口空白处右击或右击要创建资源记录的反向主要区域，在弹出的菜单中选择"新建指针（PTR）"（如图 4-139 所示）命令，在打开的"新建资源记录"对话框的"指针（PTR）"选项卡中即可创建 PTR 记录（如图 4-140 所示）。

图 4-139　创建 PTR 记录（1）

图 4-140　创建 PTR 记录（2）

③ 资源记录创建完成之后，在 DNS 管理控制台中和区域数据库文件中都可以看到这些资源记录，如图 4-141 所示。

图 4-141　通过 DNS 管理控制台查看反向区域中的资源记录

> **注意** 如果区域是和 Active Directory 域服务集成,那么资源记录将保存到活动目录中;如果不是和 Active Directory 域服务集成,那么资源记录将保存到区域文件。默认 DNS 服务器的区域文件存储在 "c:\windows\system32\dns" 下。若不集成活动目录,则本例正向区域文件为 long.com.dns,反向区域文件为 10.10.10.in-addr.arpa.dns。这两个文件可以用记事本打开。

5. 配置 DNS 客户端并测试主 DNS 服务器

（1）配置 DNS 客户端

可以通过手工方式来配置 DNS 客户端，也可以通过 DHCP 自动配置 DNS 客户端（要求 DNS 客户端是 DHCP 客户端）。

① 以管理员账户登录 DNS 客户端计算机 win2008-2，打开 "Internet 协议版本 4（TCP/IPv4）属性" 对话框，在 "首选 DNS 服务器" 编辑框中设置所部署的主 DNS 服务器 win2008-1 的 IP 地址 "10.10.10.1"（如图 4-142 所示），最后单击 "确定" 按钮即可。

图 4-142　配置 DNS 客户端，指定 DNS 服务器的 IP 地址

> **思考**：在 DNS 客户端的设置中，并没有设置受委派服务器 jwdns 的 IP 地址，那么从客户端上能不能查询到 jwdns 服务器上的资源?

② 通过 DHCP 自动配置 DNS 客户端。这部分内容请参考后面的"项目 8 配置与管理 DHCP 服务器"。

（2）非交互模式测试 DNS 服务器

部署完主 DNS 服务器并启动 DNS 服务后，应该对 DNS 服务器进行测试，最常用的测试工具是 nslookup 和 ping 命令。

nslookup 是用来进行手动 DNS 查询的最常用工具，可以判断 DNS 服务器是否工作正常。如果有故障的话，可以判断可能的故障原因。它的一般命令用法如下。

nslookup　[-option…]　[host to find]　[sever]

这个工具可以用于两种模式：非交互模式和交互模式。

非交互模式，要从命令行输入完整的命令，如：

C:\>nslookup　www.long.com

（3）交互模式测试 DNS 服务器

输入 nslookup 并按回车键，不需要参数，就可以进入交互模式。在交互模式下直接输入 FQDN 进行查询。

任何一种模式都可以将参数传递给 nslookup，但在域名服务器出现故障时更多地使用交互模式。在交互模式下，可以在提示符 ">" 下输入 help 或 "?" 来获得帮助信息。

下面在客户端 win2008-2 的交互模式下测试上面部署的 DNS 服务器。

① 进入PowerShell或者在"运行"中输入"CMD"，进入nslookup测试环境。

```
PS C:\Users\Administrator> nslookup
默认服务器:  win2008-1.long.com
Address:  10.10.10.1
```

② 测试主机记录。

```
> win2008-2.long.com
服务器:  win2008-1.long.com
Address:  10.10.10.1

名称:      win2008-2.long.com
Address:  10.10.10.2
```

③ 测试正向解析的别名记录。

```
> www.long.com
服务器:  win2008-1.long.com
Address:  10.10.10.1

名称:      win2008-2.long.com
Address:  10.10.10.2
Aliases:  www.long.com
```

④ 测试MX记录。

```
> set type=mx
> long.com
服务器:  win2008-1.long.com
Address:  10.10.10.1

long.com
        primary name server = win2008-1.long.com
        responsible mail addr = hostmaster.long.com
        serial  = 30
        refresh = 900 (15 mins)
        retry   = 600 (10 mins)
        expire  = 86400 (1 day)
        default TTL = 3600 (1 hour)
```

说明：set type 表示设置查找的类型；set type=MX，表示查找邮件服务器记录；

set type=cname，表示查找别名记录；set type=A，表示查找主机记录；

set type=PRT，表示查找指针记录；set type=NS，表示查找区域。

⑤ 测试指针记录。

```
> set type=ptr
> 10.10.10.1
服务器:  win2008-1.long.com
Address:  10.10.10.1

1.10.10.10.in-addr.arpa name = win2008-1.long.com
> 10.10.10.2
服务器:  win2008-1.long.com
Address:  10.10.10.1

2.10.10.10.in-addr.arpa name = win2008-2.long.com
```

⑥ 查找区域信息，结束退出 nslookup 环境。

```
> set type=ns
> long.com
服务器:  win2008-1.long.com
Address:  10.10.10.1

long.com          nameserver = win2008-1.long.com
win2008-1.long.com        internet address = 10.10.10.1
> exit
PS C:\Users\Administrator>
```

做一做：可以利用"ping 域名或 IP 地址"简单测试 DNS 服务器与客户端的配置，请读者不妨试一试。

（4）管理 DNS 客户端缓存

① 进入 PowerShell 或者在"运行"中输入"CMD"，进入命令提示符。

② 查看 DNS 客户端缓存。

C:\>ipconfig /displaydns

③ 清空 DNS 客户端缓存。

C:\>ipconfig /flushdns

4.6.5 实训思考题

- DNS 服务的工作原理是什么？
- 要实现 DNS 服务，服务器和客户端各自应如何配置？
- 如何测试 DNS 服务是否成功？
- 如何实现不同的域名转换为同一个 IP 地址？
- 如何实现不同的域名转换为不同的 IP 地址？

4.6.6 实训报告要求

参见实训 1。

4.7 配置与管理 DHCP 服务器

4.7.1 实训目的

- 熟悉 Windows Server 2008 的 DHCP 服务器的安装。
- 掌握 Windows Server 2008 的 DHCP 服务器配置。
- 熟悉 Windows Server 2008 的 DHCP 客户端的配置。

4.7.2 实训环境

1．实训项目设计

部署 DHCP 之前应该先进行规划，明确哪些 IP 地址用于自动分配给客户端（即作用域中应包含的 IP 地址），哪些 IP 地址用于手工指定给特定的服务器。例如，在项目中，将 IP 地址 10.10.10.1~200/24 用于自动分配，将 IP 地址 10.10.10.100/24、10.10.10.1/24 排除，预留给需要手工指定 TCP/IP 参数的服务器，将 10.10.10.200/24 用作保留地址等。

根据如图 4-143 所示的环境来部署 DHCP 服务。

图 4-143 架设 DHCP 服务器的网络拓扑图

用于手工配置的 IP 地址，一定要排除掉或者是地址池之外的地址（如图 4-143 中的 10.10.10.100/24 和 10.10.10.1/24），否则会造成 IP 地址冲突。请思考，为什么？

2．实训项目需求准备

部署 DHCP 服务应满足下列需求。

（1）安装 Windows Server 2008 标准版、企业版或数据中心版等服务器端操作系统的计算机一台，用作 DHCP 服务器。

（2）DHCP 服务器的 IP 地址、子网掩码、DNS 服务器等 TCP/IP 参数必须手工指定，否则将不能为客户端分配 IP 地址。

（3）DHCP 服务器必须要拥有一组有效的 IP 地址，以便自动分配给客户端。

4.7.3 实训要求

- 添加 DHCP 服务器。
- 授权 DHCP 服务器。
- 创建 DHCP 作用域。
- 配置超级作用域。

- 配置 DHCP 客户端并测试。
- 维护 DHCP 服务器。

4.7.4 实训步骤

1.安装 DHCP 服务器角色

① 以域管理员账户登录 win2008-1。单击"开始"→"管理工具"→"服务器管理器"，打开"服务器管理器"窗口，在"角色摘要"区域中单击"添加角色"超级链接，启动"添加角色向导"。

② 单击"下一步"按钮，显示如图 4-144 所示的"选择服务器角色"对话框，选择"DHCP 服务器"选项。

③ 单击"下一步"按钮，显示如图 4-145 所示的"DHCP 服务器简介"对话框，可以查看 DHCP 服务器概述以及安装时相关的注意事项。

图 4-144 "选择服务器角色"对话框   图 4-145 "DHCP 服务器简介"对话框

④ 单击"下一步"按钮，显示"选择网络连接绑定"对话框，选择向客户端提供服务的网络连接，如图 4-146 所示。

⑤ 单击"下一步"按钮，显示"指定 IPv4 DNS 服务器设置"对话框，输入父域名以及本地网络中所使用的 DNS 服务器的 IPv4 地址，如图 4-147 所示。

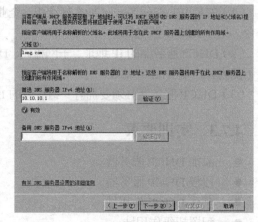

图 4-146 "选择网络连接绑定"对话框   图 4-147 "DNS 服务器设置-指定 IPv4 地址"对话框

⑥ 单击"下一步"按钮，显示"指定 IPv4 WJNS 服务器设置"对话框，选择是否要使用 WINS 服务，按默认值，选择不需要。

⑦ 单击"下一步"按钮，显示如图 4-148 所示的"添加或编辑 DHCP 作用域"对话框，可添加 DHCP 作用域，用来向客户端分配口地址。

⑧ 单击"添加"按钮，设置该作用域的名称、起始和结束 IP 地址、子网掩码，默认网关以及子网类型。勾选"激活此作用域"复选框，也可在作用域创建完成后自动激活。

⑨ 单击"确定"按钮后单击"下一步"按钮，在"配置 DHCPv6 无状态模式"对话框中选择"对此服务器禁用 DHCPv6 无状态模式"单选按钮（本书暂不涉及 DHCPv6 协议），如图 4-149 所示。

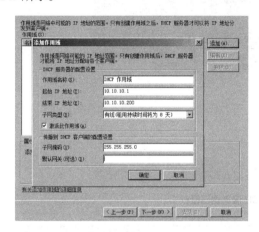

圈 4-148 "添加或编辑 DHCP 作用域"对话框　　图 4-149 "配置 DHCPv6 无状态模式"对话框

⑩ 单击"下一步"按钮，显示"确认安装选择"对话框，列出了已做的配置。如果需要更改，可单击"上一步"按钮返回。

⑪ 单击"安装"按钮，开始安装 DHCP 服务器。安装完成后，显示"安装结果"对话框，提示 DHCP 服务器已经安装成功。

⑫ 单击"关闭"按钮关闭向导，DHCP 服务器安装完成。单击"开始"→"管理工具"→"DHCP"，打开 DHCP 控制台，如图 4-150 所示，可以在此配置和管理 DHCP 服务器。

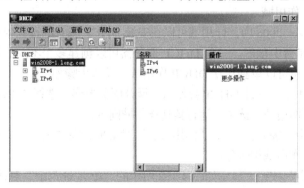

图 4-150 DHCP 控制台

2. 授权 DHCP 服务器

Windows Server 2008 为使用活动目录的网络提供了集成的安全性支持。针对 DHCP 服务器，它提供了授权的功能。通过这一功能可以对网络中配置正确的合法 DHCP 服务器进行授权，允许它们对客户端自动分配 IP 地址。同时，还能够检测未授权的非法 DHCP 服务器以及防止这些服务器在网络中启动或运行，从而提高了网络的安全性。

如果 DHCP 服务器是域的成员，并且在安装 DHCP 服务过程没有选择授权，那么在安装完成后就必须先进行授权，才能为客户端计算机提供 IP 地址，独立服务器不需要授权。步骤如下。

在图 4-150 中，右键单击 DHCP 服务器 win2008-1.long.com，选择快捷菜单中的"授权"选项，即可为 DHCP 服务器授权，重新打开 DHCP 控制台，显示 DHCP 服务器已授权。如图 4-151 所示。

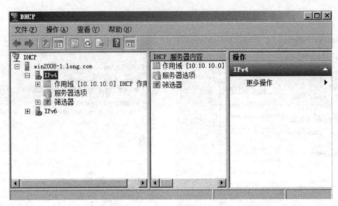

图 4-151 DHCP 服务器已授权

① 工作组环境中，DHCP 服务器肯定是独立的服务器，无需授权（也不能授权）即能向客户端提供 IP 地址；

② 域环境中，域控制器或成员身份的 DHCP 服务器，能够被授权，为客户端提供 IP 地址；

③ 域环境中，独立服务器身份的 DHCP 服务器不能被授权，若域中有被授权的 DHCP 服务器则该服务器不能为客户端提供 IP 地址，若域中没有被授权的 DHCP 服务则该服务器可以为客户端提供 IP 地址。

3．创建 DHCP 作用域

在 Windows Server 2008 中，作用域可以在安装 DHCP 服务的过程中创建，也可以在安装完成后在 DHCP 控制台中创建。一台 DHCP 服务器可以创建多个不同的作用域。如果在安装时没有建立作用域，也可以单独建立 DHCP 作用域。具体步骤如下。

① 在 win2008-1 上，打开 DHCP 控制台，展开服务器名，选择"IPv4"，右键单击并选择快捷菜单中的"新建作用域"选项，运行新建作用域向导。

② 单击"下一步"按钮，显示 "作用域名"对话框，在"名称"文本框中键入新作用域的名称，用来与其他作用域相区分。

③ 单击"下一步"按钮，显示如图 4-152 所示的"IP 地址范围"对话框。在"起始 IP 地址"和"结束 IP 地址"框中键入欲分配的 IP 地址范围。

由于采用了 A 类地址，且没有采用默认子网掩码，因此，应将图 4-152 中的默认子网掩码进行相应修改，改为 255.255.255.0。

④ 单击"下一步"按钮，显示如图4-153所示的"添加排除"对话框，设置客户端的排除地址。在"起始IP地址"和"结束IP地址"文本框中键入欲排除的IP地址或IP地址段，单击"添加"按钮，添加到"排除的地址范围"列表框中。

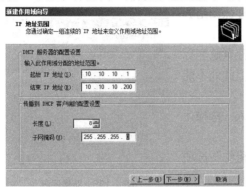
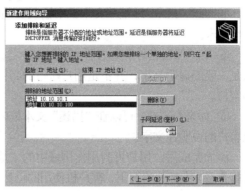

图4-152 "IP地址范围"对话框　　　　图4-153 "添加排除"对话框

⑤ 单击"下一步"按钮，显示"租用期限"对话框，设置客户端租用IP地址的时间。

⑥ 单击"下一步"按钮，显示"配置DHCP选项"对话框，提示是否配置DHCP选项，选择默认的"是，我想现在配置这些选项"单选按钮。

⑦ 单击"下一步"按钮，显示如图4-154所示的"路由器（默认网关）"对话框，在"IP地址"文本框中键入要分配的网关，单击"添加"按钮添加到列表框中。本例10.10.10.100。

⑧ 单击"下一步"按钮，显示"域名称和DNS服务器"对话框。在"父域"文本框中键入进行DNS解析时使用的父域，在"IP地址"文本框中键入DNS服务器的IP地址，单击"添加"按钮添加到列表框中，如图4-155所示。本例10.10.10.1。

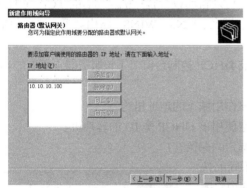
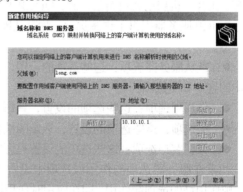

图4-154 "路由器（默认网关）"对话框　　　　图4-155 "域名称和DNS服务器"对话框

⑨ 单击"下一步"按钮，显示"WINS服务器"对话框，设置WINS服务器。如果网络中没有配置WINS服务器则不必设置。

⑩ 单击"下一步"按钮，显示"激活作用域"对话框，提示是否要激活作用域。建议使用默认的"是，我想现在激活此作用域"。

⑪ 单击"下一步"按钮，显示 "正在完成新建作用域向导"对话框。

⑫ 单击"完成"按钮，作用域创建完成并自动激活。

4．保留特定的IP地址

如果用户想保留特定的IP地址给指定的客户机，以便DHCP客户机在每次启动时都获得相同的IP地址，就需要将该IP地址与客户机的MAC地址绑定。设置步骤如下所示。

① 打开"DHCP"控制台，在左窗格中选择作用域中的"保留"项。

② 执行"操作"→"添加"命令，打开"添加保留"对话框，如图 4-156 所示。

③ 在 "IP 地址"文本框中输入要保留的 IP 地址。本例 10.10.10.200。

④ 在 "MAC 地址"文本框中输入 IP 地址要保留给哪一个网卡。

⑤ 在"保留名称"文本框中输入客户名称。注意此名称只是一般的说明文字，并不是用户账号的名称，但此处不能为空白。

⑥ 如果有需要，可以在"描述"文本框内输入一些描述此客户的说明性文字。

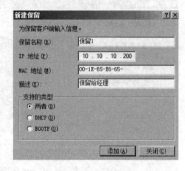

图 4-156 新建保留

添加完成后，用户可利用作用域中的"地址租约"选项进行查看。大部分情况下，客户机使用的仍然是以前的 IP 地址。也可用以下方法进行更新。

- ipconfig /release：释放现有 IP。
- ipconfig /renew：更新 IP。

如果在设置保留地址时，网络上有多台 DHCP 服务器存在，用户需要在其他服务器中将此保留地址排除，以便客户机可以获得正确的保留地址。

5．配置 DHCP 选项

DHCP 服务器除了可以为 DHCP 客户机提供 IP 地址外，还可以设置 DHCP 客户机启动时的工作环境，如可以设置客户机登录的域名称、DNS 服务器、WINS 服务器、路由器、默认网关等。在客户机启动或更新租约时，DHCP 服务器可以自动设置客户机启动后的 TCP/IP 环境。

DHCP 服务器提供了许多选项，如默认网关、域名、DNS、WINS、路由器等。选项包括 4 种类型。

- 默认服务器选项：这些选项的设置，影响 DHCP 控制台窗口下该服务器下所有的作用域中的客户和类选项。
- 作用域选项：这些选项的设置，只影响该作用域下的地址租约。
- 类选项：这些选项的设置，只影响被指定使用该 DHCP 类 ID 的客户机。
- 保留客户选项：这些选项的设置只影响指定的保留客户。

如果在服务器选项与作用域选项中设置了不同的选项，则作用域的选项起作用，即在应用时作用域选项将覆盖服务器选项，同理，类选项会覆盖作用域选项、保留客户选项覆盖以上 3 种选项，它们的优先级表示如下。

保留客户选项 > 类选项 > 作用域的选项 > 服务器选项

为了进一步了解选项设置，以在作用域中添加 DNS 选项为例，说明 DHCP 的选项设置。

① 打开"DHCP"对话框，在左窗格中展开服务器，选择"作用域选项"，执行"操作"→"配置选项"命令。

② 打开"作用域选项"对话框，如图 4-157 所示，在"常规"选项卡的"可用选项"列表中选择"006 DNS

图 4-157 设置作用域选项

服务器"复选框 ，输入 IP 地址。单击"确定"按钮结束。

6．配置超级作用域

超级作用域是运行 Windows Server 2008 的 DHCP 服务器的一种管理功能，当 DHCP 服务器上有多个作用域时，就可组成超级作用域，作为单个实体来管理。超级作用域常用于多网配置。多网是指在同一物理网段上使用两个或多个 DHCP 服务器以管理分离的逻辑 IP 网络。在多网配置中，可以使用 DHCP 超级作用域来组合多个作用域，为网络中的客户机提供来自多个作用域的租约。其网络拓扑如图 4-158 所示。

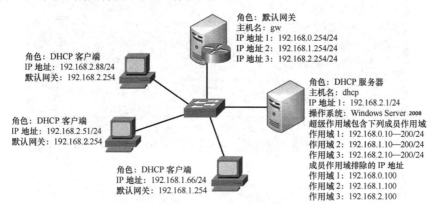

图 4-158　超级作用域应用实例

超级作用域设置方法如下。

① 在"DHCP"控制台中，右键单击 DHCP 服务器下的"IPv4"，在弹出的快捷菜单中选择"新建超级作用域"选项，打开"新建超级作用域向导"对话框。在"选择作用域"对话框中，可选择要加入超级作用域管理的作用域。

② 当超级作用域创建完成以后，会显示在"DHCP"控制台中，而且还可以将其他作用域也添加到该超级作用域中。

超级作用域可以解决多网结构中的某些 DHCP 部署问题，比较典型的情况就是当前活动作用域的可用地址池几乎已耗尽，而又要向网络添加更多的计算机，可使用另一个 IP 网络地址范围以扩展同一物理网段的地址空间。

　超级作用域只是一个简单的容器，删除超级作用域时并不会删除其中的子作用域。

7．配置 DHCP 客户端和测试

（1）配置 DHCP 客户端

目前常用的操作系统均可作为 DHCP 客户端，本任务仅以 Windows 平台为客户端进行配置。在 Windows 平台中配置 DHCP 客户端非常简单。

① 在客户端 win2008-2 上，打开"Internet 协议版本 4（TCP/IPv4）属性"对话框。

② 在对话框选中"自动获得 IP 地址"和"自动获得 DNS 服务器地址"两项即可。

　由于 DHCP 客户机是在开机的时候自动获得 IP 地址的，因此并不能保证每次获得的 IP 地址是相同的。

（2）测试 DHCP 客户端

在 DHCP 客户端上打开命令提示符窗口，通过 ipconfig /all 和 ping 命令对 DHCP 客户端进行测试，如图 4-159 所示。

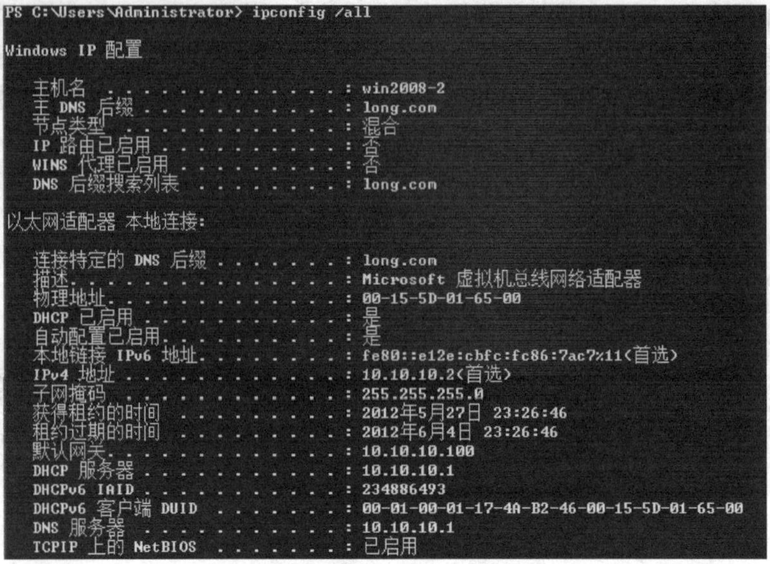

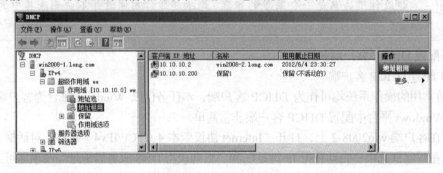

```
PS C:\Users\Administrator> ipconfig /all

Windows IP 配置

    主机名 . . . . . . . . . . . . . : win2008-2
    主 DNS 后缀 . . . . . . . . . . . : long.com
    节点类型 . . . . . . . . . . . . : 混合
    IP 路由已启用 . . . . . . . . . . : 否
    WINS 代理已启用 . . . . . . . . . : 否
    DNS 后缀搜索列表 . . . . . . . . . : long.com

以太网适配器 本地连接:

    连接特定的 DNS 后缀 . . . . . . . : long.com
    描述 . . . . . . . . . . . . . . : Microsoft 虚拟机总线网络适配器
    物理地址 . . . . . . . . . . . . : 00-15-5D-01-65-00
    DHCP 已启用 . . . . . . . . . . . : 是
    自动配置已启用 . . . . . . . . . . : 是
    本地链接 IPv6 地址 . . . . . . . . : fe80::e12e:cbfc:fc86:7ac7%11<首选>
    IPv4 地址 . . . . . . . . . . . . : 10.10.10.2<首选>
    子网掩码 . . . . . . . . . . . . : 255.255.255.0
    获得租约的时间 . . . . . . . . . . : 2012年5月27日 23:26:46
    租约过期的时间 . . . . . . . . . . : 2012年6月4日 23:26:46
    默认网关 . . . . . . . . . . . . : 10.10.10.100
    DHCP 服务器 . . . . . . . . . . . : 10.10.10.1
    DHCPv6 IAID . . . . . . . . . . . : 234886493
    DHCPv6 客户端 DUID . . . . . . . . : 00-01-00-01-17-4A-B2-46-00-15-5D-01-65-00
    DNS 服务器 . . . . . . . . . . . . : 10.10.10.1
    TCPIP 上的 NetBIOS . . . . . . . . : 已启用
```

图 4-159　测试 DHCP 客户端

（3）手动释放 DHCP 客户端 IP 地址租约

在 DHCP 客户端上打开命令提示符窗口，使用 ipconfig /release 命令手动释放 DHCP 客户端 IP 地址租约。请读者试着做一下。

（4）手动更新 DHCP 客户端 IP 地址租约

在 DHCP 客户端上打开命令提示符窗口，使用 ipconfig /renew 命令手动更新 DHCP 客户端 IP 地址租约。请读者试着做一下。

（5）在 DHCP 服务器上验证租约

使用具有管理员权限的用户账户登录 DHCP 服务器，打开 DHCP 管理控制台。在左侧控制台树中双击 DHCP 服务器，在展开的树中双击作用域，然后单击"地址租约"选项，将能够看到从当前 DHCP 服务器的当前作用域中租用 IP 地址的租约，如图 4-160 所示。

图 4-160　IP 地址租约

8.维护 DHCP 服务器

服务器有时不得不进行重新安装或恢复。借助定时备份的 DHCP 数据库，就可以在系统恢复后迅速提供网络服务，并减少重新配置 DHCP 服务的难度。

（1）数据库的备份

DHCP 服务器中的设置数据全部存放在名为 dhcp.mdb 的数据库文件中，在 Windows Server 2008 系统中，该文件位于\windows\System32\dhcp 文件夹内，如图 4-161 所示。该文件夹内，dhcp.mdb 是主要的数据库文件，其他的文件是 dhcp.mdb 数据库文件的辅助文件。这些文件对 DHCP 服务器的正常运行起着关键作用，建议用户不要随意修改或删除。同时数据库的默认备份在\windows\system32\dhcp\backup\new 目录下。

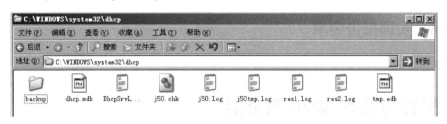

图 4-161 DHCP 的数据库文件

出于安全的考虑，建议用户将\windows\System32\dhcp\backup\new 文件夹内的所有内容进行备份，可以备份到其他磁盘、磁带机上，以备系统出现故障时还原。或者直接将\windows\System32\dhcp 文件夹中的 dhcp.mdb 数据库文件备份出来。

为了保证所备份/还原数据的完整性和备份/还原过程的安全性，在对 DHCP 服务器进行备份/还原时，必须先停止 DHCP 服务器。

（2）数据库的还原

当 DHCP 服务器在启动时，它会自动检查 DHCP 数据库是否损坏，如果发现损坏，将自动用\windows\System32\dhcp\backup 文件夹内的数据进行还原。但如果 backup 文件夹的数据也被损坏时，系统将无法自动完成还原工作，无法提供相关的服务。还原过程如下。

①　停止 DHCP 服务。

②　在\windows\system32\dhcp（数据库文件的路径）目录下，删除 J50.log、j50xxxxx.log 和 dhcp.tmp 文件。

③　复制备份的 dhcp.mdb 到\windows\system32\dhcp 目录下。

④　重新启动 DHCP 服务。

（3）数据库的重整

在 DHCP 数据库的使用过程中，相关的数据因为不断被更改（如重新设置 DHCP 服务器的选项，新增 DHCP 客户端或者 DHCP 客户端离开网络等），所以其分布变得非常凌乱，会影响系统的运行效率。为此，当 DHCP 服务器使用一段时间后，一般建议用户利用系统提供的 jetpack.exe 程序对数据库中的数据进行重新调整，从而实现对数据库的优化。

jetpack.exe 程序是一个字符型的命令程序，必须手工进行操作。

cd \widows\system32\dhcp	//进入 dhcp 目录
net stop dhcpserver	//让 DHCP 服务器停止运行
jetpack dhcp.mdb temp.mdb	//对 DHCP 数据库进行重新调整，其中 dhcp.mdb 是 DHCP 数据库 //文件，而 temp.mdb 是用于调整的临时文件
net start dhcpserver	//让 DHCP 服务器开始运行

4.7.5　实训思考题

- 分析 DHCP 服务的工作原理。
- 如何安装 DHCP 服务器？
- 要实现 DHCP 服务，服务器和客户端各自应如何设置？
- 如何查看 DHCP 客户端从 DHCP 服务器中获取的 IP 地址配置参数？

4.7.6　实训报告要求

参见实训 1。

4.8　配置与管理 Web 服务器

4.8.1　实训目的

- 学习 Web 服务器的配置与使用。

4.8.2　实训内容

- 安装 IIS 7.0。
- 安装与配置 Web 服务器。
- 安全管理 Web 网站。
- 建立虚拟目录。
- 在一台服务器上架设多个 Web 网站。
- 在客户端访问 Web 站点。

4.8.3　实训环境及要求

在架设 Web 服务器之前，读者需要了解本任务实例部署的需求和实验环境。

1．部署需求

在部署 Internet 信息服务前需满足以下要求：

- 设置 Web 服务器的 TCP/IP 属性，手工指定 IP 地址、子网掩码、默认网关和 DNS 服务器 IP 地址等；
- 部署域环境，域名为 long.com。

2．部署环境

本节任务所有实例被部署在一个域环境下，域名为 long.com。其中 Web 服务器主机名为 win2008-1，其本身也是域控制器和 DNS 服务器，IP 地址为 10.10.10.1。Web 客户机主机名为 win2008-2，其本身是域成员服务器，IP 地址为 10.10.10.2。网络拓扑如图 4-162 所示。

图 4-162　架设 Web 服务器网络拓扑图

4.8.4 实训步骤

1. 安装 Web 服务器（IIS）角色

在计算机"win2008-1"上通过"服务器管理器"安装 Web 服务器（IIS）角色，具体步骤如下。

① 在"服务器管理器"窗口中单击"添加角色"链接，启动"添加角色向导"。

② 单击"下一步"按钮，显示如图 4-163 所示的"选择服务器角色"对话框，在该对话框中显示了当前系统所有可以安装的网络服务。在角色列表框中勾选"Web 服务器（IIS）"复选项。

③ 单击"下一步"按钮，显示"Web 服务器（IIS）"对话框，显示了 Web 服务器的简介、注意事项和其他信息。

④ 单击"下一步"按钮，显示如图 4-164 所示的"选择角色服务"对话框，默认只选择安装 Web 服务所必需的组件，用户可以根据实际需要选择欲安装的组件（例如应用程序开发、运行状况和诊断等）。

图 4-163 "选择服务器角色"对话框

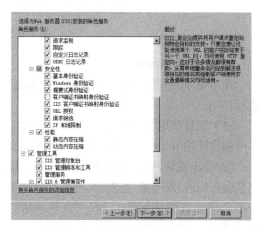

图 4-164 "选择角色服务"对话框

在此将"FTP 服务器"复选框选中，在安装 Web 服务器的同时，也安装了 FTP 服务器。建议"角色服务"各选项全部进行安装，特别是身份验证方式，如果安装不全，后面做网站安全时，会有部分功能不能使用。

⑤ 选择好要安装的组件后，单击"下一步"按钮，显示"确认安装选择"对话框，显示了前面所进行的设置，检查设置是否正确。

⑥ 单击"安装"按钮开始安装 Web 服务器。安装完成后，显示"安装结果"对话框，单击"关闭"按钮完成安装。

安装完 IIS 以后还应对该 Web 服务器进行测试，以检测网站是否正确安装并运行。在局域网中的一台计算机上（本例 win2008-2），通过浏览器打开以下 3 种地址格式进行测试。

● DNS 域名地址：http://win2008-1.long.com/。

● IP 地址：http://10.10.10.1/。

● 计算机名：http://win2008-1/。

如果 IIS 安装成功，则会在 IE 浏览器中显示如图 4-165 所示的网页。如果没有显示出该网页，请检查 IIS 是否出现了问题或重新启动 IIS 服务，也可以删除 IIS 重新安装。

图 4-165　IIS 安装成功

2．创建 Web 网站

在 Web 服务器上创建一个新网站"web"，使用户在客户端计算机上能通过 IP 地址和域名进行访问。

（1）创建使用 IP 地址访问的 Web 网站

创建使用 IP 地址访问的 Web 网站的具体步骤如下。

① 停止默认网站（Default Web Site）。以域管理员账户登录到 Web 服务器上，打开"Internet 信息服务（IIS）管理器"控制台。在控制台树中依次展开服务器和"网站"节点。右键单击"Default Web Site"，在弹出菜单中选择"管理网站"→"停止"，即可停止正在运行的默认网站，如图 4-166 所示。停止后默认网站的状态显示为"已停止"。

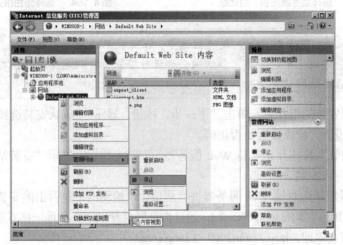

图 4-166　停止默认网站（Default Web Site）

② 准备 Web 网站内容。在 C 盘上创建文件夹"c:\web"作为网站的主目录，并在其文件夹同存放网页"index.htm"作为网站的首页，网站首页可以用记事本或 Dreamweaver 软件编写。

③ 创建 web 网站。

a. 在 "Internet 信息服务（IIS）管理器"控制台树中，展开服务器节点，右键单击 "网站"，在弹出菜单中选择 "添加网站"，打开 "添加网站"对话框。在该对话框中可以指定网站名称、应用程序池、网站内容目录、传递身份验证、网站类型、IP 地址、端口号、主机名以及是否启动网站。在此设置网站名称为 "web"，物理路径为 "c:\web"，类型为 "http"，IP 地址为 "10.10.10.1"，默认端口号为 "80"，如图 4-167 所示。单击 "确定"按钮完成 Web 网站的创建。

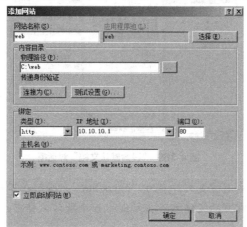

图 4-167 "添加网站"对话框

b. 返回 "Internet 信息服务（IIS）管理器"控制台，可以看到刚才所创建的网站已经启动，如图 4-168 所示。

图 4-168 "Internet 信息服务（IIS）管理器"控制台

c. 用户在客户端计算机 win2008-2 上，打开浏览器，输入 http://10.10.10.1 就可以访问刚才建立的网站了。

> **特别注意** 在图 4-168 中，双击右侧视图中的 "默认文档"，打开如图 4-169 所示的 "默认文档"对话框。可以对默认文档进行添加、删除及更改顺序的操作。

所谓默认文档，是指在 Web 浏览器中键入 Web 网站的 IP 地址或域名即显示出来的 Web 页面，也就是通常所说的主页（HomePage）。IIS 7.0 默认文档的文件名有 6 种，分别为 Default.htm、Default.asp、Index.htm、index.html、IISstar.htm 和 Default.aspx。这也是一般网站中最常用的主页名。如果 Web 网站无法找到这 6 个文件中的任何一个，那么，将在 Web 浏览器上显示"该页无法显示"的提示。默认文档既可以是一个，也可以是多个。当设置多个默认文档时，IIS 将按照排列的前后顺序依次调用这些文档。当第一个文档存在时，将直接把它显示在用户的浏览器上，而不再调用后面的文档；当第一个文档不存在时，则将第二个文件显示给用户，依次类推。

图 4-169　"设置默认文档"对话框

> **思考与实践：**由于本例首页文件名为"index.htm"，所以在客户端直接输入 IP 地址即可浏览网站。如果网站首页的文件名不在列出的 6 个默认文档中，该如何处理？请试着做一下。

（2）创建使用域名访问的 Web 网站

创建用域名 www.long.com 访问的 Web 网站，具体步骤如下。

① 打开"DNS 管理器"控制台，依次展开服务器和"正向查找区域"节点，单击区域"long.com"。

② 创建别名记录。用鼠标右键单击区域"long.com"，在弹出的菜单中选择"新建别名"，出现"新建资源记录"对话框。在"别名"文本框中输入"www"，在"目标主机的完全合格的域名（FQDN）"文本框中输入"win2008-1.long.com"。

③ 单击"确定"按钮，别名创建完成。

④ 用户在客户端计算机 win2008-2 上，打开浏览器，输入 http://www.long.com 就可以访问刚才建立的网站了。

> 保证客户端计算机 win2008-2 的计算机的 DNS 服务器的地址是 10.10.10.1。

3．管理 Web 网站的目录

在 Web 网站中，Web 内容文件都会保存在一个或多个目录树下，包括 HTML 内容文件、Web 应用程序和数据库等，甚至有的会保存在多个计算机上的多个目录中。因此，为了使其他目录中的内容和信息也能够通过 Web 网站发布，可通过创建虚拟目录来实现。当然，也可以在物理目录下直接创建目录来管理内容。

（1）虚拟目录与物理目录

在 Internet 上浏览网页时，经常会看到一个网站下面有许多子目录，这就是虚拟目录。虚拟目录只是一个文件夹，并不一定包含于主目录内，但在浏览 Web 站点的用户看来，就像位于主目录中一样。

对于任何一个网站，都需要使用目录来保存文件。即可以将所有的网页及相关文件都存放到网站的主目录之下，也就是在主目录之下建立文件夹，然后将文件放到这些子文件夹内，这些文件夹也称物理目录。也可以将文件保存到其他物理文件夹内，如本地计算机或其他计算机内，然后通过虚拟目录映射到这个文件夹，每个虚拟目录都有一个别名。虚拟目录的好处是在不需要改变别名的情况下，可以随时改变其对应的文件夹。

在 Web 网站中，默认发布主目录中的内容。但如果要发布其他物理目录中的内容，就需要创建虚拟目录。虚拟目录也就是网站的子目录，每个网站都可能会有多个子目录，不同的子目录内容不同，在磁盘中会用不同的文件夹来存放不同的文件。例如，使用 BBS 文件夹来存放论坛程序，用 image 文件夹来存放网站图片等。

（2）创建虚拟目录

在 www.long.com 对应的网站上创建一个名为 BBS 的虚拟目录，其路径为本地磁盘中的"C:\MY_BBS"文件夹，该文件夹下有个文档 index.htm。具体创建过程如下。

① 以域管理员身份登录 win2008-1。在 IIS 管理器中，展开左侧的"网站"目录树，选择要创建虚拟目录的网站"web"，用鼠标右键单击，在弹出的快捷菜单中选择"添加虚拟目录"选项，显示虚拟目录创建向导，利用该向导便可为该虚拟网站创建不同的虚拟目录。

② 在"别名"文本框中设置该虚拟目录的别名，本例为"BBS"，用户用该别名来连接虚拟目录，该别名必须唯一，不能与其他网站或虚拟目录重名。在"物理路径"文本框中键入该虚拟目录的文件夹路径，或单击"浏览"按钮进行选择，本例为"c:\MY_BBS"。这里既可使用本地计算机上的路径，也可以使用网络中的文件夹路径。设置完成如图 4-170 所示。

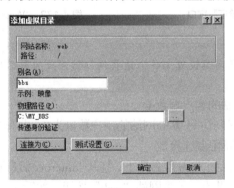

图 4-170　"添加虚拟目录"对话框

③ 用户在客户端计算机 win2008-2 上，打开浏览器，输入 http://www.long.com/bbs 就可以访问 C:\MY_BBS 里的默认网站了。

4．管理 Web 网站的安全

Web 网站安全的重要性是由 Web 应用的广泛性和 Web 在网络信息系统中的重要地位决定的。尤其是当 Web 网站中的信息非常敏感，只允许特殊用户才能浏览时，数据的加密传输和用户的授权就成为网络安全的重要组成部分。

① 禁止使用匿名账户访问 Web 网站

设置 Web 网站安全，使得所有用户不能匿名访问 Web 网站，而只能以 Windows 身份验证访问。具体步骤如下。

（1）禁用匿名身份验证。

a. 以域管理员身份登录 win2008-1。在 IIS 管理器中，展开左侧的"网站"目录树，单击网站"web"，在"功能视图"界面中找到"身份验证"，并双击打开，可以看到"Web"网站默認启用的是"匿名身份验证",也就是说任何人都能访问 Web 网站。如图 4-171 所示。

b. 选择"匿名身份验证",然后单击"操作"界面中的"禁用"按钮即可禁用 Web 网站的匿名访问。

② 启用 Windows 身份验证。在图 4-171"身份验证"窗口中,选择"Windows 身份验证",然后单击"操作"界面中的"启用"按钮即可启用该身份验证方法。

③ 在客户端计算机 win2008-2 上测试。用户在客户端计算机 win2008-2 上,打开浏览器,输入 http://www.long.com/访问网站,弹出如图 4-172 所示的"Windows 安全"对话框,输入能被 Web 网站进行身份验证的用户账户和密码,在此输入"administrator"账户进行访问,然后单击"确定"按钮即可访问 Web 网站。

图 4-171 "身份验证"窗口

图 4-172 "Windows 安全"对话框

为方便后面的网站设置工作,请将网站访问改为匿名后继续进行。
提示

(2)限制访问 Web 网站的客户端数量

设置"限制连接数"限制访问 Web 网站的用户数量为 1,具体步骤如下。

步骤一:设置 Web 网站限制连接数

① 以域管理员账户登录到 Web 服务器上,打开"Internet 信息服务(IIS)管理器"控制台,依次展开服务器和"网站"节点,单击网站"web"按钮,然后在"操作"界面中单击"配置"区域的"限制"按钮,如图 4-173 所示。

② 在打开的"编辑网站限制"对话框中,选择"限制连接数"复选框,并设置要限制的连接数为"1",最后单击"确定"按钮即可完成限制连接数的设置。如图 4-174 所示。

图 4-173 "Internet 信息服务(IIS)管理器"控制台

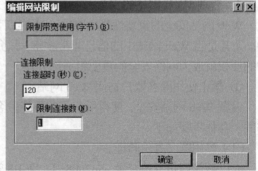
图 4-174 设置"限制连接数"

步骤二：在 Web 客户端计算机上测试限制连接数

① 在客户端计算机 win2008-2 上，打开浏览器，输入 http://www.long.com/访问网站，访问正常。

② 在"虚拟服务管理器"中创建一台虚拟机，计算机名为 win2008-3，IP 地址为"10.10.10.3/24"，DNS 服务器为"10.10.10.1"。

③ 在客户端计算机 win2008-3 上，打开浏览器，输入 http://www.long.com/访问网站，显示图 4-175 所示页面，表示超过网站限制连接数。

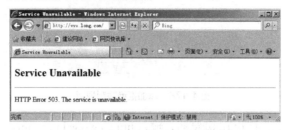

图 4-175　访问 Web 网站时超过连接数

（3）使用"限制带宽使用"限制客户端访问 Web 网站

① 参照"（2）. 限制访问 Web 网站的客户端数量"。在图 4-174 中，选择"限制带宽使用（字节）"复选框，并设置要限制的带宽数为"1024"。最后单击"确定"按钮即可完成限制带宽使用的设置。

② 在 win2008-2 上，打开 IE 浏览器，输入 http://www.long.com，发现网速非常慢，这是因为设置了带宽限制的原因。

（4）使用"IPv4 地址限制"限制客户端计算机访问 Web 网站

使用用户验证的方式，每次访问该 Web 站点都需要键入用户名和密码，对于授权用户而言比较麻烦。由于 IIS 会检查每个来访者的 IP 地址，因此可以通过限制 IP 地址的访问来防止或允许某些特定的计算机、计算机组、域甚至整个网络访问 Web 站点。

使用"IPv4 地址限制"限制客户端计算机"10.10.10.2"访问 Web 网站，具体步骤如下。

① 以域管理员账户登录到 Web 服务器 win2008-1 上，打开"Internet 信息服务（IIS）管理器"控制台，依次展开服务器和"网站"节点，然后在"功能视图"界面中找到"IPv4 地址和域限制"。如图 4-176 所示。

② 双击"功能视图"界面中的"IPv4 地址和域限制"，打开"IPv4 地址和域限制"设置界面，单击"操作"界面中的"添加拒绝条目"按钮，如图 4-177 所示。

图 4-176　IPv4 地址和域限制

图 4-177　"IPv4 地址和域限制"设置界面

③ 在打开的"添加拒绝限制规则"对话框中，单击"特定 IPv4 地址"单选框，并设置要拒绝的 IP 地址为"10.10.10.2"，如图 4-178 所示。最后单击"确定"按钮完成 IPv4 地址的限制。

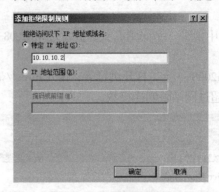

图 4-178　添加拒绝限制规则

④ 在 win2008-2 上，打开 IE 浏览器，输入 http://www.long.com，这时客户机不能访问，显示错误号为"403-禁止访问：访问被拒绝"。说明客户端计算机的 IP 地址在被拒绝访问 Web 网站的范围内。

5．架设多个 Web 网站

架设多个 Web 网站可以通过以下三种方式。

● 使用不同 IP 地址架设多个 Web 网站。

● 使用不同端口号架设多个 Web 网站。

● 使用不同主机头架设多个 Web 网站。

在创建一个 Web 网站时，要根据企业本身现有的条件，如投资的多少、IP 地址的多少、网站性能的要求等，选择不同的虚拟主机技术。

（1）使用不同端口号架设多个 Web 网站

在同一台 Web 服务器上使用同一个 IP 地址、两个不同的端口号（80、8080）创建两个网站，具体步骤如下。

步骤一：新建第 2 个 Web 网站

① 以域管理员账户登录到 Web 服务器 win2008-1 上。

② 在"Internet 信息服务（IIS）管理器"控制台中，创建第 2 个 Web 网站，网站名称为"Web2"，内容目录物理路径为"c:\web2"，使用 IP 地址为"10.10.10.1"，端口号是"8080"。如图 4-179 所示。

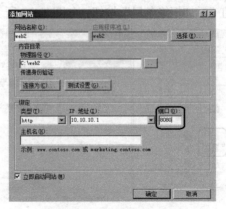

图 4-179　"添加网站"对话框

步骤二：在客户端上访问两个网站

在 win2008-2 上，打开 IE 浏览器，分别输入 http://10.10.10.1 和 http://10.10.10.1:8080，这时会发现打开了两个不同的网站"web"和"web2"。

（2）使用不同的主机头名架设多个 Web 网站

使用 www.long.com 访问第 1 个 Web 网站，使用 www2.long.com 访问第 2 个 Web 网站。具体步骤如下。

步骤一：在区域"long.com"上创建别名记录

① 以域管理员账户登录到 Web 服务器 win2008-1 上。

② 打开"DNS 管理器"控制台，依次展开服务器和"正向查找区域"节点，单击区域"long.com"。

③ 创建别名记录。用鼠标右键单击区域"long.com"，在弹出的菜单中选择"新建别名"，出现"新建资源记录"对话框。在"别名"文本框中输入"web2"，在"目标主机的完全合格的域名（FQDN）"文本框中输入"win2008-1.long.com"。

④ 单击"确定"按钮，别名创建完成。

步骤二：设置 Web 网站的主机名

① 以域管理员账户登录到 Web 服务器上，打开第 1 个 Web 网站"web"的"编辑网站绑定"对话框，在"主机名"文本框中输入 www.long.com，端口为"80"，IP 地址为"10.10.10.1"，如图 4-180 所示。最后单击"确定"按钮即可。

② 打开第 2 个 Web 网站"web2"的"编辑网站绑定"对话框，在"主机名"文本框中输入 www2.long.com，端口为"80"，IP 地址为"10.10.10.1"，如图 4-181 所示。最后单击"确定"按钮即可。

图 4-180　设置第 1 个 Web 网站的主机名

图 4-181　设置第 2 个 Web 网站的主机名

步骤三：在客户端上访问两个网站

在 win2008-2 上，打开 IE 浏览器，分别输入 http://www.long.com 和 http://www2.long.com，这时会发现打开了两个不同的网站"web"和"web2"。

（3）使用不同的 IP 地址架设多个 Web 网站

如果要在一台 Web 服务器上创建多个网站，为了使每个网站域名都能对应于独立的 IP 地址，一般都使用多 IP 地址来实现，这种方案称为 IP 虚拟主机技术，也是比较传统的解决方案。当然，为了使用户在浏览器中可使用不同的域名来访问不同的 Web 网站，必须将主机名及其对应的 IP 地址添加到域名解析系统（DNS）。如果使用此方法在 Internet 上维护多个网站，也需要通过 InterNIC 注册域名。

要使用多个 IP 地址架设多个网站，首先需要在一台服务器上绑定多个 IP 地址。而 Windows 2003 及 Windows Server 2008 系统均支持一台服务器上安装多块网卡，一块网卡可以绑定多个

IP 地址。再将这些 IP 地址分配给不同的虚拟网站，就可以达到一台服务器利用多个 IP 地址来架设多个 Web 网站的目的。例如，要在一台服务器上创建两个网站：Linux.long.com 和 Windows.long.com，所对应的 IP 地址分别为 10.10.10.2 和 10.10.10.4。需要在服务器网卡中添加这两个地址。具体步骤如下。

步骤一：在 win2008-1 上添加两个 IP 地址

① 以域管理员账户登录到 Web 服务器上，用鼠标右键单击桌面右下角任务托盘区域的网络连接图标，选择快捷菜单中的"网络和共享中心"选项，打开 "网络和共享中心"窗口。

② 单击"本地连接"按钮，打开"本地连接状态"对话框。

③ 单击"属性"按钮，显示"本地连接属性"对话框。Windows Server 2008 中包含 IPv6 和 IPv4 两个版本的 Internet 协议，并且默认都已启用。

④ 在"此连接使用下列项目"选项框中选择"Internet 协议版本 4（TCP/IP）"，单击"属性"按钮，显示"Internet 协议版本 4（TCP/IPv4）属性"对话框。单击"高级"按钮，打开"高级 TCP/IP 设置"对话框。如图 4-182 所示。

图 4-182　高级 TCP/IP 设置

⑤ 单击"添加"按钮，出现"TCP/IP"对话框，在该对话框中输入 IP 地址为"10.10.10.4"，子网掩码为"255.255.255.0"。单击"确定"按钮，完成设置。

步骤二：更改第 2 个网站的 IP 地址和端口号

以域管理员账户登录到 Web 服务器上，打开第 2 个 Web 网站"web"的"编辑网站绑定"对话框，在"主机名"文本框中不输入内容，端口为"80"，IP 地址为"10.10.10.4"，如图 4-183 所示。最后单击"确定"按钮即可。

图 4-183　"编辑网站绑定"对话框

步骤三：在客户端上进行测试

在 win2008-2 上，打开 IE 浏览器，分别输入 http://10.10.10.1 和 http://10.10.10.4，这时会发现打开了两个不同的网站"web"和"web2"。

4.8.5　实训思考题

● 如何安装 IIS 服务组件?
● 如何建立安全的 Web 站点?
● Web 站点的虚拟目录有什么作用? 它与物理目录有何不同?
● 如何在一台服务器上架设多台网站?
● 如果在客户端访问 Web 站点失败,可能的原因有哪些?

4.8.6　实训报告要求

参见实训 1。

4.9　配置与管理 FTP 服务器

4.9.1　实训目的

● 学习 FTP 服务器的配置与使用。

4.9.2　实训内容

● 掌握 FTP 的配置方法。
● 掌握 AD 隔离用户 FTP 服务器的配置方法。

4.9.3　实训环境及要求

在架设 FTP 服务器之前,读者需要了解本任务实例部署的需求和实验环境。

1.部署需求

在部署 FTP 服务前需满足以下要求:

● 设置 FTP 服务器的 TCP/IP 属性,手工指定 IP 地址、子网掩码、默认网关和 DNS 服务器 IP 地址等;
● 部署域环境,域名为 long.com。

2.部署环境

部署环境请参考 4.8 节的图 4-162,将 Web 服务器换成 FTP 服务器。

4.9.4　实训步骤

在企业网络的管理中,第一,客户出差在外或在家工作时,可能需要远程上传和下载文件;第二,各种共享软件、应用软件、杀毒工具等需要及时提供给广大用户;第三,当网络中各部分使用的操作系统不同时,需要在不同操作系统之间传递文件。总之,当需要远程传输文件时,当上传或下载的文件尺寸较大,而无法通过邮箱传递时,或者无法直接共享时,只需架设 FTP 服务器,就可以方便地使用各种资源。

1.启动 FTP 服务器

在 IIS 7.0 上安装 FTP 服务后,默认情况下也不会启动该服务。因此,在安装 FTP 服务后必须启动该服务。在 Windows Server 2008 中，并未对 FTP 服务功能进行更新，它仍然需要老版本 IIS 6.0 的管理器来管理。

启动 FTP 服务的具体操作步骤如下：选择"开始"→"管理工具"→"Internet 信息服务（IIS）管理器"，打开"IIS 信息服务（IIS）管理器"窗口，在"连接"窗格中选择"FTP"节点，如图 4-184 所示。在功能视图中看到有关 FTP 站点的说明，单击"单击此处启动"链接，弹出"Internet 信息服务（IIS）6.0 管理器"窗口，在"FTP 站点"下，用鼠标右键单击"Default FTP Site"站点，在弹出的菜单中选择"启动"命令，或单击工具栏的"启动项目"按钮，启动默认的 FTP 站点，如图 4-185 所示。

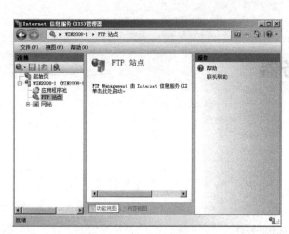

图 4-184　启动 FTP 服务

图 4-185　启动默认的 FTP 站点

2. 创建新 FTP 站点

在创建 FTP 站点时，IIS 7.0（FTP 6.0）提供以下三种不同模式来创建新的 FTP 站点。下面以在 win2008-3（IP 地址为 10.10.10.3）创建 FTP 服务器为例进行讲解。

（1）创建非域环境隔离用户的 FTP 站点

该模式在用户访问与其用户名匹配的主目录前，根据本机或域账户验证用户，所有用户的主目录都在单一 FTP 主目录下，每个用户均被安放和限制在自己的主目录中。不允许用户浏览自己主目录外的内容，如果用户需要访问特定的共享文件夹，可以再建立一个虚拟根目录，该模式不使用 Active Directory 目录服务进行验证。

FTP 用户隔离为 Internet 服务提供商(ISP)和应用服务提供商提供了解决方案，使他们可以为客户提供上载文件和 Web 内容的个人 FTP 目录。FTP 用户隔离通过将用户限制在自己的目录中，来防止用户查看或覆盖其他用户的 Web 内容。因为顶层目录就是 FTP 服务的根目录，用户无法浏览目录树的上一层。在特定的站点内，用户能创建、修改或删除文件和文件夹。FTP 用户隔离是站点属性，而不是服务器属性，无法为每个 FTP 站点启动或关闭该属性。

当设置FTP服务器使用隔离用户时，所有的用户主目录都在FTP站点目录中的二级目录下。FTP 站点目录可以在本地计算机上，也可以在网络共享上，前期要做一些准备工作。

步骤一：部署网络环境

① win2008-0 是 DNS 服务器，域名是 long.com；② win2008-3 是 FTP 服务器、独立服务器，IP 地址是 10.10.10.3，其对应的域名是 ftp.long.com（请提前在 DNS 服务器中建立 FTP 服务器的主机记录）；③ win2008-1 是 FTP 客户端，用来测试 FTP 服务器的架设是否成功。

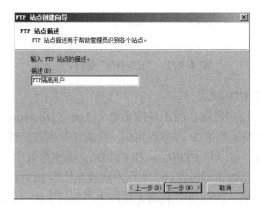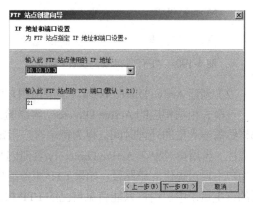

步骤二：创建用户账户

创建隔离用户的 FTP 站点，首先要在 FTP 站点所在的 Windows Server 2008 服务器中，为 FTP 用户创建了一些用户账户（例如 test1、test2），以便他们使用这些账户登录 FTP 站点。

步骤三：规划目录结构

创建"用户隔离"模式的 FTP 站点，对文件夹的名称和结构有一定的要求。

① 在 NTFS 分区中，创建一个文件夹作为 FTP 站点的主目录（例如 c:\ftp），然后在此文件夹下创建一个名为"localuser"的子文件夹，最后在"localuser"文件夹下创建若干个和用户账户——对应的个人文件夹（test1、test2）。② 另外，如果想允许用户使用匿名方式登录"用户隔离"模式的 FTP 站点，则必须在"localuser"文件夹下面创建一个名为"public"的文件夹，这样匿名用户登录以后即可进入"public"文件夹中进行读写操作。

① localuser、public 是建立隔离用户的关键字，不允许有任何书写错误。② localuser 文件夹下的 test1、test2 是与用户同名的文件夹，也不允许书写错误。③ 在计算机管理中对用户账户 test1、test2 分别赋予访问文件夹"c:\ftp\localuser\test1"和"c:\ftp\localuser\test2"的 NTFS 读入和写入权限。

步骤四：实施创建 FTP 隔离用户

以上的准备工作完成后，即可开始创建隔离用户的 FTP 站点，具体的操作步骤如下。

① 在"Internet 信息服务（IIS）6.0 管理器"窗口中，展开"本地计算机"，用鼠标右键单击"FTP 站点"文件夹，选择"新建"→"FTP 站点"命令。

② 弹出"FTP 站点创建向导"对话框，单击"下一步"按钮，弹出"FTP 站点描述" 窗口，在"描述"文本框输入 FTP 站点的描述信息，单击"下一步"按钮，如图 4-186 所示。

③ 弹出"IP 地址和端口设置"窗口，在"输入此 FTP 站点使用的 IP 地址"下拉列表框中，选择主机的 IP 地址，如 10.10.10.3。在"输入此 FTP 站点的 TCP 端口"文本框中，输入使用的 TCP 端口，单击"下一步"按钮，如图 4-187 所示。

图 4-186 "FTP 站点描述"窗口　　　　　图 4-187 "IP 地址和端口设置"窗口

④ 弹出"FTP 用户隔离"窗口，选择"隔离用户"单选按钮，单击"下一步"按钮，如图 4-188 所示。

⑤ 弹出"FTP 站点主目录"窗口，单击"浏览"按钮；选择 C:\ftp 目录，单击"下一步"按钮，如图 4-189 所示。

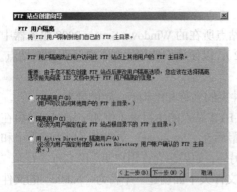
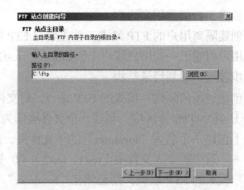

图 4-188　"FTP 用户隔离"窗口　　　　　　图 4-189　"FTP 站点主目录"界面

⑥ 弹出"FTP 站点访问权限"窗口，在"允许下列权限"选项区域中，选择相应的权限，单击"下一步"按钮，如图 4-190 所示。

⑦ 弹出"完成"窗口，单击"完成"按钮，即可完成 FTP 站点的配置。

⑧ 最后测试 FTP 站点：以用户名 testl 连接 FTP 站点，在 IE 浏览器地址栏中输入 ftp：//testl@10.10.10.3 或 ftp://test1@ftp.long.com，然后在图 4-191 中输入密码，连接成功后，即进入主目录相应的用户文件夹 c:\ftp\localuser\test1 窗口（该文件夹下提前建好了一个名为 test1.txt 的文件，供测试时用）。

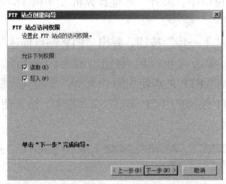
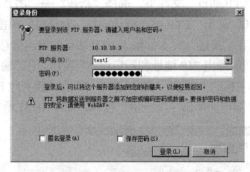

图 4-190　"FTP 站点访问权限"窗口　　　　图 4-191　"登录身份"窗口

（2）创建 Active Directory 域环境隔离用户的 FTP 站点

该模式根据相应的 Active Directory 容器验证用户凭据，而不是搜索整个 Active Directory，那样做需要大量的处理时间。将为每个客户指定特定的 FTP 服务器实例，以确保数据完整性及隔离性。当用户对象在 Active Directory 容器内时，可以将 FTPRoot 和 FTPDir，属性提取出来，为用户主目录提供完整路径。如果 FTP 服务能成功地访问该路径，则用户被放在代表 FTP 根位置的该主目录中。用户只能看见自己的 FTP 根位置，因此受限制而无法向上浏览目录树。如果 FTPRoot 或 FTPDir 属性不存在，或它们无法共同构成有效、可访问的路径，用户将无法访问。

在 FTP 服务器上用 Active Directory 隔离用户时，每个用户的主目录均可放置在任意的网络路径上。在此模式中，可以根据网络配置情况，灵活地将用户主目录分布在多台服务器、多个卷和多个目录中。

步骤一：部署网络环境

① 以下实训在域环境 smile.com 中进行，win2008-3 是 FTP 服务器、DNS 服务器和域控制器。Win2008-3 上已经安装好了 AD 域服务和活动目录，同时安装了 DNS 服务器（指向自己），

其 IP 地址是 10.10.10.3，对应的域名是 ftp.smile.com（请在建立好 DNS 服务器后，在 DNS 服务器控制台中建立 FTP 服务器的主机（A）记录，即域名与 IP 地址的对应关系）；② win2008−1 是 FTP 客户端，IP 地址为 10.10.10.1，用来测试 FTP 服务器的架设是否成功。

步骤二：建立主 FTP 目录与用户 FTP 目录

以域管理员账户登录到 FTP 服务器 win2008−3 上，创建 "C:\ftproot" 文件夹（FTP 根目录）、"c:\ftproot\user1" 和 "c:\ftproot\user2" 子文件夹（用户 FTP 目录）。

步骤三：建立组织单位及用户账户

打开 "Active Directory 用户和计算机" 管理工具，建立组织单位 ftpuser，建立用户账户：user1、user2。另外再创建一个让 FTP 站点可以读取用户属性的域用户账户 FTPuser。如图 4-192 所示。

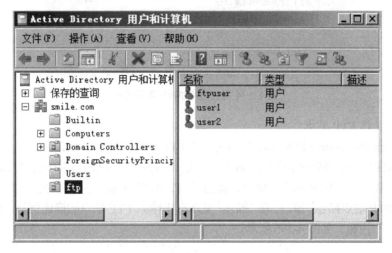

图 4-192　创建组织单位和用户

步骤四：创建有权限读取 FTProot 与 FTPdir 两个属性的账户

① FTP 站点必须能够读取位于 AD 内的域用户账户的 FTProot 与 FTPdir 两个属性，才能够得知该用户主目录的位置，因此我们先要为 FTP 站点创建一个有权限读取这两个属性的用户账户。通过委派控制来实现。用鼠标右键单击 smile.com 的 "Domain Controllers"，选择 "委派控制"，根据向导添加用户 "ftpuser"，如图 4-193 所示。

图 4-193　控制委派向导

② 单击"下一步"按钮，设置委派任务。如图 4-194 所示。

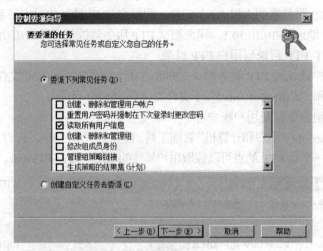

图 4-194 控制委派向导–委派任务

步骤五：新建 FTP 站点

现在开始创建用 Active Directory 隔离用户的 FTP 站点。操作步骤如下。

① 在"IIS 信息服务管理器"中，展开"本地计算机"，用鼠标右键单击"FTP 站点"文件夹，选择"新建"→"FTP 站点"命令，弹出"FTP 站点创建向导"对话框，单击"下一步"按钮，弹出"FTP 站点描述"窗口，在"描述"文本框中输入 FTP 站点的描述信息，比如 ADFTP。单击"下一步"按钮，如图 4-195 所示。

 为了使本实训能正常进行，而不受其他环境的影响，建议停止或删除其他所有的 FTP 站点，仅保留我们新建的"ADFTP"站点。

② 弹出"IP 地址和端口设置"窗口，在"输入此 FTP 站点使用的 IP 地址"下拉列表框中选择主机的 IP 地址，在"输入此 FTP 站点的 TCP 端口"文本框中输入使用的 TCP 端口，单击"下一步"按钮，如图 4-196 所示。

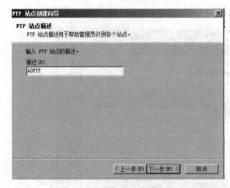

图 4-195 FTP 站点描述

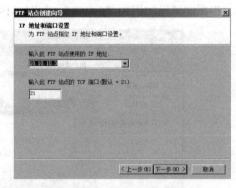

图 4-196 IP 地址和端口设置

③ 弹出"FTP 用户隔离"窗口，如图 4-197 所示，选择"用 Active Directory 隔离用户"单选按钮，单击"下一步"按钮。

④ 弹出"FTP 用户隔离"窗口，单击"浏览"按钮选择用户名，此例中选择"**ftpuser**"用户，如图 4-198 所示，输入密码和默认 Active Directory 域，单击"下一步"按钮，重新输入密

码，如图 4-199 所示，单击"确定"按钮。

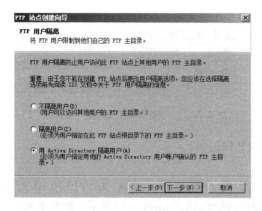

图 4-197 FTP 用户隔离

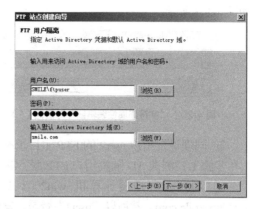

图 4-198 输入用来访问 AD 域的用户名和密码

⑤ 弹出"FTP 站点访问权限"窗口，在"允许下列权限"选项区域中选择相应的权限，单击"下一步"按钮，如图 4-200 所示。

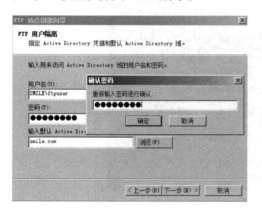

图 4-199 确认密码

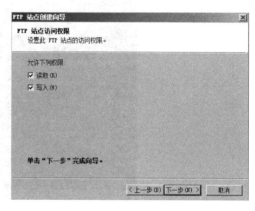

图 4-200 设置此 FTP 站点的访问权限

⑥ 弹出"完成"窗口，单击"完成"按钮，即可完成 FTP 站点的配置。

⑦ 根据访问需要设置 ftpuser、user1 和 user2 对文件夹"c:\ftproot"及其子文件夹 user1、user2 的 NTFS 权限。至此成功建立 AD 隔离用户 FTP 服务器，站点名称为"ADFTP"。

步骤六：在 AD 数据库中设置用户的主目录和用户目录

① 在 win2008-3 服务器上，在运行文本框中输入"adsiedit.msc"，打开"ADSI 编辑器"窗口。单击"操作"→"连接到"菜单，连接到当前服务器。

② 依次展开左侧的目录树，用鼠标右键单击"CN=user1"，在弹出的菜单中选择"属性"，打开"CN=user1"属性对话框。如图 4-201 所示。

③ 选中"msIIS-FTPDir"，然后单击"编辑"按钮，出现"字符串属性编辑器"对话框。在此输入用户 user1 的 FTP 主目录，即"user1"，如图 4-202 所示。

④ 选中"msIIS-FTPRoot"，然后单击"编

图 4-201 "CN=user1 属性"对话框

辑”按钮，出现“字符串属性编辑器”对话框。在此输入用户 user1 的 FTP 根目录，即“c:\ftproot”，如图 4-203 所示。

图 4-202 “字符串属性编辑器”对话框（1）

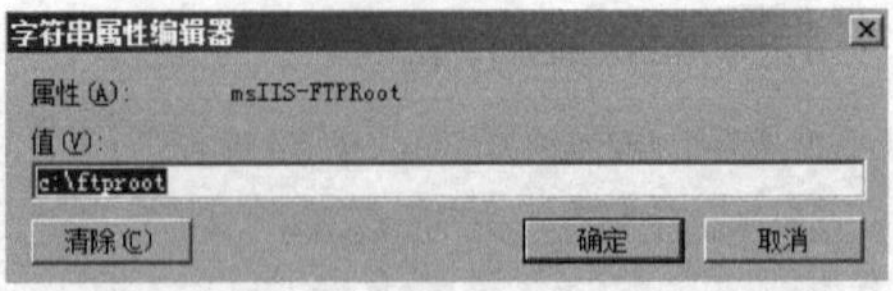

图 4-203 “字符串属性编辑器”对话框（2）

⑤ 同理设置用户 user2 的 FTP 主目录和 FTP 根目录。

步骤七：测试 AD 隔离用户 FTP 服务器

① 用户在客户端计算机 win2008−2 上，打开浏览器，输入 ftp://10.10.10.3，或者 ftp://ftp.smile.com，然后以“user1”登录，发现直接定位到了 user1 主目录下。如图 4-204 所示。

② 同理测试“user2”用户，也得到相同结论。

图 4-204 AD 隔离用户 FTP 站点的测试结果

（3）创建不隔离用户的 FTP 站点

该模式不启用 FTP 用户隔离，该模式的工作方式与以前版本的 IIS 类似，由于在登录到 FTP 站点的不同用户间的隔离尚未实施，该模式最适合于只提供共享内容下载功能的站点，或不需要在用户间进行数据访问保护的站点。

创建不隔离用户的 FTP 站点，首先需要创建 FTP 站点的主目录，其他的安装步骤与前面介绍的“创建隔离用户的 FTP 站点”相类似，只是在图 4-197 选择“不隔离用户”单选按钮即可。值得注意的是所有的合法的用户都会连接到相同的主目录。

3．配置与使用客户端

任何一种服务器的搭建，其目的都是为了应用。FTP 服务也一样，搭建 FTP 服务器的目的就是为了方便用户上传和下载文件。当 FTP 服务器建立成功并提供 FTP 服务后，用户就可以访问了，一般主要使用两种方式访问 FTP 站点，一是利用标准的 Web 浏览器，二是利用专门的 FTP 客户端软件，以实现 FTP 站点的浏览、下载和上传文件。

（1）FTP 站点的访问

根据 FTP 服务器所赋予的权限，用户可以浏览、上传或下载文件，但使用不同的访问方式，其操作方法也不相同。

步骤一：Web 浏览器访问

Web 浏览器除了可以访问 Web 网站外，还可以用来登录 FTP 服务器。

匿名访问时的格式为 ftp://FTP 服务器地址

非匿名访问 FTP 服务器的格式为 ftp://用户名:密码@FTP 服务器地址

登录到 FTP 站点以后，就可以像访问本地文件夹一样使用了，如果要下载文件，可以先复制一个文件，然后粘贴到本地文件夹中即可；若要上传文件，可以先从本地文件夹中复制一个文件，然后在 FTP 站点文件夹中粘贴，即可自动上传到 FTP 服务器。如果具有"写入"权限，还可以重命名、新建或删除文件或文件夹。

步骤二：FTP 软件访问

大多数访问 FTP 站点的用户都会使用 FTP 软件，因为 FTP 软件不仅方便，而且和 Web 浏览器相比，它的功能更加强大。比较常用的 FTP 客户端软件有 CuteFTP、FlashFXP、LeapFTP 等。

（2）虚拟目录的访问

当利用 FTP 客户端软件连接至 FTP 站点时，所列出的文件夹中并不会显示虚拟目录，因此，如果想显示虚拟目录，必须切换到虚拟目录。

如果使用 Web 浏览器方式访问 FTP 服务器，可在"地址"栏中输入地址的时候，直接在后面添加上虚拟目录的名称。格式为 ftp://FTP 服务器地址/虚拟目录名称

这样就可以直接连接到 FTP 服务器的虚拟目录中。

如果使用 FlashFXP 等 FTP 软件连接 FTP 站点，可以在建立连接时，在"远程路径"文本框中键入虚拟目录的名称；如果已经连接到了 FTP 站点，要切换到 FTP 虚拟目录，可以在文件列表框中右击，在弹出的快捷菜单中选择"更改文件夹"选项，在"文件夹名称"文本框中键入要切换到的虚拟目录名称。

4.9.5　实训思考题

● FTP 服务器是否可以实现不同的 FTP 站点使用同一个 IP 地址？
● 在客户端访问 FTP 站点的方法有哪些？

4.9.6　实训报告要求

参见实训 1。

4.10　配置与管理 NAT 服务器

4.10.1　实训目的

● 了解掌握使局域网内部的计算机连接到 Internet 的方法。
● 掌握使用 NAT 实现网络互联的方法。
● 掌握远程访问服务的实现方法。
● 掌握 VPN 的实现。

4.10.2　实训环境及要求

在架设 NAT 服务器之前，读者需要了解 NAT 服务器配置实例部署的需求和实训环境。

1．部署需求

在部署 NAT 服务前需满足以下要求：

① 设置 NAT 服务器的 TCP/IP 属性，手工指定 IP 地址、子网掩码、默认网关和 DNS 服务器 IP 地址等；② 部署域环境，域名为 long.com。

2．部署环境

本节所有实例都被部署在如图 4-205 所示的网络环境下。其中 NAT 服务器主机名为 win2008-1，该服务器连接内部局域网网卡（LAN）的 IP 地址为 10.10.10.1/24，连接外部网络网卡（WAN）的 IP 地址为 200.1.1.1/24；NAT 客户端主机名为 win2008-2，其 IP 地址为 10.10.10.2/24；内部 Web 服务器主机名为 win2008-4，IP 地址为 10.10.10.4/24；Internet 上的 Web 服务器主机名为 win2008-3，IP 地址为 200.1.1.3/24。

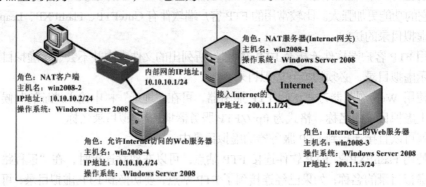

图 4-205　架设 NAT 服务器网络拓扑图

4.10.3　实训要求

① 部署架设 NAT 服务器的需求和环境；
② 安装"路由和远程访问服务"角色服务；
③ 配置并启用 NAT 服务；
④ 停止 NAT 服务；
⑤ 禁用 NAT 服务；
⑥ NAT 客户端计算机配置和测试；
⑦ 外部网络主机访问内部 Web 服务器；
⑧ 配置筛选器；
⑨ 设置 NAT 客户端；
⑩ 配置 DHCP 分配器与 DNS 代理。

4.10.4　实训步骤

1．安装"路由和远程访问服务"角色服务

首先按照图 4-205 所示的网络拓扑图配置各计算机的 IP 地址等参数。然后再在计算机 win2008-1 上通过"服务器管理器"安装"路由和远程访问服务"角色服务。具体步骤如下。

① 以管理员身份登录服务器"win2008-1"，打开"服务器管理器"窗口并展开"角色"。
② 单击"添加角色"链接，打开如图 4-206 所示的"选择服务器角色"对话框，选择"网络策略和访问服务"角色。

图 4-206　"选择服务器角色"对话框

③ 单击"下一步"按钮，显示"网络策略和访问服务"对话框，提示该角色可以提供的网络功能，单击相关链接可以查看详细帮助文件。

④ 单击"下一步"按钮，显示如图 4-207 所示的"选择角色服务"对话框。网络策略和访问服务中包括"网络策略服务器、路由和远程访问服务、健康注册机构和主机凭据授权协议"角色服务，只选择其中的"路由和远程访问服务"即可满足搭建 VPN 服务器的需求，本例同时选择"网络策略服务器"角色。

图 4-207　"选择角色服务"对话框

⑤ 单击"下一步"按钮，显示"确认安装选择"对话框，列表中显示的是将要安装的角色服务或功能，单击"上一步"按钮可返回修改。需要注意的是，如果选择了"网络策略服务器"和"健康注册机构"等角色，则同时还需要安装 IIS 服务和 Active Directory 证书服务。

⑥ 单击"安装"按钮即可开始安装，完成后显示"安装结果"对话框。

⑦ 单击"关闭"按钮，退出安装向导。

2．配置并启用 NAT 服务

在计算机"win2008-1"上通过"路由和远程访问"控制台配置并启用 NAT 服务，具体步骤如下。

（1）打开"路由和远程访问服务器安装向导"页面

以管理员账户登录到需要添加 NAT 服务的计算机 win2008-1 上，单击"开始"→"管理工具"→"路由和远程访问"，打开"路由和远程访问"控制台。右键单击服务器 win2008-1，在弹出菜单中选择"配置启用路由和远程访问"，打开"路由和远程访问服务器安装向导"页面。

（2）选择网络地址转换（NAT）

单击"下一步"按钮，出现"配置"对话框，在该对话框中可以配置 NAT、VPN 以及路由服务，在此选择"网络地址转换（NAT）"单选框，如图 4-208 所示。

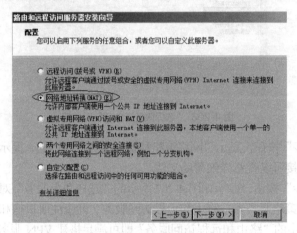

图 4-208 选择网络地址转换（NAT）

（3）选择连接到 Internet 的网络接口

单击"下一步"按钮，出现"NAT Internet 连接"对话框，在该对话框中指定连接到 Internet 的网络接口，即 NAT 服务器连接到外部网络的网卡，选择"使用此公共接口连接到 Internet"单选框，并选择接口为"WAN"，如图 4-209 所示。

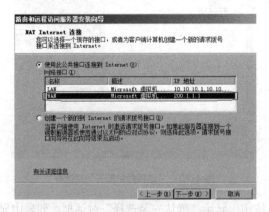

图 4-209 选择连接到 Internet 的网络接口

（4）结束 NAT 配置

单击"下一步"按钮，出现"正在完成路由和远程访问服务器安装向导"对话框，最后单击"完成"按钮即可完成 NAT 服务的配置和启用。

3．停止 NAT 服务

可以使用"路由和远程访问"控制台停止 NAT 服务，具体步骤如下。

① 以管理员账户登录到 NAT 服务器上，打开"路由和远程访问"控制台，NAT 服务启用后显示绿色向上标识箭头。

② 右键单击服务器，在弹出菜单中选择"所有任务"→"停止"，停止 NAT 服务。

③ NAT 服务停止以后，显示红色向下标识箭头，表示 NAT 服务已停止。

4．禁用 NAT 服务

要禁用 NAT 服务，可以使用"路由和远程访问"控制台，具体步骤如下。

① 以管理员登录到 NAT 服务器上，打开"路由和远程访问"控制台，右键单击服务器，在弹出菜单中选择"禁用路由和远程访问"。

② 接着弹出"禁用 NAT 服务警告信息"界面。该信息表示禁用路由和远程访问服务后，要重新启用路由器，需要重新配置。

③ 禁用路由和远程访问后的控制台界面，显示红色向下标识箭头。

5．NAT 客户端计算机配置和测试

配置 NAT 客户端计算机，并测试内部网络和外部网络计算机之间的连通性，具体步骤如下。

（1）设置 NAT 客户端计算机网关地址

以管理员账户登录 NAT 客户端计算机 win2008-2 上，打开"Internet 协议版本 4（TCP/IPv4）"对话框。设置其"默认网关"的 IP 地址为 NAT 服务器的内网网卡（LAN）的 IP 地址，在此输入"10.10.10.1"，如图 4-210 所示。最后单击"确定"按钮即可。

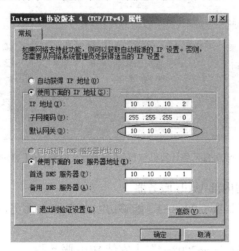

图 4-210　设置 NAT 客户端的网关地址

（2）测试内部 NAT 客户端与外部网络计算机的连通性

在 NAT 客户端计算机 win2008-2 上打开命令提示符界面，测试与 Internet 上的 Web 服务器（win2008-3）的连通性，输入命令"ping　200.1.1.3"，如图 4-211 所示，显示能连通。

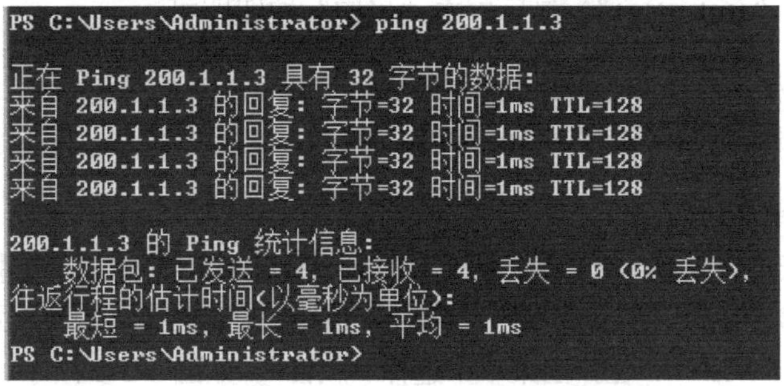

```
PS C:\Users\Administrator> ping 200.1.1.3

正在 Ping 200.1.1.3 具有 32 字节的数据：
来自 200.1.1.3 的回复：字节=32 时间=1ms TTL=128
来自 200.1.1.3 的回复：字节=32 时间=1ms TTL=128
来自 200.1.1.3 的回复：字节=32 时间=1ms TTL=128
来自 200.1.1.3 的回复：字节=32 时间=1ms TTL=128

200.1.1.3 的 Ping 统计信息：
    数据包：已发送 = 4，已接收 = 4，丢失 = 0 〈0% 丢失〉，
往返行程的估计时间〈以毫秒为单位〉：
    最短 = 1ms，最长 = 1ms，平均 = 1ms
PS C:\Users\Administrator>
```

图 4-211　测试 NAT 客户端计算机与外部计算机的连通性

（3）测试外部网络计算机与 NAT 服务器、内部 NAT 客户端的连通性

以本地管理员账户登录到外部网络计算机（win2008-3）上，打开命令提示符界面，依次使用命令"ping 200.1.1.1"、"ping 10.10.10.1"、"ping 10.10.10.2"、"ping 10.10.10.4"，测试外部计算机 win2008-3 与 NAT 服务器外网卡和内网卡以及内部网络计算机的连通性，如图 4-212 所示，除 NAT 服务器外网卡外均不能连通。

```
PS C:\Users\Administrator> ping 200.1.1.1

正在 Ping 200.1.1.1 具有 32 字节的数据:
来自 200.1.1.1 的回复: 字节=32 时间=2ms TTL=128
来自 200.1.1.1 的回复: 字节=32 时间=1ms TTL=128
来自 200.1.1.1 的回复: 字节=32 时间=1ms TTL=128
来自 200.1.1.1 的回复: 字节=32 时间<1ms TTL=128

200.1.1.1 的 Ping 统计信息:
    数据包: 已发送 = 4, 已接收 = 4, 丢失 = 0 (0% 丢失),
往返行程的估计时间(以毫秒为单位):
    最短 = 0ms, 最长 = 2ms, 平均 = 1ms
PS C:\Users\Administrator> ping 10.10.10.1

正在 Ping 10.10.10.1 具有 32 字节的数据:
PING: 传输失败。General failure.
PING: 传输失败。General failure.
PING: 传输失败。General failure.
PING: 传输失败。General failure.

10.10.10.1 的 Ping 统计信息:
    数据包: 已发送 = 4, 已接收 = 0, 丢失 = 4 (100% 丢失),
PS C:\Users\Administrator> ping 10.10.10.2

正在 Ping 10.10.10.2 具有 32 字节的数据:
PING: 传输失败。General failure.
PING: 传输失败。General failure.
PING: 传输失败。General failure.
PING: 传输失败。General failure.

10.10.10.2 的 Ping 统计信息:
    数据包: 已发送 = 4, 已接收 = 0, 丢失 = 4 (100% 丢失),
```

图 4-212 测试外部网络计算机与 NAT 服务器、内部 NAT 客户端的连通性

6. 外部网络主机访问内部 Web 服务器

要让外部网络的计算机"win2008-3"能够访问内部 Web 服务器"win2008-4"，具体步骤如下。

（1）在内部网络计算机"win2008-4"上安装 Web 服务器

如何在 win2008-4 上安装 Web 服务器，请参考"4.8 配置与管理 Web 服务器"。

（2）将内部网络计算机"win2008-4"配置成 NAT 客户端

以管理员账户登录 NAT 客户端计算机 win2008-4 上，打开"Internet 协议版本 4（TCP/IPv4）"对话框。设置其"默认网关"的 IP 地址为 NAT 服务器的内网网卡（LAN）的 IP 地址，在此输入"10.10.10.1"。最后单击"确定"按钮即可。

使用端口映射等功能时，内部网络计算机一定要配置成 NAT 客户端。本例中是将 win2008-4 的网关设置为 10.10.10.1。

（3）设置端口地址转换

① 以管理员账户登录到 NAT 服务器上，打开"路由和远程访问"控制台，依次展开服务器"win2008-1"和"IPv4"节点，单击"NAT"按钮，在控制台右侧界面中，右键单击 NAT 服务器的外网网卡"WAN"，在弹出菜单中选择"属性"，如图 4-213 所示，打开"WAN 属性"对话框。

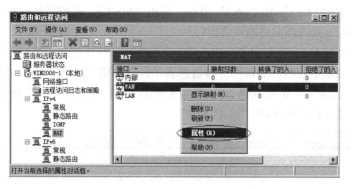

图 4-213　打开 WAN 网卡属性对话框

② 在打开的"WAN 属性"对话框中，选择如图 4-214 所示的"服务和端口"选项卡，在此可以设置将 Internet 用户重定向到内部网络上的服务。

③ 选择"服务"列表中的"Web 服务器（HTTP）"复选框，会打开"编辑服务"对话框，在"专用地址"文本框中输入安装 Web 服务器的内部网络计算机 IP 地址，在此输入"10.10.10.4"，如图 4-215 所示。最后单击"确定"按钮即可。

图 4-214　"地址池"选项卡

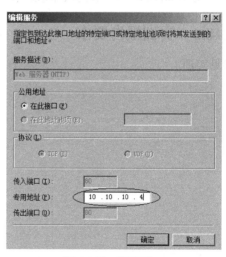

图 4-215　编辑服务

④ 返回"服务和端口"选项卡，可以看到已经选择了"Web 服务器（HTTP）"复选框，然后单击"确定"按钮可完成端口地址转换的设置。

（4）从外部网络访问内部 Web 服务器

① 以管理员账户登录到外部网络的计算机 win2008-3 上。

② 打开 IE 浏览器，输入 http://200.1.1.1，会打开内部计算机 win2008-4 上的 Web 网站。请读者试一试。

"200.1.1.1"是 NAT 服务器外部网卡的 IP 地址。

（5）在 NAT 服务器上查看地址转换信息

① 以管理员账户登录到 NAT 服务器 win2008-1 上，打开"路由和远程访问"控制台，依

次展开服务器"win2008-1"和"IPv4"节点，单击"NAT"，在控制台右侧界面中显示 NAT 服务器正在使用的连接内部网络的网络接口。

② 右键单击"WAN"，在弹出菜单中选择"显示映射"，打开如图 4-216 所示的"win2008-1-网络地址转换会话映射表格"对话框。该信息表示外部网络计算机"200.1.1.3"访问到内部网络计算机"11.11.11.4"的 Web 服务，NAT 服务器将 NAT 服务器外网卡 IP 地址"200.1.1.1"转换成了内部网络计算机 IP 地址"11.11.11.4"。

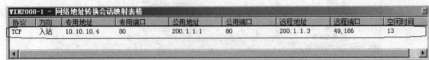

协议	方向	专用地址	专用端口	公用地址	公用端口	远程地址	远程端口	空闲时间
TCP	入站	10.10.10.4	80	200.1.1.1	80	200.1.1.3	49,186	13

图 4-216 网络地址转换会话映射表格

4.10.5 实训思考题

● 什么是专用地址和公用地址？
● Windows 内置的使网络内部的计算机连接到 Internet 的方法有几种？是什么？
● 在 Windows Server 版的操作系统中，提供了哪两种地址转换方法？

4.10.6 实训报告要求

参见实训 1。

第 5 章
Linux 网络操作系统

　　Linux 是当前最具发展潜力的计算机操作系统，Internet 的旺盛需求正推动着 Linux 的发展热潮一浪高过一浪。Linux 自由与开放的特性，加上强大的网络功能，使 Linux 在 21 世纪有着无限的发展前景。

　　本章以 RHEL 5.4 为基础，介绍了 Linux 系统的安装与网络配置及用户管理、Samba 服务器的配置与应用、DNS 服务器的配置与管理、Web 服务器的配置与应用、FTP 服务器的配置与应用，以及 iptables 防火墙和 NAT 的配置。

5.1　Linux 的安装与配置

5.1.1　实训目的

- 掌握光盘方式下安装 RHEL 5 的基本步骤。
- 了解系统中各硬件设备的设置方法。
- 了解磁盘分区的相关知识，并手工建立磁盘分区。
- 掌握 RHEL 5 的初始化设置。
- 掌握 RHEL 5 的启动过程。
- 掌握 RHEL 5 的运行级别。

5.1.2　实训环境

- 一台已经安装好 Windows 7 的计算机
- Windows 7 上已经安装好了 VMware Workstation 10.0.1，且运行正常
- 一套 RHEL 5 安装光盘或者 RHEL 5 的镜像文件（ISO）

5.1.3　实训步骤

　　在安装前需要对虚拟机软件做一点介绍，启动 VMWare 软件，在 VMWare Workstation 主窗口中单击 New Virtual Machine，或者选择 File→New→Virtual Machine 命令，打开新建虚拟机向导。继续单击"下一步"按钮，出现如图 5-1 所示的对话框。从 VMWare 6.5 开始，在建立虚拟机时有一项 Easy install，类似 Windows 的无人值守安装，如果不希望执行 Easy Install，请选择第 3 项"I will install operating system later"单选按钮（推荐选择本项）。其他内容请参照相关资料。

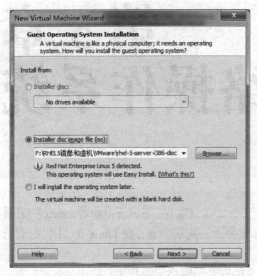

图 5-1　在虚拟机中选择安装方式

1. 安装 Red Hat Enterprise Linux 5

（1）设置启动顺序

决定了要采用的启动方式后，就要到 BIOS 中进行设置，将相关的启动设备设置为高优先级。因为现在所有的 Linux 版本都支持从光盘启动，所以我们就进入 Advanced BIOS Feature 选项，使用上下箭头设置第 1 个引导设备为"CD-ROM"。

一般情况下，计算机的硬盘是启动计算机的第一选择，也就是说计算机在开机自检后，将首先读取硬盘上引导扇区中的程序来启动计算机。要安装 RHEL 5 首先要确认计算机将光盘设置为第 1 启动设备。开启计算机电源后，屏幕会出现计算机硬件的检测信息，此时根据屏幕提示按下相应的按键就进入 BIOS 的设置画面，如屏幕出现 Press DEL to enter SETUP 字样，那么单击 Delete 键就进入 BIOS 设置画面。不同的计算机提示信息有所不同，不同主板的计算机 BIOS 设置画面也有所差别。

在 BIOS 设置画面中将系统启动顺序中的第一启动设备设置为 CD-ROM 选项，并保存设置，退出 BIOS。

　　如果是在 VMware 虚拟机中安装 RHEL 5，而又需要光盘引导时，有两种方法可进入 BIOS 设置。

方法 1：打开虚拟机电源，在虚拟机窗口中单击鼠标左键，接受对虚拟机的控制，按 F2 键可以进入 BIOS 设置。

方法 2：如图 5-2 所示，在选中要启动的 RHEL 5 虚拟机后，依次单击"虚拟机"→"电源"→"打开电源到 BIOS"，可以直接进入 BIOS 设置界面，虚拟机中使用的是"Phoenix（凤凰）"的 BIOS 程序。

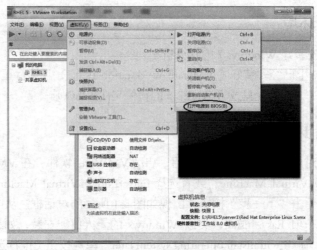

图 5-2　VMwareWorkstation

（2）选择安装方式

根据使用光盘或镜像文件的不同，可采取两种方法加载安装文件。

● 方法 1：在虚拟机中连接 ISO 文件（等同于将光盘放入光驱）。在 VMware Workstation 界面中，依次单击"虚拟机"→"设置"打开虚拟机设置对话框。如图 5-3 所示。在该对话框中单击"CD/DVD（IDE）"，选中右侧的"使用 ISO 镜像文件"单选按钮，然后单击浏览，查找并选中 RHEL5 镜像文件。

图 5-3　VMware Workstation 界面

● 方法 2：直接将 Red Hat Enterprise Linux 5 CD-ROM/DVD 放入光驱。

准备工作完成后，重新启动计算机（打开虚拟机电源），稍等片刻，就看到了经典的 Red Hat Linux 安装界面，如图 5-4 所示。

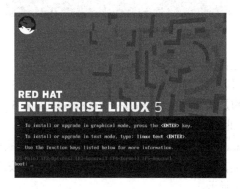

图 5-4　选择 Red Hat Enterprise Linux 5 安装模式

需要注意的是，在这个安装界面下按回车键表示采用默认的选项进行安装。如果想从硬盘安装，或者进入急救模式，或者设置安装时采用的分辨率，则分别按 F2 键（更多选项）、F3 键（常规配置）、F4 键（内核参数）、F5 键（急救模式）。如果在"boot:"后输入"Linux text"是用 CLI（命令行界面）安装。

　　　　如果想从硬盘或者网络载体上安装 Red Hat Enterprise Linux 5，就必须在"boot:"提示符下，输入"linux askmethod"，然后在接下来的窗口中选择从本地硬盘、网络还是光盘进行安装。

（3）检测光盘和硬件

在"boot:"提示符下直接按回车键，安装程序就会自动检测硬件，并且会在屏幕上提示相关的信息，如光盘、硬盘、CPU、串行设备等，如图 5-5 所示。

图 5-5   Red Hat Enterprise Linux 5 安装程序检测硬件中

检测完毕后，还会出现一个光盘检测窗口，如图 5-6 所示。这是因为大家使用的 Linux 很多都是从网上下载的，为了防止下载错误导致安装失败，Red Hat Enterprise Linux 特意设置了光盘正确性检查程序。如果确认自己的光盘没有问题，就单击 skip 按钮跳过漫长的检测过程。

图 5-6   选择是否检测光盘介质

（4）选择安装语言并进行键盘设置

如果你的主机硬件都可以很好地被 Red Hat Enterprise Linux 5 支持的话，现在就进入了图形化安装阶段。首先打开的是欢迎界面，Red Hat Enterprise Linux 5 的安装要靠我们简单地进行选择来一步一步地完成，如图 5-7 所示。

Red Hat Enterprise Linux 5 的国际化做得相当好，它的安装界面内置了数十种语言支持。根据自己的需求选择语言种类，这里选择"简体中文"，单击 Next 按钮后，整个安装界面就变成简体中文显示了，如图 5-8 所示。

图 5-7   Red Hat Enterprise Linux 5 的欢迎界面

图 5-8   选择所采用的语言

接下来是键盘布局选择窗口，对于选择了"简体中文"界面的用户来说，这里最好选择"美国英语式"。

（5）输入安装号码

在选择好键盘布局并继续安装时，Red Hat Enterprise Linux 5 会提醒输入"安装号码"。这个安装号码相当于 Windows 的安装序列号，只不过在 Red Hat Enterprise Linux 5 中即使跳过输入安装号码也可以安装、使用 Linux，但可以安装的功能受限，并且得不到 Red Hat 的技术支持，如图 5-9 所示。

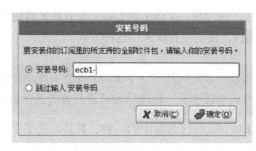

图 5-9　输入安装号码

（6）为硬盘分区

磁盘分区允许用户将一个磁盘划分成几个单独的部分，每一部分有自己的盘符。Red Hat Enterprise Linux 5 在安装向导中提供了一个简单易用的分区程序（Disk Druid）来帮助用户完成分区操作。

步骤一：在全新硬盘上安装 Red Hat Enterprise Linux 5，安装程序会提示你是否要初始化驱动器，单击"是"按钮继续（见图 5-10）。

步骤二：Red Hat Enterprise Linux 5 分区工具会首先让用户选择分区方案，如图 5-11 所示。

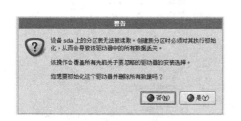

图 5-10　初始化驱动器　　　图 5-11　Red Hat Enterprise Linux 5 提供了 4 种分区方案

它内置的分区方案包括 4 种。

① 在选定磁盘上删除所有分区并创建默认分区结构。

选择该选项将会删除原来硬盘上的所有分区，包括 Windows 的 fat、NTFS 分区。此选项适合于整个磁盘上只需要安装一个 Linux 系统，并且硬盘上不存在其他重要数据的场合。

　　选择该选项将会导致原来磁盘上的所有分区和数据被删除。特别提示，在硬盘中数据得到妥善备份之前，请不要进行该操作。

② 在选定驱动器上删除 Linux 分区并创建默认的分区结构。

选择该选项将会删除原来硬盘上的 Linux 分区，但其他操作系统创建的分区比如 Windows 的 fat、NTFS 将得到保留。此选项适合于和其他操作系统共存的场合。

③ 使用选定驱动器中的空余空间并创建默认的分区结构。

该选项将会保留原来硬盘上的所有数据和分区，前提是你必须保证在硬盘上有足够的空间可以用来安装新的 Linux 系统。

④ 建立自定义的分区结构。

所有的操作都由用户手工来完成，适合于对 Linux 十分熟悉的用户，但对初次接触 Red Hat Enterprise Linux 5 的用户而言，还是不建议采用这种方式。

 提示 最好同时勾选分区方案选择窗口下方的"检验和修改分区方案"，这可以让你实时查看到将要采用的分区方案，经过你的同意后再实施分区动作。

步骤三：如果选择了 3 种自动分区方案中的一种，并且勾选了"检验和修改分区方案"，你将会看到分区预览界面，如图 5-12 所示。在其中可以单击"新建"按钮创建一个新分区，单击"编辑"按钮修改选中的分区，或者单击"删除"按钮用来删除一个不适合的分区，"重设"按钮则用来将硬盘恢复到早期的分区状态。

步骤四：先创建/boot 分区。Red Hat Enterprise Linux 5 默认采用的是 LVM 分区格式，这是特殊的磁盘应用，对于采用单硬盘的大多数朋友来说，还是采用普通的分区格式为好，所以先选中原来的分区，逐个删除，然后开始重建。

单击"新建"按钮，会出现"添加分区"对话框，因为首先规划的是"启动分区"，所以在"挂载点"选择"/boot"，磁盘文件系统类型就选择标准的"ext3"，大小设置为 100MB（在"大小"框中输入 100，单位是 MB），并勾选"强制为主分区"，其他的按照默认设置即可，如图 5-13 所示。

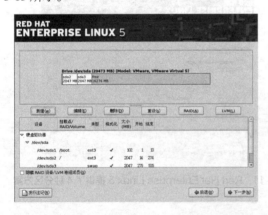

图 5-12　Red Hat Enterprise Linux 5 磁盘分区预览窗口

图 5-13　创建启动分区

 提示 为保证/boot 分区在整个硬盘的最前面，一定要选择"强制为主分区"选项。

步骤五：再创建交换分区。同样，单击"新建"按钮，此时会出现同样的窗口，我们只需要在"文件系统类型"中选择"swap"，大小一般设置为物理内存的两倍即可。比如，若计算机物理内存大小为 1GB，设置的 swap 分区大小就是 2048MB（2GB）。

什么是 swap 分区？简单地说，swap 就是虚拟内存分区，它类似于 Windows 的 PageFile.sys 页面交换文件。就是当计算机的物理内存不够时，作为后备利用硬盘上的指定空间来动态扩充内存的大小。

提示 由于 swap 并不会使用到目录树的挂载，所以 swap 就不需要指定挂载点。

当然，我们还需要创建其他分区，不过具体动作与上述操作大同小异，这里就不再赘述了。最后的分区规划如下。

- swap 分区大小为 2GB；
- /boot 分区大小为 100MB；
- /分区大小为 2GB；
- /usr 分区大小为 5GB；
- /home 分区大小为 8GB；
- /var 分区大小为 1GB。

其他的用来创建一个数据分区和备份分区。

特别注意 ① 不可与 root 分区分开的目录是：/dev、/etc、/sbin、/bin 和/lib。系统启动时，核心只载入一个分区，那就是"/"，核心启动要加载/dev、/etc、/sbin、/bin 和 lib 五个目录的程序，所以以上几个目录必须和/根目录在一起。

② 最好单独分区的目录是：/home、/usr、/var 和/tmp，出于安全和管理的目的，以上四个目录最好要独立出来，比如在 samba 服务中，/home 目录可以配置磁盘配额 quota，在 sendmail 服务中，/var 目录可以配置磁盘配额 quota。

③ 在创建分区时，/boot、/、swap 分区都勾选"强制为主分区"选项，建立独立主分区（/dev/sda1-3）。/home、/usr、/var 和/tmp 四个目录分别挂载到/dev/sda5-8 四个独立逻辑分区（扩展分区/dev/sda4 被分成若干逻辑分区）。

分区结果如下所示：

```
[root@localhost var]# fdisk -l

Disk /dev/sda: 42.9 GB, 42949672960 bytes
255 heads, 63 sectors/track, 5221 cylinders
Units = cylinders of 16065 * 512 = 8225280 bytes

   Device Boot      Start         End      Blocks   Id  System
/dev/sda1   *           1          13      104391   83  Linux
/dev/sda2              14         144     1052257+   83  Linux
/dev/sda3             145         209      522112+   82  Linux swap / Solaris
/dev/sda4             210        5221    40258890    5  Extended
/dev/sda5             210        1514    10482381   83  Linux
/dev/sda6            1515        2558     8385898+   83  Linux
/dev/sda7            2559        3211     5245191   83  Linux
/dev/sda8            3212        3603     3148708+   83  Linux
```

（7）引导设置

给硬盘完成分区操作后，Red Hat Enterprise Linux 5 安装程序开始配置引导程序。在 Linux 中主要有 LILO 和 GRUB 两种引导管理器，目前 LILO 已经很少使用，Red Hat Enterprise Linux 5 内置的就是 GRUB。

一般情况下，我们选择把 GRUB 安装到 MBR 即可（默认设置就是安装到 MBR），如图 5-14 所示。这样如果你先在计算机上安装了 Windows，还可以实现 Windows 和 Linux 的双系统引导。

（8）网络配置

Red Hat Enterprise Linux 5 会自动检测网络设备并将它显示在"网络设备"列表框中，如图 5-15 所示。

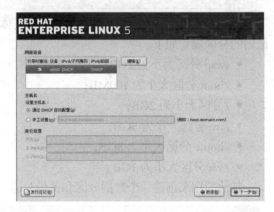

图 5-14 选择 GRUB 安装位置　　　　图 5-15 Red Hat Enterprise Linux 5 的网络配置窗口

在默认情况下，Red Hat Enterprise Linux 5 会使用 DHCP 动态获取 IP 地址来降低网络的配置难度。如果不想采用 DHCP 来进行网络设备的配置，则需要选中相应设备，单击右侧的"编辑"按钮打开配置窗口，如图 5-16 所示。清除"使用动态 IP 配置（DHCP）"复选框即可，然后设置 IP 地址和子网掩码。

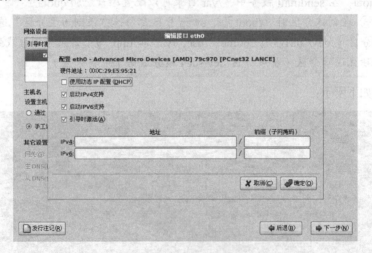

图 5-16 手工设置 IP 地址

单击"确定"按钮后，就会出现如图 5-17 所示的画面。在这里可以为主机设置名称，也可以设置网关、DNS 服务器等。

若想在安装系统后打开网络配置窗口，只需要在命令行控制台输入 "system-config- network" 就可以了。这个配置网络的小工具叫做 Network Administration Tool。

（9）设置时区

时区用于标志计算机的物理位置，Red Hat Enterprise Linux 5 可以通过两种方式来进行设置，如图 5-18 所示。

图 5-17　设置网关和 DNS

图 5-18　设置时区

● 在"时区选择"窗口中，单击上方的交互式地图来选择，当前选中区域会显示一个红色的"×"。

● 在下方的"时区选择"下拉列表中选择。

提示

　　在安装好系统之后，想要设置时区就必须借助 Time and Date Properties Tool 工具了。它可以通过在命令行控制台窗口输入 system-config-date 指令来打开。

（10）设置根用户口令

设置根用户口令是 Red Hat Enterprise Linux 5 安装过程中最重要的一步。根用户类似于 Windows 中的 Administrator（管理员）账号，对于系统来说具有最高权限，如图 5-19 所示。

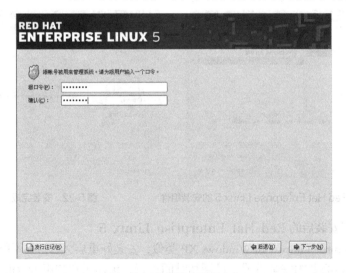

图 5-19　为根用户设置口令

提示

　　如果想在安装好 Red Hat Enterprise Linux 5 之后重新设置根用户口令，就需要在命令行控制台下输入 system-config-rootpassword 指令。

（11）定制安装组件

Red Hat Enterprise Linux 5 也为我们提供了安装组件的选择选项，这些安装组件随用户安装号码的不同而有所差异。Red Hat Enterprise Linux 5 的组件选择默认只有软件开发、虚拟化和网络服务器 3 部分。如果需要进行更详细的定制，就需要勾选下方的"现在定制"选项，如图 5-20 所示。

图 5-20　Red Hat Enterprise Linux 5 的安装组件

如果勾选了"现在定制"选项，则会给你一个更加全面的选择机会。比如，当需要安装 KDE 桌面环境时，就需要在"桌面环境"下勾选"KDE（K 桌面环境）"，如图 5-21 所示。

现在，终于开始正式安装了。Red Hat Enterprise Linux 5 安装进程会详细地显示安装需要的时间、目前正在安装的组件及组件的简单说明，经过一段时间的等待，Red Hat Enterprise Linux 5 终于顺利完成安装。如果你看到如图 5-22 所示的画面，就表示大功告成，请将光盘取出来，然后单击"重新引导"按钮启动系统。

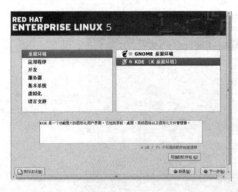

图 5-21　详细定制 Red Hat Enterprise Linux 5 的安装组件

图 5-22　安装完成

2．基本配置安装后的 Red Hat Enterprise Linux 5

Red Hat Enterprise Linux 5 和 Windows XP 类似，安装好重启之后，并不能立刻就可以投入使用，还必须进行必要的安全设置、日期和时间设置，创建用户和声卡等的安装。 Red Hat Enterprise Linux 5 安装后还需要经过设置才能使用。

（1）许可协议

Red Hat Enterprise Linux 5 在开始设置之前会显示一个许可协议，只有勾选"是，我同意这个许可协议"，才能继续配置。

（2）防火墙设置

Red Hat Enterprise Linux 5 的安全设置十分严格，在默认情况下，绝大多数服务都不允许外部计算机访问，所以如果想使一台计算机作为 FTP、HTTP 或者 Samba 服务器，就必须在"防火墙设置"部分选择它为可以信任的服务。

Red Hat Enterprise Linux 5 已经内置了 FTP、NFS4、SSH、Samba、Telnet、WWW（HTTP）、安全 WWW（HTTP）和邮件（SMTP）服务的设置模板。要在本机上启用这些服务，只需要勾选"信任的服务"中的相应服务即可。不过，如果所要架设的服务器不在预设模板之列，就需要单击"其他端口"，然后添加相应服务的端口并进行简单的设置，如图 5-23 所示。

（3）加强安全的 SELinux

Red Hat Enterprise Linux 5 中采用了 SELinux（Security Enhanced Linux）来加强系统的安全性，提供一个比传统 Linux 系统更加详细的安全控制功能。它可以被设置为禁用、允许和强制 3 种状态。对于服务器来说，默认的"强制"设置是一个不错的选择，如图 5-24 所示。

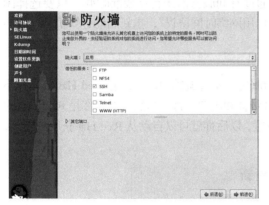

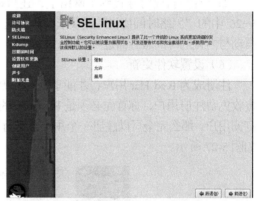

图 5-23　为相应的服务放行　　　　　　图 5-24　启用 SELinux，加强 Red Hat

Enterprise Linux 5 系统的安全性

（4）Kdump

Kdump 提供了一个新的崩溃转储功能，用于在系统发生故障时提供分析数据。在默认配置下该选项是关闭的，如果需要此功能，则选中"Enable kdump"来启用它，如图 5-25 所示。

需要说明的是，Kdump 会占用宝贵的系统内存，所以在确保你的系统已经可以长时间稳定运行时，请关闭它。

（5）时间和日期设置

Red Hat Enterprise Linux 5 与 Windows 一样，也在安装之后提供了日期和时间设置界面，如图 5-26 所示，我们可以手动来为计算机设置正确的日期和时间。

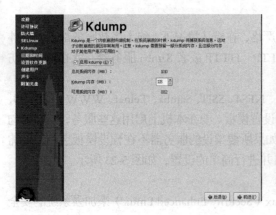

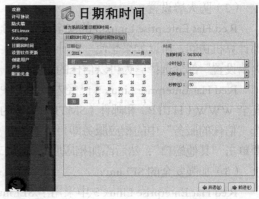

图 5-25　启用 Kdump　　　　　　　　　　图 5-26　设置日期和时间

　　如果计算机此时连接到了网络上，还可以通过时间服务器来自动校准时间。只要选择图 5-26 中的"网络时间协议"选项卡，再勾选"启用网络时间协议"，重新启动计算机后，它会自动与内置的时间服务器进行校准。

　　（6）设置软件更新

　　注册成为 Red Hat 用户，才能享受它的更新服务，不过遗憾的是，目前 Red Hat 公司并不接收免费注册用户，你首先必须是 Red Hat 的付费订阅用户才行。当然，如果你是 Red Hat 的订阅用户，那么完全可以注册一个用户并进行设置，以后你就可以自动从 Red Hat 获取更新了，如图 5-27 所示。

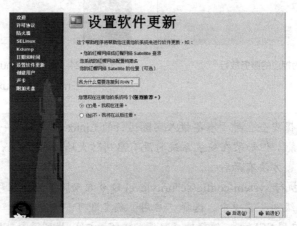

图 5-27　注册了 Red Hat 账号才能进行自动更新

　　（7）创建用户

　　Red Hat Enterprise Linux 5 是一个多用户操作系统，安装系统之后为每个用户创建账号并设置相应的权限操作的过程必不可少。也许有的用户会说，我已经有了 root 账号，并且设置了密码，为什么还要创建其他账号呢？这是因为在 Red Hat Enterprise Linux 5 中，root 账号的权限过大，为了防止用户一时操作不慎损坏系统，最好创建其他账号，如图 5-28 所示。

　　（8）声卡配置

　　Red Hat Enterprise Linux 5 内置了丰富的声卡驱动程序，它会在安装过程中自动检测声卡，安装相应的驱动程序，然后帮助用户进行设置，如图 5-29 所示。

图 5-28　创建用户并设置密码　　　　　　图 5-29　测试、配置声卡

至此，Red Hat Enterprise Linux 5 安装、配置成功，我们终于可以感受到 Linux 的风采了。

3．认识 Linux 启动过程和运行级别

本小节将重点介绍 Linux 启动过程、INIT 进程及系统运行级别。

（1）启动过程

Red Hat Enterprise Linux 5.0 的启动过程包括以下几个阶段。

● 主机启动并进行硬件自检后，读取硬盘 MBR 中的启动引导器程序，并进行加载。

● 启动引导器程序负责引导硬盘中的操作系统，根据用户在启动菜单中选择的启动项不同，可以引导不同的操作系统启动。对于 Linux 操作系统，启动引导器直接加载 Linux 内核程序。

● Linux 的内核程序负责操作系统启动的前期工作，并进一步加载系统的 INIT 进程。

● INIT 进程是 Linux 系统中运行的第一个进程，该进程将根据其配置文件执行相应的启动程序，并进入指定的系统运行级别。

● 在不同的运行级别中，根据系统的设置将启动相应的服务程序。

● 在启动过程的最后，将运行控制台程序提示并允许用户输入账号和口令进行登录。

（2）INIT 进程

INIT 进程是由 Linux 内核引导运行的，是系统中运行的第一个进程，其进程号（PID）永远为"1"。INIT 进程运行后将作为这些进程的父进程并照其配置文件引导运行系统所需的其他进程。INIT 配置文件的全路径名为"/etc/inittab"，INIT 进程运行后将按照该文件中的配置内容运行系统启动程序。

inittab 文件作为 INIT 进程的配置文件，用于描述系统启动时和正常运行中所运行的那些进程。文件内容如下（黑体为输入内容，全书同）。

```
[root@RHEL5 ~]# cat /etc/inittab
id:3:initdefault:
si::sysinit:/etc/rc.d/rc.sysinit
l0:0:wait:/etc/rc.d/rc 0
l1:1:wait:/etc/rc.d/rc 1
l2:2:wait:/etc/rc.d/rc 2
l3:3:wait:/etc/rc.d/rc 3
l4:4:wait:/etc/rc.d/rc 4
l5:5:wait:/etc/rc.d/rc 5
l6:6:wait:/etc/rc.d/rc 6
ca:ctrlaltdel:/sbin/shutdown -t3 -r now
pf:powerfail:/sbin/shutdown -f -h +2 "Power Failure; System Shutting Down"
pr:12345:powerokwait:/sbin/shutdown -c "Power Restored; Shutdown Cancelled"
1:2345:respawn:/sbin/mingetty tty1
```

```
2:2345:respawn:/sbin/mingetty tty2
3:2345:respawn:/sbin/mingetty tty3
4:2345:respawn:/sbin/mingetty tty4
5:2345:respawn:/sbin/mingetty tty5
6:2345:respawn:/sbin/mingetty tty6
x:5:respawn:/etc/X11/prefdm -nodaemon
```

inittab 文件中的每行是一个设置记录，每个记录中有 id、runlevels、action 和 process 4 个字段，各字段间用 "："分隔，它们共同确定了某进程在哪些运行级别以何种方式运行。

（3）系统运行级别

运行级别就是操作系统当前正在运行的功能级别。在 Linux 系统中，这个级别从 0 到 6，共 7 个级别，各自具有不同的功能。这些级别在/etc/inittab 文件里指定。各运行级别的含义如下。

- 0：停机，不要把系统的默认运行级别设置为 0，否则系统不能正常启动。
- 1：单用户模式，用于 root 用户对系统进行维护，不允许其他用户使用主机。
- 2：字符界面的多用户模式，在该模式下不能使用 NFS。
- 3：字符界面的完全多用户模式，主机作为服务器时通常在该模式下。
- 4：未分配。
- 5：图形界面的多用户模式，用户在该模式下可以进入图形登录界面。
- 6：重新启动，不要把系统的默认运行级别设置为 6，否则系统不能正常启动。

步骤一：首先查看系统运行级别。

runlevel 命令用于显示系统当前的和上一次的运行级别。例如：

```
[root@RHEL5 ~]# runlevel
N 3
```

步骤二：接着改变系统运行级别。

使用 init 命令，后跟相应的运行级别作为参数，可以从当前的运行级别转换为其他运行级别。例如：

```
[root@RHEL5 ~]# init 2
[root@RHEL5 ~]# runlevel
5 2
```

4. 删除 Red Hat Enterprise Linux

要从 x86 计算机中完全删除 Linux，不但要删除 Linux 分区，还要删除相应的引导信息才可以。

（1）删除 Linux 引导记录

一般可以通过 DOS/Windows 自带的 Fdisk 小工具来完成。

删除 Red Hat Enterprise Linux 5 的引导信息，需要借助 DOS/Windows 下的分区工具 Fdisk。只需要启动到 DOS 或者 Windows 下，然后在命令行窗口输入以下指令即可：

```
fdisk  /MBR
```

（2）删除 Linux 分区

通过第三方分区工具或者 Linux 急救盘中自带的 parted，就可以删除 Linux 分区。

① 以 Red Hat Enterprise Linux 5 光盘/USB 盘启动计算机，在 "boot："提示符下，输入以下指令启动到急救模式。

```
boot:linux rescue
```

② 在 Red Hat Enterprise Linux 5 的命令行提示符下，输入以下指令，用分区工具打开指定硬盘：

```
parted  /dev/sda
```

③ parted 的指令很多，想钻研一下的读者可以输入"help"获取帮助；不想学习的朋友，直接输入以下指令查看分区表，如图 5-30 所示。

图 5-30　Linux 下的命令行分区小工具 parted

```
print
```

④ 从图 1-30 我们可以看出，Red Hat Enterprise Linux 5 包括多个分区，"/"（根目录）、boot 分区、user 分区、home 分区，我们只要记住相应分区前的 ID 号，然后用"rm+ID 号"指令就可以删除相应分区了。比如，删除 ID 号为 2 的数据分区：

```
rm 2
```

5．登录和退出 Linux

Red Hat Enterprise Linux 5 是一个多用户操作系统，所以，系统启动之后用户若要使用还需要登录。

（1）登录

Red Hat Enterprise Linux 5 的登录方式根据启动的是图形界面还是文本模式而异。

① 图形界面登录。

对于默认设置 Red Hat Enterprise Linux 5 来说，就是启动到图形界面，让用户输入账号和密码登录，如图 5-31 所示。

有些细心的朋友也许已经注意到了，在登录界面的左下角还有"语言"、"会话"、"重新启动"和"关机"4 个选项。"重新启动"和"关机"顾名思义就可以知道作用，但是"语言"和"会话"呢？

如果单击"语言"，我们发现 Red Hat Enterprise Linux 5 有多种语言供选择，只需要点选，就可以马上启动到相应的语言界面，如图 5-32 所示。

图 5-31　图形界面登录

图 5-32　语言选择对话框

至于"会话",用鼠标单击它,打开的是图 5-33 所示的会话界面。不要怀疑,Red Hat Enterprise Linux 5 可以在这里选择 X Window Manager(即窗口管理器)。如果你将所有组件都安装了,就会发现有 KDE 和 GNOME 两种选择。

② 文本模式登录。

如果是文本模式,打开的则是 mingetty 的登录界面。你会看到如图 5-34 所示的登录提示。

图 5-33　会话对话框

图 5-34　以文本方式登录 Red Hat Enterprise Linux 5

> 现在的 Red Hat Enterprise Linux 5 操作系统,默认采用的都是图形界面的 GNOME 或者 KDE 操作方式,要想使用文本方式登录,一般用户可以执行"应用程序"→"附件"→"终端"来打开终端窗口(或者直接右键单击桌面,选择"终端"命令),然后输入 init 3 命令,即可进入文本登录模式;如果在命令行窗口下输入 init 5 或 start x 命令,则可进入图形界面。

(2)退出

至于退出方式,同样要根据所采用的是图形模式还是文本模式来进行相应的选择。

① 图形模式。图形模式很简单,只要执行"系统"→"注销"就可以退出了。

② 文本模式。Red Hat Enterprise Linux 5 文本模式的退出也十分简单,只要同时按下 Ctrl+D 组合键就注销了当前用户;也可以在命令行窗口输入 logout 来退出。

6.启动 Shell

操作系统的核心功能就是管理和控制计算机硬件、软件资源,以尽量合理、有效的方法组织多个用户共享多种资源,而 Shell 则是介于使用者和操作系统核心程序(Kernel)间的一个接口。在各种 Linux 发行套件中,目前虽然已经提供了丰富的图形化接口,但是 Shell 仍旧是一种非常方便、灵活的途径。

Linux 中的 Shell 又被称为命令行,在这个命令行窗口中,用户输入指令,操作系统执行并将结果回显在屏幕上。

(1)使用 Linux 系统的终端窗口

现在的 Red Hat Enterprise Linux 5 操作系统默认采用的都是图形界面的 GNOME 或者 KDE 操作方式,要想使用 Shell 功能,就必须像在 Windows 中那样打开一个命令行窗口。一般用户,可以执行"应用程序"→"附件"→"终端"命令来打开终端窗口(或者直接右键单击桌面,选择"终端"命令),如图 5-35 所示。

执行以上命令后,就打开了一个白底黑字的命令行窗口,在这里我们可以使用 Red Hat Enterprise Linux 5 支持的所有命令行指令。

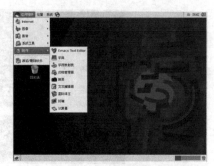

图 5-35　从这里打开终端

（2）使用 Shell 提示符

在 Red Hat Enterprise Linux 5 中，还可以更方便地直接打开纯命令行窗口。应该怎么操作呢？Linux 启动过程的最后，它定义了 6 个虚拟终端，可以供用户随时切换，切换时用 Ctrl+Alt+F1～Ctrl+A1t+F6 组合键可以打开其中任意一个。不过，此时就需要重新登录了。

进入纯命令行窗口之后，还可以使用 Alt+Fl～Alt+F6 组合键在 6 个终端之间切换，每个终端可以执行不同的指令，进行不一样的操作。

登录之后，普通用户的命令行提示符以"$"号结尾，超级用户 root 的命令行以"#"号结尾。

```
[yy@localhost ~]$                    ;一般用户以"$"号结尾
[yy@localhost ~]$  su root           ;切换到 root 账号
Password:
[root@localhost ~]#                  ;命令行提示符变成以"#"号结尾了
```

~符号代表的是"用户的家目录"的意思，它是个变量。举例来说，root 的家目录在/root，所以~就代表/root 的意思。而 bobby 的家目录在/home/bobby，所以如果你以 bobby 登入时，看到的~就等于/home/bobby。

当用户需要返回图形桌面环境时，也只需要按下 Ctrl+Alt+F7 组合键，就可以返回到刚才切换出来的桌面环境。

也许有的用户想让 Red Hat Enterprise Linux 5 启动后就直接进入纯命令行窗口，而不是打开图形界面，这也很简单，使用任何文本编辑器打开/etc/inittab 文件，找到如下所示的行：

```
id:5:initdeafault
```

将它修改为

```
id:3:initdeafault
```

重新启动系统你就会发现，它登录的是命令行而不是图形界面。

要想让 Red Hat Enterprise Linux 5 直接启动到图形界面，可以按照上述操作将"id:3"中的"3"修改为"5"；也可以在纯命令行模式，直接执行"start x"命令打开图形模式。

5.1.4 实训思考题

● Linux 的版本分为哪两类？分别代表什么意思？
● Linux 有几种安装方法？
● 要建立 Linux 分区可以有哪几种方法？怎样使用 Disk Druid 工具建立磁盘分区。
● 安装 Linux 至少需要哪两个分区？还有哪些常用分区？

5.1.5 实训报告要求

● 实训目的。
● 实训内容。
● 实训步骤。
● 实训中的问题和解决方法。

- 回答实训思考题。
- 实训心得与体会。
- 建议与意见。

5.2 Linux 常用命令

5.2.1 实训目的

- 掌握 Linux 各类命令的使用方法。
- 熟悉 Linux 操作环境。

5.2.2 实训内容

练习使用 Linux 常用命令，达到熟练应用的目的。

5.2.3 实训环境

- 一台已经安装好 Linux 操作系统的主机，并且已经配置好基本的 TCP/IP 参数，能够通过网络连接局域网中或远程的主机。
- 一台 Linux 服务器，能够提供 FTP、Telnet 和 SSH 连接。

5.2.4 实训步骤

1．文件和目录类命令

（1）启动计算机，利用 root 用户登录到系统，进入字符提示界面。

（2）用 pwd 命令查看当前所在的目录。

```
#pwd
```

（3）用 ls 命令列出此目录下的文件和目录。

```
#ls
```

（4）用-a 选项列出此目录下包括隐藏文件在内的所有文件和目录。

```
#ls  -a
```

（5）用 man 命令查看 ls 命令的使用手册。

```
#man  ls
```

（6）在当前目录下，创建测试目录 test。

```
#mkdir  test
```

（7）利用 ls 命令列出文件和目录，确认 test 目录创建成功。

```
#ls
```

（8）进入 test 目录，利用 pwd 查看当前工作目录。

```
#cd test;pwd
```

（9）利用 touch 命令，在当前目录创建一个新的空文件 newfile。

```
#touch  newfile
```

（10）利用 cp 命令复制系统文件/etc/profile 到当前目录下。

```
#cp /etc/profile
```

（11）复制文件 profile 到一个新文件 profile.bak，作为备份。

```
#cp profile profile.bak
```

（12）用 ll 命令以长格形式列出当前目录下的所有文件，注意比较每个文件的长度和创建时间的不同。

```
#ll
```

（13）用 less 命令分屏查看文件 profile 的内容，注意练习 less 命令的各个子命令，如 b、p、q 等，并对 then 关键字查找。

```
#less profile
```

（14）用 grep 命令在 profile 文件中对关键字 then 进行查询，并与上面的结果比较。

```
#grep profile
```

（15）给文件 profile 创建一个软链接 lnsprofile 和一个硬链接 lnhprofile。

```
#ln -s profile lnsprofile
#ln profile lnhprofile
```

（16）长格形式显示文件 profile、lnsprofile 和 lnhprofile 的详细信息。注意比较 3 个文件链接数的不同。

```
#ll
```

（17）删除文件 profile，用长格形式显示文件 lnsprofile 和 lnhprofile 的详细信息，比较文件 lnhprofile 的链接数的变化。

```
#rm profile;ll
```

（18）用 less 命令查看文件 lnsprofile 的内容，看看有什么结果。

```
#less lnsprofile
```

（19）用 less 命令查看文件 lnhprofile 的内容，看看有什么结果。

```
#less lnhprofile
```

（20）删除文件 lnsprofile，显示当前目录下的文件列表，回到上层目录。

```
#rm lnsprofile;ls;cd ..
```

（21）用 tar 命令把目录 test 打包。

```
#tar -cvf test.tar test
```

（22）用 gzip 命令把打好的包进行压缩。

```
#gzip test.tar
```

（23）把文件 test.tar.gz 改名为 backup.tar.gz。

```
#mv test.tar.gz backup.tar.gz
```

（24）显示当前目录下的文件和目录列表，确认重命名成功。

（25）把文件 backup.tar.gz 移动到 test 目录下。

```
#mv backup.tar.gz test/
```

（26）显示当前目录下的文件和目录列表，确认移动成功。

（27）进入 test 目录，显示目录中的文件列表。

（28）把文件 backup.tar.gz 解包。

```
#tar -zxvf backup.tar.gz
```

（29）显示当前目录下的文件和目录列表，复制 test 目录为 testbak 目录作为备份。

```
#ls;cp -r test testbak
```

（30）查找 root 用户自己主目录下的所有名为 newfile 的文件。

```
#grep ~ -name newfile
```

（31）删除 test 子目录下的所有文件。

```
#rm test/*
```

（32）利用 rmdir 命令删除空子目录 test。

```
#rmdir test
```

回到上层目录，利用 rm 命令删除目录 test 和其下所有文件。

2．系统信息类命令

（1）利用 date 命令显示系统当前时间，并修改系统的当前时间。

```
#date;date -d 08/23/2008
```

（2）显示当前登录到系统的用户状态。

（3）利用 free 命令显示内存的使用情况。

```
#free
```

（4）利用 df 命令显示系统的硬盘分区及使用状况。

```
#df
```

（5）显示当前目录下各级子目录的硬盘占用情况。

```
#du
```

3．进程管理类命令

（1）使用 ps 命令查看和控制进程。

① 显示本用户的进程：#ps。

② 显示所有用户的进程：#ps –au。

③ 在后台运行 cat 命令：#cat &。

④ 查看进程 cat ：# ps aux |grep cat。

⑤ 杀死进程 cat：#kill –9 cat。

⑥ 再次查看进程 cat，看看是否被杀死。

（2）使用 top 命令查看和控制进程。

① 用 top 命令动态显示当前的进程。

② 只显示用户 user01 的进程（利用【U】键）。

③ 利用【K】键，杀死指定进程号的进程。

（3）挂起和恢复进程。

① 执行命令 cat。

② 按【Ctrl+Z】组合键，挂起进程 cat。

③ 输入 jobs 命令，查看作业。

④ 输入 bg，把 cat 切换到后台执行。

⑤ 输入 fg，把 cat 切换到前台执行。

⑥ 按【Ctrl+C】组合键，结束进程 cat。

（4）find 命令的使用。

① 在/var/lib 目录下查找所有文件其所有者是 games 用户的文件。

```
#find /var/lib -user games 2> /dev/null
```

② 在/var 目录下查找所有文件其所有者是 root 用户的文件。

```
#find /var -user root 2>/dev/mull
```

③ 查找所有文件其所有者不是 root、bin 和 student 用户，并用长格式显示（如 ls-l 的显示结果）。

```
#find / -not -user root -not -user bin -not -user student -ls 2> /dev/null
```

或者是：

```
#find / ! -user root ! -user bin ! -user student -exec ls -ld {} \; 2> /dev/null
```

④ 查找/usr/bin 目录下所有大小超过一百万 byte 的文件，并用长格式显示（如 ls-l 的显示结果）。

```
#find /usr/bin -size +1000000c -ls 2> /dev/null
```

⑤ 对/etc/mail 目录下的所有文件使用 file 命令。

```
#find /etc/maill -exec file {} \; 2 > /dev/null
```

⑥ 查找/tmp 目录下属于 student 的所有普通文件，这些文件的修改时间为 120 分钟以前，查询结果用长格式显示（如 ls-l 的显示结果）。

```
# find /tmp -user student -and -mmin +120 -and -type f -ls 2> /dev/null
```

⑦ 对于查到的上述文件，用-ok 选项删除。

```
# find /tmp -user student -and -mmin +120 -and -type f -ok rm {} \;
```

4．rpm 软件包的管理

（1）查询系统是否安装了软件包 squid。

```
[root@RHEL4 ~]#rpm -q squid
```

（2）如果没有安装，则挂载 Linux 第 2 张安装光盘，安装 squid-3.5.STABLE6-3.i386.rpm 软件包。

```
[root@RHEL4 ~]#mount /media/cdrom
[root@RHEL4 ~]#rpm -ivh /media/cdrom/RedHat/RPMS/squid-3.5.STABLE6-3.i386.rpm
```

（3）卸载刚刚安装的软件包。

```
[root@RHEL4 ~]#rpm -e squid
```

（4）软件包的升级：rpm － Uvh squid−3.5.STABLE6−3.i386.rpm。

（5）软件包的更新：rpm － Fvh squid−3.5.STABLE6−3.i386.rpm。

5．tar 命令的使用

系统上的主硬盘在使用的时候有可怕的噪声，但是它上面有有价值的数据。系统在两年半以前备份过，你决定手动备份少数几个最紧要的文件。/tmp 目录里储存在不同硬盘的分区上快坏的分区，这样你想临时把文件备份到那里。

（1）在/home 目录里，用 find 命令定位文件所有者是 student 的文件，然后将其压缩。

```
#find /home -user student -exec tar zvf /tmp/backup.tar {} \;
```

（2）保存/etc 目录下的文件到/tmp 目录下。

```
#tar cvf /tmp/confbackup.tar /etc
```

（3）列出两个文件的大小。

（4）使用 gzip 压缩文档。

5.2.5　实训思考题

more 与 less 命令有何区别。

5.2.6　实训报告要求

- 实训目的。
- 实训内容。
- 实训环境。
- 实训步骤。
- 实训中的问题和解决方法。
- 回答实训思考题。

- 实训心得与体会。
- 建议与意见。

5.3 Linux 系统用户管理

5.3.1 实训目的

- 熟悉 Linux 用户的访问权限。
- 掌握在 Linux 系统中增加、修改、删除用户或用户组的方法。
- 掌握用户账户管理及安全管理。
- 掌握批量创建新账号。

5.3.2 实训内容

- 用户的访问权限。
- 账号的创建、修改、删除。
- 自定义组的创建与删除。

5.3.3 实训环境

一台已经安装好 RHEL5 的计算机（最好有音响或耳机），一套 RHEL 5 安装光盘（或 ISO 镜像）。

5.3.4 理论基础

Linux 属于多用户、多任务的操作系统，可让不同的用户从本地登录。在网络上则允许用户利用 Telnet 等方式从远程登录。但无论是从本机还是从远程登录，用户都必须在该主机上拥有账号。

1. 管理员账号

安装 Linux 之后，系统默认包括了 root 账号。此账号的用户为系统管理员，对系统有完全的控制权，可对系统做任何设置和修改（甚至摧毁整个系统），所以维护 root 账号的安全格外重要。以管理员身份登录系统后，可对 root 账号密码进行修改，修改密码可在 X Window 图形模式中进行，也可以命令方式进行。

2. 用户账号

用户登录系统时，必须有自己的账号名（login name）和密码，且用户的账号名必须是唯一的。用户的账号可以由管理员创建、修改或删除。

3. 组

为方便用户管理，把具有相同性质、相同权限的用户集中起来管理，这种用户集合就称为组。创建组的方法和创建账号几乎相同，组名也必须是唯一的，组也可以由管理员创建、修改和删除。

用户和组的管理可以在图形模式下进行，也可以在字符方式下用 Linux 相关命令进行管理。

> ● 用户标识码 UID 和组标识码 GID 的编号从 500 开始，0～499 保留给系统使用，若创建用户账号或组群时未指定标识码，则系统会自动指定从编号 500 开始查找尚未使用的号码。
>
> ● 在 Linux 系统中，英文字母的大小写是有差别的。

4．用户切换

在某些情况下，已经登录的用户需要改变身份，即进行用户切换，以执行当前用户权限之外的操作。这时可以用下述方法实现。

（1）注销然后重新进入系统。在 GNOME 桌面环境中单击左上角的"系统"按钮，执行"注销"命令，屏幕上会出现新的登录界面，如图 5-36 所示。这时输入新的用户账号及密码，重新进入系统。

图 5-36　GNOME 桌面环境

（2）运行 su 命令进行用户切换。Linux 操作系统提供了虚拟控制台功能，即在同一物理控制台实现多用户同时登录和同时使用该系统。使用者可以充分利用这种功能进行用户切换。su 命令可以使用户方便地进行切换，不需要用户进行注销操作就可以完成用户切换。要升级为超级用户（root），只需在提示符 \$ 下输入 su，按屏幕提示输入超级用户（root）的密码，即可切换成超级用户。依次单击左上角的"应用程序→附件→终端"，进入终端控制台，然后在终端控制台输入以下命令。

```
[root@RHEL5 ~]# whoami
root
[root@RHEL5 ~]# su user1          //root 用户转换为任何用户都不需要口令
[user1@RHEL5 root]$ whoami
User1
[user1@RHEL5 root]$ su root       //普通用户转换为任何用户都需要提供口令
Password:
[user1@RHEL5 root]$ exit          //使用 exit 命令可以退回到上一次使用 su 命令时的用户
exit
[root@RHEL5 ~]# whoami
root
```

su 命令不指定用户名时将从当前用户转换为 root 用户，但需要输入 root 用户的口令。

5.3.5 实训步骤

1.用户账号管理

在图形模式下管理用户账号。以 root 账号登录 GNOME 后，在 GNOME 桌面环境中单击左上角的主选按钮，单击"系统"→"管理"→"用户和组群"，出现"用户管理器"界面，如图 5-37 所示。

图 5-37 "用户管理器"界面

在用户管理器中可以进行创建用户账号，修改用户账号和口令，删除账号，加入指定的组群等操作。

（1）创建用户账号。在图 5-37 所示界面的用户管理器的工具栏中单击"添加用户"按钮，出现"创建新用户"界面。在界面中相应位置输入用户名、全称、口令、确认口令、主目录等，最后单击"确定"按钮，新用户即可建立。

（2）修改用户账号和口令。在用户管理器的用户列表中选定要修改用户账号和口令的账号，单击"属性"按钮，出现"用户属性"界面，选择"用户数据"选项卡，修改该用户的账号（用户名）和密码，单击"确定"按钮即可，如图 5-38 所示。

图 5-38 "用户属性—用户数据"界面

图 5-39 "用户属性—组群"界面

（3）将用户账号加入组群。在"用户属性"界面中，单击"组群"选项卡，在组群列表中选定该账号要加入的组群，单击"确定"按钮。如图 5-39 所示。

（4）删除用户账号。在用户管理器中选定欲删除的用户名，单击"删除"按钮，即可删除用户账号。

（5）其他设置。在"用户属性"界面中，单击"账号信息"和"口令信息"，可查看和设置账号与口令信息。

2．在图形模式下管理组群

在"用户管理者"窗口中选择"组群"选型卡，选择要修改的组，然后单击工具栏上的"属性"按钮，打开"组群属性"窗口，如图 5-40 所示，从中可以修改该组的属性。

单击"用户管理者"窗口中工具栏上的"添加组群"按钮，可以打开"创建新组群"窗口，在该窗口中输入组群名和 GID，然后单击"确定"按钮即可创建新组群，如图 5-41 所示。组群的 GID 也可以采用系统的默认值。

图 5-40　"组群属性"窗口　　　　　　　　图 5-41　"创建新组群"窗口

要删除现有组群，只需选择要删除的组群，并单击工具栏上的"删除"按钮即可。

3．批量新建账号

由于 RHEL 5.x 的 passwd 已经提供了 --stdin 的功能，因此如果我们可以提供账号口令的话，那么就能够很简单地建立起我们的账号口令了。

那么如何批量新建账号呢？请看下面的实例。要求批量创建 std01~std10 十个用户账户。

```
[root@Server ~]# vim account1.sh
#!/bin/bash
# 这个程序用来创建新增账号，功能如下。
# 1. 检查 account1.txt 是否存在，并将该文件内的账号取出；
# 2. 创建上述文件的账号；
# 3. 将上述账号的口令修订成为『强制第一次进入需要修改口令』的格式。
# 2013/12/31    Bobby Yang
export PATH=/bin:/sbin:/usr/bin:/usr/sbin

# 检查 account1.txt 是否存在
if [ ! -f account1.txt ]; then
        echo "所需要的账号文件不存在，请创建 account1.txt ，每行一个账号名称"
        exit 1
fi
```

```
usernames=$(cat account1.txt)

for username in $usernames
do
        useradd $username                            #<==新增账号
        echo $username | passwd --stdin $username #<==与账号相同的口令
        chage -d 0 $username                         #<==强制登录修改口令
done
```

接下来只要创建 account1.txt 这个文件就可以了。这个文件里面共有十行，你可以自行创建该文件，每一行一个账号。注意，最终的结果会是每个账号具有与账号相同的口令，且初次登录后，必须要重新配置口令后才能够再次登录使用系统资源。

```
[root@Server ~]# vim account1.txt
std01
std02
std03
std04
std05
std06
std07
std08
std09
std10

[root@Server ~]# sh account1.sh
Changing password for user std01.
passwd: all authentication tokens updated successfully.
....(后面省略)....
```

5.3.6 实训思考题

- root 账号和普通账号有什么区别？root 账号为什么不能删除？
- 用户和组群有何区别？
- 如何在组群中添加用户？

5.3.7 实训报告要求

- 实训目的。
- 实训内容。
- 实训环境。
- 实训步骤。
- 实训中的问题和解决方法。
- 回答实训思考题。
- 实训心得与体会。
- 建议与意见。

5.4 配置与管理 Samba 服务器

5.4.1 实训目的

掌握 Samba 服务器的安装、配置与调试。

5.4.2 实训内容

- 建立和配置 Samba 服务器。
- 在 Linux 与 Windows 的用户之间建立映射。
- 建立共享目录并设置权限。
- 使用共享资源。

5.4.3 实训环境及要求

对于一个完整的计算机网络，不仅有 Linux 网络服务器，也会有 Windows Server 网络服务器；不仅有 Linux 客户端，也会有 Windows 客户端。利用 Samba 服务可以实现 Linux 系统和 Microsoft 公司的 Windows 系统之间的资源共享，以实现文件和打印共享。

在进行本单元的教学与实验前，需要做好如下准备。

（1）已经安装好的 RHEL 5。

（2）RHEL 5 安装光盘或 ISO 镜像文件。

（3）Linux 客户端。

（4）Windows 客户端。

（5）VMware 10.0.1 虚拟机软件。以上环境可以用虚拟机实现。

5.4.4 实训步骤

1．安装 Samba 服务

建议在安装 Samba 服务之前，使用 rpm –qa |grep samba 命令检测系统是否安装了 Samba 相关性软件包。

```
[root@rhel5 ~]#rpm -qa |grep samba
samba-client-3.0.33-3.7.el5
samba-common-3.0.33-3.7.el5
```

如果系统还没有安装 Samba 软件包，我们可以使用 rpm 命令安装所需软件包。

插入第 2 张安装盘，挂载。然后输入 rpm –ivh samba-3.0.33–3.7.el5.i386.rpm 命令完成安装。如果是 DVD 光盘，直接挂载一次就可以了。

```
//挂载光盘到 /media 下
[root@rhel5 ~]# mount  /dev/cdrom  /media
//进入安装文件所在目录
[root@rhel5 ~]# cd /media/Server
//安装相应的软件包
[root@rhel5 Server]#rpm -ivh samba-3.0.33-3.7.el5.i386.rpm
```

用同样的方法挂载第 3 张光盘，安装 Samba 图形化管理工具：rpm –ivh samba–swat-3.0.33-3.7.el5..i386.rpm。但这时会发现出现一个错误。

```
error: Failed dependencies:
    perl(Convert::ASN1) is needed by samba-swat-3.0.33-3.7.el5.i386
```

告诉我们缺少 perl-Convert-ASN1-0.20-1.1.noarch.rpm，那只能先安装 perl，然后再安装图形化管理工具。安装时的命令仍然是 rpm，请读者自己试着安装一下。

所有软件包安装完毕之后，可以使用 rpm 命令再一次进行查询：rpm -qa | grep samba。

2．启动与停止 Samba 服务

```
[root@rhel5 ~]# service smb start/stop/restart/reload
//或者
[root@rhel5 ~]# /etc/rc.d/init.d/smb start/stop/restart/reload
```

 Linux 服务中，当我们更改配置文件后，一定要记得重启服务，让服务重新加载配置文件，这样新的配置才可以生效。

3．自动加载 Samba 服务

我们可以使用 chkconfig 命令自动加载 SMB 服务，如图 5-42 所示。

```
[root@rhel5 ~]# chkconfig --level 3 smb on      #运行级别 3 自动加载
[root@rhel5 ~]# chkconfig --level 3 smb off     #运行级别 3 不自动加载
```

```
[root@localhost ~]# chkconfig --list smb
smb         0:off   1:off   2:off   3:off   4:off   5:off   6:off
[root@localhost ~]# chkconfig --level 3 smb on
[root@localhost ~]# chkconfig --list smb
smb         0:off   1:off   2:off   3:on    4:off   5:off   6:off
[root@localhost ~]# chkconfig --level 3 smb off
[root@localhost ~]# chkconfig --list smb
smb         0:off   1:off   2:off   3:off   4:off   5:off   6:off
[root@localhost ~]#
```

图 5-42　使用 chkconfig 命令自动加载 SMB 服务

4．share 服务器实例解析

某公司需要添加 Samba 服务器作为文件服务器，工作组名为 Workgroup，发布共享目录/share，共享名为 public，这个共享目录允许所有公司员工访问。

 这个案例属于 Samba 的基本配置，我们可以使用 share 安全级别模式，既然允许所有员工访问，则需要为每个用户建立一个 Samba 账号，那么如果公司拥有大量用户呢？1 000 个用户，100 000 个用户，一个个设置会非常麻烦，我们可以通过配置 security=share 来让所有用户登录时采用匿名账户 nobody 访问，这样实现起来非常简单。

step1：建立 share 目录，并在其下建立测试文件。

```
[root@rhel5 ~]# mkdir /share
[root@rhel5 ~]# touch /share/test_share.tar
```

step2：修改 Samba 主配置文件 smb.conf。

```
[root@rhel5 ~]# vim /etc/Samba/smb.conf
```

修改配置文件，并保存结果。

```
[global]
        workgroup = Workgroup           #设置 Samba 服务器工作组名为 Workgroup
        server string = File Server     #添加 Samba 服务器注释信息为 "File Server"
        security = share                #设置 Samba 安全级别为 share 模式，允许用户匿名访问
;       passdb backend = tdbsam
```

```
        smb passwd file = /etc/samba/smbpasswd
[public]                                #设置共享目录的共享名为public
        comment=public
        path=/share                     #设置共享目录的绝对路径为/share
        guest ok=yes                    #允许匿名访问
        public=yes                      #最后设置允许匿名访问
```

step3：重新加载配置。

Linux 为了使新配置生效，需要重新加载配置，可以使用 restart 重新启动服务或者使用 reload
重新加载配置。

```
[root@rhel5 ~]# service smb reload
//或者
[root@rhel5 ~]# /etc/rc.d/init.d/smb reload
```

 　　重启 Samba 服务，虽然可以让配置生效，但是 restart 是先关闭 Samba 服务再开
启服务，这样如果在公司网络运营过程中肯定会对客户端员工的访问造成影响，建
议使用 reload 命令重新加载配置文件使其生效，这样不需要中断服务就可以重新加
载配置。

Samba 服务器通过以上设置，用户就可以不需要输入账号和密码直接登录 Samba 服务器并
访问 public 共享目录了。

 　　① 要想使用 Samba 进行网络文件和打印机共享，就必须首先设置让 Red Hat
Enterprise Linux 5 的防火墙放行，请执行"系统"→"管理"→"安全级别和防火
墙"，然后勾选 Samba，如图 5-43 所示。② 在 "SELinux"选项卡中将 SELinux 禁用。

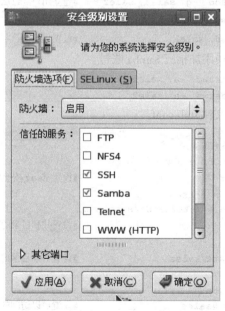

图 5-43　在防火墙上开放 Samba 端口

5．user 服务器实例解析

上面的案例讲了 share 安全级别模式的 Samba 服务器，可以实现用户方便地通过匿名方式访

问，但是如果在我们 Samba 服务器上存有重要文件的目录，那么为了保证系统安全性及资料保密性，我们就必须对用户进行筛选，允许或禁止相应的用户访问指定的目录，这里 share 安全级别模式就不能满足某些单位的实际要求了。

（1）任务要求

如果公司有多个部门，因工作需要，就必须分门别类地建立相应部门的目录。要求将销售部的资料存放在 Samba 服务器的/companydata/sales/目录下集中管理，以便销售人员浏览，并且该目录只允许销售部员工访问。

（2）需求分析

需求分析：在/companydata/sales/目录中存放有销售部的重要数据，为了保证其他部门无法查看其内容，我们需要将全局配置中 security 设置为 user 安全级别，这样就启用了 Samba 服务器的身份验证机制，然后在共享目录/companydata/sales 下设置 valid users 字段，配置只允许销售部员工能够访问这个共享目录。

（3）步骤

step1：建立共享目录，并在其下建立测试文件。

```
[root@rhel5 ~]# mkdir  /companydata
[root@rhel5 ~]# mkdir  /companydata/sales
[root@rhel5 ~]# touch  / companydata/sales/test_share.tar
```

step2：添加销售部用户和组并添加相应 Samba 账号。

① 使用 groupadd 命令添加 sales 组，然后执行 useradd 命令和 passwd 命令添加销售部员工的账号及密码。

```
[root@rhel5 ~]# groupadd  sales            #建立销售组 sales
[root@rhel5 ~]# useradd  -g  sales  sale1   #建立用户 sale1，添加到 sales 组
[root@rhel5 ~]# useradd  -g  sales  sale2   #建立用户 sale2，添加到 sales 组
[root@rhel5 ~]# passwd  sale1               #设置用户 sale1 密码
[root@rhel5 ~]# passwd  sale2               #设置用户 sale2 密码
```

② 接下来为销售部成员添加相应 Samba 账号。

```
[root@rhel5 ~]# smbpasswd  -a  sale1
[root@rhel5 ~]# smbpasswd  -a  sale2
```

③ 修改 Samba 主配置文件 smb.conf。

```
[global]
      workgroup = Workgroup
      server string = File Server
      security = user                     #设置 user 安全级别模式
;     passdb backend = tdbsam
      smb passwd file = /etc/Samba/smbpasswd
[sales]                                   #设置共享目录的共享名为 sales
      comment=sales
      path=/companydata/sales             #设置共享目录的绝对路径
      writable = yes
       browseable = yes
       valid users = @sales               #设置可以访问的用户为 sales 组
```

step3：设置共享目录的本地系统权限。

```
[root@rhel5 ~]# chmod  770  /companydata/sales
[root@rhel5 ~]# chown  sale1:sales  /companydata/sales
[root@rhel5 ~]# chown  sale2:sales  /companydata/sales
```

step4：重新加载配置。

要让修改后的 Linux 配置文件生效，需要重新加载配置。

```
[root@rhel5 ~]# service smb reload
//或者
[root@rhel5 ~]# /etc/rc.d/init.d/smb reload
```

step5：测试。

6. Linux 客户端访问 Samba 共享

Linux 客户端访问服务器主要有两种方法。

（1）使用 smbclient 命令。

在 Linux 中，Samba 客户端使用 smbclint 这个程序来访问 Samba 服务器时，先要确保客户端已经安装了 Samba-client 这个 rpm 包。

```
[root@rhel5 ~]# rpm -qa|grep samba
```

默认已经安装，如果没有安装可以用前面讲过的命令来安装。

smbclient 可以列出目标主机共享目录列表。

smbclient 命令格式：

```
smbclient -L 目标 IP 地址或主机名 -U 登录用户名%密码
```

当我们查看 rhel5（192.168.0.10）主机的共享目录列表时，提示输入密码，这时候可以不输入密码，我们直接按回车键，这样表示匿名登录，然后就会显示匿名用户可以看到的共享目录列表。

```
[root@rhel5 ~]# smbclient -L rhel5
[root@rhel5 ~]# smbclient -L 192.168.0.10
```

若想使用 samba 账号查看 samba 服务器端共享的目录，可以加上-U 参数，后面跟上用户名%密码。下面的命令显示只有 boss 账号才有权限浏览和访问的 tech 技术部共享目录。

```
[root@rhel5 ~]# smbclient -L 192.168.0.10 -U boss%Password
```

 不同用户使用 smbclient 浏览的结果可能是不一样，这要根据服务器设置的访问控制权限而定。

读者还可以使用 smbclient 命令行共享访问模式浏览共享的资料。

smbclient 命令行共享访问模式命令格式：

```
smbclient //目标 IP 地址或主机名/共享目录 -U 用户名%密码
```

下面的命令结果显示服务器上 tech 共享目录的内容。

```
[root@rhel5 ~]# smbclient //192.168.0.10/tech -U boss%Password
```

另外 smbclient 登录 samba 服务器后，我们可以使用 help 查询所支持的命令。

（2）使用 mount 命令挂载共享目录。

mount 命令挂载共享目录格式：

```
mount -t cifs //目标 IP 地址或主机名/共享目录名称 挂载点 -o username=用户名
[root@rhel5 ~ ]# mount -t cifs //192.168.0.10/tech /mnt/sambadata/ -o username=boss%Password
```

表示挂载 192.168.0.10 主机上的共享目录 tech 到/mnt/sambadata 目录下，cifs 是 samba 所使用的文件系统。

7. Windows 7 客户端访问 samba 共享

（1）依次打开"开始"→"运行"，使用 UNC 路径直接进行访问。

例如：\\rhel5\tech 或者 \\192.168.0.10\tech

（2）映射网络驱动器访问 samba 服务器共享目录。

双击打开"我的电脑"，再依次单击"工具"→"映射网络驱动器"，在"映射网络驱动器"对话框中选择"Z"驱动器，并输入 tech 共享目录的地址，比如：\\192.168.0.10\tech。单击"完成"按钮，在接下来的对话框中输入可以访问 tech 共享目录的 samba 账号和密码。

再次打开"我的电脑"，驱动器 Z 就是我们的共享目录 tech，可以很方便地访问了。

5.4.5　实训思考题

Samba 服务器的主要作用是什么？

5.4.6　实训报告要求

- 实训目的。
- 实训内容。
- 实训环境及要求。
- 实训步骤。
- 实训中的问题和解决方法。
- 回答实训思考题。
- 实训心得与体会。
- 建议与意见。

5.5　配置与管理 NFS 服务器

5.5.1　实训目的

- 掌握 Linux 系统之间资源共享和互访方法。
- 掌握 NFS 服务器和客户端的安装与配置。

5.5.2　实训内容

- 架设一台 NFS 服务器。
- 利用 Linux 客户端连接并访问 NFS 服务器上的共享资源。

5.5.3　实训环境及要求

下面我们将剖析一个企业 NFS 服务器的真实案例，提出解决方案，以便读者能够对前面的知识有一个更深的理解。

1．企业 NFS 服务器拓扑图

企业 NFS 服务器拓扑如图 5-44 所示，NFS 服务器的地址是 192.168.8.188，一个客户端的 IP 地址是 192.168.8.186，另一个客户端的 IP 地址是 192.168.8.88。其他客户端 IP 地址不再罗列。在本例中有 3 个域：team1.smile.com、team2.smile.com 和 team3.smile.com。

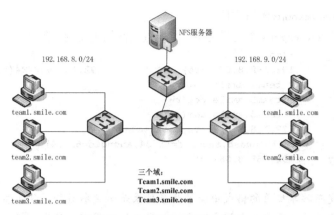

图5-44 企业NFS服务器拓扑图

2．企业需求

（1）共享/media目录，允许所有客户端访问该目录并只有只读权限。

（2）共享/nfs/public目录，允许192.168.8.0/24和192.168.9.0/24网段的客户端访问，并且对此目录只有只读权限。

（3）共享/nfs/team1、/nfs/team2、/nfs/team3目录，并且/nfs/team1只有team1.smile.com域成员可以访问并有读写权限，/nfs/team2、/nfs/team3目录同理。

（4）共享/nfs/works目录，192.168.8.0/24网段的客户端具有只读权限，并且将root用户映射成匿名用户。

（5）共享/nfs/test目录，所有人都具有读写权限，但当用户使用该共享目录时都将账号映射成匿名用户，并且指定匿名用户的UID和GID都为65和534。

（6）共享/nfs/security目录，仅允许192.168.8.88客户端访问并具有读写权限。

5.5.4 实训步骤

Step1：创建相应目录。

```
[root@server ~]# mkdir  /media
[root@server ~]# mkdir  /nfs
[root@server ~]# mkdir  /nfs/public
[root@server ~]# mkdir  /nfs/team1
[root@server ~]# mkdir  /nfs/team2
[root@server ~]# mkdir  /nfs/team3
[root@server ~]# mkdir  /nfs/works
[root@server ~]# mkdir  /nfs/test
[root@server ~]# mkdir  /nfs/security
```

Step2：安装nfs-utils及portmap软件包。

用rpm检查是否安装了所需软件，如果没有就用rpm进行安装。

nfs-utils-1.0.9-24.el5：nfs服务的主程序包，它提供rpc.nfsd及rpc.mountd这两个daemons以及相关的说明文件。

portmap-4.0-65.2.2.1：rpc主程序，记录服务的端口映射信息。

光盘挂载（挂载过程请参见5.4.4小节）后，执行如下命令。

```
[root@server server]# rpm  -ivh  portmap-4.0-65.2.2.1
[root@server server]# rpm   -ivh  nfs-utils-1.0.9-40.el5.i386.rpm
```

Step3：编辑/etc/exports 配置文件。

使用 vim 编辑/etc/exports 主配置文件。主配置文件的主要内容如下。

```
/media              *(ro)
/nfs/public         192.168.8.0/24(ro)              192.168.9.0/24(ro)
/nfs/team1          *.team1.smile.com(rw)
/nfs/team2          *.team2.smile.com(rw)
/nfs/team3          *.team3.smile.com(rw)
/nfs/works          192.168.8.0/24(ro,root_squash)
/nfs/test           *(rw,all_squash,anonuid=65534,anongid=65534)
/nfs/security       192.168.8.88(rw)
```

注意　　在发布共享目录的格式中除了共享目录是必选参数外，其他参数都是可选的。并且共享目录与客户端之间、客户端与客户端之间需要使用空格，但是客户端与参数之间不能有空格。

Step4：配置 NFS 固定端口。

使用 vim /etc/sysconfig/nfs 编辑 NFS 主配置文件，自定义以下端口，要保证不和其他端口冲突。

```
RQUOTAD_PORT=5001
LOCKD_TCPPORT=5002
LOCKD_UDPPORT=5002
MOUNTD_PORT=5003
STATD_PORT=5004
```

Step5：配置 iptables 策略。

建议在学习后面的相关章节后再来看这一部分配置，不配置该项内容不影响配置效果。

```
iptables -P INPUT -j DROP
iptables -A INPUT -i lo -j ACCEPT
iptables -A INPUT -p tcp -m multiport --dport 111,2049 -j ACCEPT
iptables -A INPUT -p udp -m multiport --dport 111,2049 -j ACCEPT
iptables -A INPUT -p tcp --dport 5001:5004 -j ACCEPT
iptables -A INPUT -p udp --dport 5001:5004 -j ACCEPT
service iptables save
```

Step6：启动 portmap 和 NFS 服务。

由于 NFS 服务是基于 portmap 服务的，所以我们需要先启动 portmap 服务：service portmap restart，然后 service nfs restart。

```
[root@server ~]# service  portmap  restart
[root@server ~]# service  nfs   restart
```

Step7：NFS 服务器本机测试。

① 使用 rpcinfo 命令检测 NFS 是否使用了固定端口。

```
[root@server ~]# rpcinfo  -p
```

② 检测 NFS 的 rpc 注册状态。

格式：

rpcinfo –u 主机名或 IP 地址 进程

```
[root@server ~]# rpcinfo  -u 192.168.8.188 nfs
```

③ 查看共享目录和参数设置。

```
[root@server ~]# cat  /var/lib/nfs/etab
```

④ 使用 showmount 命令查看共享目录发布及使用情况。

showmount −e 或 showmount −e IP 地址；showmount −d 或者 showmount −d IP 地址。

```
[root@server ~]# showmount -e
[root@server ~]# showmount -d
```

Step8：Linux 客户端测试(192.168.8.186)。

```
[root@Client ~]# ifconfig   eth0
```

① 查看 NFS 服务器共享目录。

```
[root@Client ~]# showmount -e 192.168.8.188
```

② 挂载及卸载 NFS 文件系统。

格式：

mount −t nfs NFS 服务器 IP 地址或主机名：共享名 本地挂载点

```
[root@Client ~]# mount -t nfs 192.168.8.188:/media  /mnt/media
[root@Client ~]# mount -t nfs 192.168.8.188:/nfs/works  /mnt/nfs
[root@Client ~]# mount -t nfs 192.168.8.188:/nfs/test   /mnt/test
[root@Client ~]# umount /mnt/media/
[root@Client ~]# umount /mnt/nfs/
```

注意

　　本地挂载点应该事先建好。另外如果想挂载一个没有权限访问的 NFS 共享目录就会报错。如下所示的命令会报错。

　　[root@Client ~]# mount -t nfs 192.168.8.188:/nfs/security /mnt/nfs

③ 启动自动挂载 NFS 文件系统。

使用 vim 编辑/etc/fstab，增加一行。

```
192.168.8.188:/nfs/test       /mnt/nfs      nfs       default 0 0
```

Step9：保存退出并重启 Linux 系统。

Step10：在 NFS 服务器/nfs/test 目录中新建个文件测试一下。

Step11：在 Linux 客户端查看/nfs/test 有没挂载成功。如图 5-45 所示。

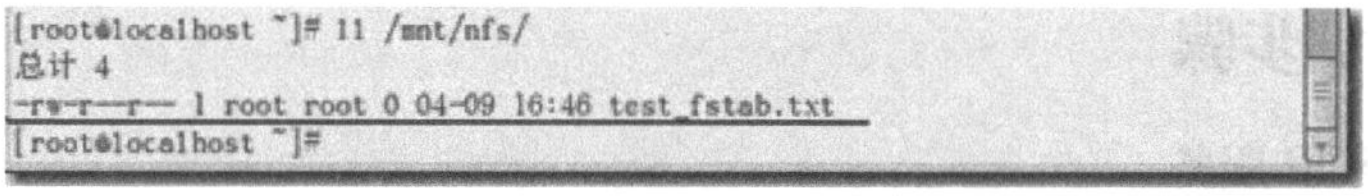

```
[root@localhost ~]# ll /mnt/nfs/
总计 4
-rw-r--r-- 1 root root 0 04-09 16:46 test_fstab.txt
[root@localhost ~]#
```

图 5-45　在客户端挂载成功

5.5.5　实训思考题

● 使用 NFS 服务，至少需要启动哪 3 个系统守护进程？
● NFS 服务的工作流程是怎样的？
● 如何排除 NFS 故障？

5.5.6　实训报告要求

● 实训目的。
● 实训内容。
● 实训环境及要求。
● 实训步骤。
● 实训中的问题和解决方法。

- 回答实训思考题。
- 实训心得与体会。
- 建议与意见。

5.6 配置与管理 DHCP 服务器

5.6.1 实训目的

- 掌握 Linux 下 DHCP 服务器的安装和配置方法。
- 掌握 DHCP 客户端的配置。

5.6.2 实训内容

- 架设一台 DHCP 服务器。
- 配置一台 DHCP 客户机。

5.6.3 实训环境及要求

1．架设一台 DHCP 服务器

- 为子网 192.168.0.0/24 建立一个 IP 作用域，并将在 192.168.0.100~192.168.0.200 范围之内的 IP 地址动态分配给客户机。
- 假设子网中的 DHCP 服务器地址为 192.168.0.2，IP 路由器地址为 192.168.0.1，所在的网域名为 example.com，将这些参数指定给客户机使用。
- 为某台主机保留 192.168.0.150 这个地址。

2．配置一台 DHCP 客户机，测试 DHCP 服务器的功能

5.6.4 实训步骤

1．安装 DHCP 服务

（1）首先检测下系统是否已经安装了 DHCP 相关软件。

```
[root@server ~]# rpm -qa | grep dhcp
dhcpv6_client-1.0.10-16.el5
```

（2）将第 3 张系统光盘放入光驱，挂载到/mnt/dhcp 目录，然后安装 DHCP 主程序。

```
[root@server ~]# mkdir   /mnt/dhcp                    ;创建挂载目录.
[root@server ~]# mount /dev/cdrom  /mnt/dhcp          ;挂载到/mnt/dhcp 目录
[root@server ~]# cd   /mnt/dhcp/Server
[root@server ~]# dir  dhcp*.*
[root@server ~]# rpm -ivh dhcp-3.0.5-18.el5.i386.rpm
```

（3）如果需要我们还可以安装 DHCP 服务器开发工具软件包和 DHCP 的 IPv6 扩展工具。由于软件包都在第 3 张系统安装盘上，不需再重新挂载。

```
[root@server ~]# rpm -ivh dhcp-devel-3.0.5-18.el5.i386.rpm
[root@server ~]# rpm -ivh dhcpv6-1.0.10-16.el5.i386.rpm
```

（4）安装完后我们再次查询，发现已安装成功。

```
[root@server ~]# rpm -qa | grep dhcp
```

```
dhcpv6_client-1.0.10-16.el5.i386.rpm
dhcp-3.0.5-18.el5.i386.rpm
dhcp-devel-3.0.5-18.el5.i386.rpm
dhcpv6-1.0.10-16.el5.i386.rpm
```

2．配置 DHCP 服务器

（1）以 root 账号登录系统。

（2）运行"vim ／etc/dhcpd.conf"打开 DHCP 服务器配置文件。

（3）在配置文件中添加如下语句。

```
ddns-update-style interim;
ignore client-updates;
#为子网192.168.0.0/24建立一个IP作用域
subnet 192.168.0.0 netmask 255.255.255.0 {
#将在192.168.0.100~192.168.0.200范围之内的IP地址动态分配给客户机
        range 192.168.0.100 192.168.0.200;
#IP路由器地址为192.168.0.1
        option routers 192.168.0.1;
        option subnet-mask 255.255.255.0;
#所在的网域名为example.com
        option domain-name "example.com";
#DNS服务器地址为192.168.0.2
        option domain-name-servers 192.168.0.2;
        option broadcast-address 192.168.0.255;
        default-lease-time 86400;
        max-lease-time 172800;
#为网络适配器的物理地址为00:a0:c7:cf:ed:69的主机保留192.168.0.150
这个IP地址
        host pc1 {
                hardware ethernet 00:a0:c7:cf:ed:69;
                fixed-address 192.168.0.150;
        }

}
```

（4）对应 Linux 主机可以使用 ifconfig 查看网络适配器的物理地址，对应 Windows 主机可以使用"ipconfig /all"查看网络适配器的物理地址。

3．测试

（1）在服务器端测试

查看租约数据库文件。如图 5-46 所示。

```
[root@server ~]# cat /var/lib/dhcpd/dhcpd.leases
```

```
lease 192.168.0.100 {
  starts 4 2011/02/03 21:44:28;
  ends 5 2011/02/04 03:44:28;
  binding state active;
  next binding state free;
  hardware ethernet 00:0c:29:0c:36:81;
  uid "\001\000\014)\0146\201";
  client-hostname "win2003-4";
}
lease 192.168.0.100 {
  starts 4 2011/02/03 21:44:30;
  ends 5 2011/02/04 03:44:30;
  binding state active;
  next binding state free;
  hardware ethernet 00:0c:29:0c:36:81;
dhcpd.leases 44L, 1432C                              1,1      顶端
```

图 5-46　Windows 客户从 Linux DHCP 服务器上获取了 IP 地址

（2）在客户端测试

如果是在虚拟机中完成本实训，一定注意以下这个问题。

> **注意** 如果在真实网络中，应该不会出问题。但如果你用的是 VMWare 7.0 或其他类似版本，虚拟机中的 Windows 客户端可能会获取到 192.168.79.0 网络中的一个地址，与我们的预期目标相背。这种情况，需要关闭 VMnet8 和 VMnet1 的 DHCP 服务功能。解决方法如下。

在 VMWare 主窗口中，依次打开"Edit"→"Virtual Network Editor"，打开虚拟网络编辑器窗口，选中 VMnet1 或 VMnet8，去掉对应的 DHCP 服务启用选项。如图 5-47 所示。

图 5-47　虚拟网络编辑器

然后进行正常测试，步骤如下。

① 以 root 账号登录客户机 Linux 系统。

② 使用命令"vim　/etc/sysconfig/network-scripts/ifcfg-eth0"打开网卡配置文件，找到语句"BOOTPROTO=none"，将其改为"BOOTPROTO=dhcp"。

③ 使用命令"ifdown eth0; ifup eth0"重新启动网卡。

④ 使用命令"ifconfig eth0"测试 DHCP 客户端是否已配置好。

5.6.5　实训思考题

- Windows 操作系统下通过什么命令可以知道本地主机当前获得的 IP 地址？
- 动态 IP 地址方案有什么优点和缺点？简述 DHCP 服务器的工作过程。
- 简述 IP 地址租约和更新的全过程。
- 如何配置 DHCP 作用域选项？如何备份与还原 DHCP 数据库？
- 简述 DHCP 服务器分配给客户端的 IP 地址类型。

5.6.6　实训报告要求

- 实训目的。
- 实训内容。
- 实训环境及要求。
- 实训步骤。
- 实训中的问题和解决方法。

- 回答实训思考题。
- 实训心得与体会。
- 建议与意见。

5.7　配置与管理 DNS 服务器

5.7.1　实训目的

掌握 Linux 下主 DNS、辅助 DNS 和转发器 DNS 服务器的配置与调试方法。

5.7.2　实训内容

- 配置主 DNS 服务器。
- 配置辅助 DNS 服务器。
- 配置转发器 DNS 服务器。

5.7.3　实训环境及要求

在 Vmware 虚拟机中启动三台 Linux 服务器，IP 地址分别为 192.168.1.1、192.168.1.2 和 192.168.1.3。并且要求此 3 台服务器已安装了 DNS 服务所对应的软件包。

5.7.4　实训步骤

Linux 下架设 DNS 服务器通常使用 BIND（Berkeley Internet Name Domain）程序来实现，其守护进程是 named。

1．安装 BIND 软件包

BIND 是一款实现 DNS 服务器的开放源码软件。

bind-9.3.6-2.p1.el5.i386.rpm：该包为 DNS 服务的主程序包。服务器端必须安装该软件包，后面的数字为版本号（该软件包位于第 2 张 RHEL 5 安装光盘）。

caching-nameserver-9.3.6-2.p1.el5.i386.rpm：DNS 服务器缓存文件软件包。如果没有安装 caching-nameserver-9.3.6-2.p1.el5.i386.rpm 包，则需要手动建立 named.conf 文件，为了便于管理，通常把 named.conf 建立在/etc 目录下（该软件包位于第 4 张 RHEL 5 安装光盘）。

bind-utils-9.3.6-2.p1.el5.i386.rpm：该包为客户端工具，默认安装，用于搜索域名指令（该软件包位于第一张 RHEL 5 安装光盘）。

（1）首先检测下系统是否已经安装了 DNS 相关软件。

```
[root@server ~]# rpm -qa | grep bind
bind-utils-9.3.6-2.p1.el5
ypbind-1.19-12.el5
bind-libs-9.3.6-2.p1.el5
[root@server ~]# rpm -qa | grep caching-nameserver
```

（2）服务器端：将第 2 张系统光盘放入光驱，挂载到/mnt/dns 目录，然后安装 DNS 主程序。

```
[root@server ~]# mkdir /mnt/dns              //创建挂载目录
[root@server ~]# mount /dev/cdrom /mnt/dns   //挂载到/mnt/dns 目录
[root@server ~]# cd /mnt/dns/Server
```

```
[root@server  Server]# dir   bind*.*
[root@server  Server]# rpm  -ivh  bind-9.3.6-2.p1.el5.i386.rpm
```

（3）服务器端：将第 4 张系统光盘放入光驱，挂载到/mnt/dns4 目录，然后安装服务器缓存程序包。

```
[root@server  ~]# mkdir    /mnt/dns4                  //创建挂载目录.
[root@server  ~]# mount  /dev/cdrom   /mnt/dns4       //挂载到/mnt/dns4 目录
[root@server  ~]# cd    /mnt/dns4/Server
[root@server  Server]# ls   caching-nameserver*.*
[root@server  Server]#rpm -ivh  caching-nameserver-9.3.6-2.p1.el5.i386.rpm
```

（4）客户端：安装客户端工具。（将第 1 张系统光盘挂载并安装。）

```
[root@Client  ~]# mkdir   /mnt/dns1                  //创建挂载目录.
[root@Client  ~]# mount  /dev/cdrom   /mnt/dns1      //挂载到/mnt/dns1 目录
[root@Client  ~]# cd    /mnt/dns/Server
[root@Client  Server~]# dir   bind*.*
[root@Client  Server~]# rpm -ivh bind-utils-9.3.6-2.p1.el5.i386.rpm
```

2．安装 chroot 软件包

chroot 也就是 Change Root，用于改变程序执行时的根目录位置。早期的很多系统程序默认所有程序执行的根目录都是“/”，这样黑客或者其他的不法分子就很容易通/etc/passwd 绝对路径来窃取系统机密。有了 chroot，比如 BIND 的根目录就被改变到/var/named/chroot，这样即使黑客突破了 BIND 账号，也只能访问/var/named/chroot，能把攻击对系统的危害降到最小。

为了让 DNS 以更加安全的状态运行，我们也需要安装 chroot。将 Red Hat Enterprise Linux 5 的第 2 张安装盘放入光驱（或者直接放入 Red Hat Enterprise Linux 5 的 DVD 安装光盘），加载光驱后，在光盘的 Server 目录下可以找到 chroot 的 RPM 安装包 bind-chroot- 9.3.6-2.p1.el5.i386.rpm。使用下面的命令安装它（第 2 张光盘已提前挂载到/mnt/dns 本地目录）。

```
[root@server  ~]#rpm -ivh  /mmt/dns/Server/bind-chroot-9.3.6-2.p1.el5.i386.rpm
```

① 当 BIND 包安装完后，会在/usr/sbin 目录下出现 bind-chroot-admin 文件，这是一个与 chroot 有关的命令文件，利用它，可以禁用或启用 chroot 功能，也可以使虚拟根目录下的 named 配置文件与实际根目录下的 named 配置文件进行同步。其命令格式如下所示。

bind-chroot-admin -[e|d|s]

在 bind-chroot-admin 命令后加-e 选项可以启用 chroot 功能，加-d 选项禁用 chroot 功能，加-s 选项同步配置文件。使用此命令前必须建立/var/log/named.log 和/var/named/chroot/var/log/named.log 两个目录。

② 在实际工作中，最好要启用 chroot 功能，可以使服务器的安全性能得到提高。启用了 chroot 后，由于 BIND 程序的虚拟目录是/var/named/chroot，所以 DNS 服务器的配置文件、区域数据文件和配置文件内的语句，都是相对这个虚拟目录而言的。如/etc/named.conf 文件的真正路径是/var/named/chroot/etc/named.conf。/var/named 目录的真正路径是/var/named/chroot/var/named。

③ rhel5.4 有一点小 bug，自动建立日志文件会有问题，主要是权限的事情，手工改了权限会解决问题。但是启用禁用一下 chroot 后，权限会被重新设置，日志文件的权限也会发生变化，会造成日志无法写入的问题，这时需要再次手工更改权限。

3．启动与停止 DNS 服务、让 DNS 服务自动运行

Red Hat Enterprise Linux 5 中内置的 DNS 程序是被安装为服务方式运行的，所以遵循一般的启动、停止规范。

如果 DNS 已经安装成功，要启动/停止/重新启动它是很简单的。

```
[root@server ~]# service   named   start
[root@server ~]# service   named   stop
[root@server ~]# service   named   restart
```

需要注意的是，像上面那样启动的 DNS 服务只能运行到计算机关机之前，下一次系统重新启动后就又需要重新启动它了。能不能让它随系统启动而自动运行呢？答案是肯定的，而且操作起来还很简单。

在桌面上单击鼠标右键，选择"打开终端"，在打开的"终端"窗口中输入"ntsysv"命令，就打开了 Red Hat Enterprise Linux 5 下的"服务"配置小程序，找到"named"，并在它前面加上"*"号。这样，DNS 服务就会随系统启动而自动运行了。

在 Red Hat Enterprise Linux 5 中启动/停止/重启一个服务有很多种不同的方法，比如我们可以如此来完成：

```
[root@server ~]# /etc/init.d/named   start
[root@server ~]# /etc/init.d/named   stop
[root@server ~]# /etc/init.d/named   restart
```

4．缓存 DNS 服务器的配置

缓存域名服务器配置很简单，不需要区域文件，配置好/var/named/chroot/etc/named.conf 就可以了。一般电信的 DNS 都是缓存域名服务器。重要的是配置好如下两项内容。

● forward only： 指明这个服务器是缓存域名服务器。

● forwarders （转发 Dns 请求到那个服务器 IP）：转发 Dns 请求到那个服务器。

这样一个简单的缓存域名服务器就架设成功了，一般缓存域名服务器都是 ISP 或者大公司才会使用。

5．主 DNS 服务器的配置

下面以建立一个主区域 jnrp. cn 为例，讲解 DNS 主服务器的配置。

某校园网要架设一台 DNS 服务器负责 jnrp.cn 域的域名解析工作。DNS 服务器的 FQDN 为 dns.jnrp.cn，IP 地址为 192.168.1.2。要求为以下域名实现正反向域名解析服务：

```
dns.jnrp.cn                    192.168.1.2
mail.jnrp.cn      MX 记录      192.168.0.3
slave.jnrp.cn                  192.168.1.4
forward.jnrp.cn                192.168.0.6
www.jnrp.cn                    192.168.0.5
computer.jnrp.cn               192.168.22.98
ftp.jnrp.cn                    192.168.0.11
stu.jnrp.cn                    192.168.21.22
```

另外为 www.jnrp.cn 设置别名为 web.jnrp.cn。

（1）编辑 named.conf 文件

在/var/named/chroot/etc 目录下。把 options 选项中的侦听 IP "127.0.0.1"改成"any"，把允许查询网段"allow-query" 后面的"localhost"改成"any"。在 view 选项中修改"指定提交 DNS 客户端的源 IP 地址范围"和"指定提交 DNS 客户端的目标 IP 地址范围"为"any"，同时

指定主配置文件为 named.zones。修改后相关内容如下。

```
options {
        listen-on port 53 { any; };
        listen-on-v6 port 53 { ::1; };                //限于 IPV6
        directory "/var/named";                       //指定区域配置文件所在的路径
        dump-file "/var/named/data/cache_dump.db";
        statistics-file "/var/named/data/named_stats.txt";
        memstatistics-file "/var/named/data/named_mem_stats.txt";
        // Those options should be used carefully because they disable port
        // randomization
        // query-source port 53;                      //指定客户端在提交 DNS 查询时必须使用的源端口
        // query-source-v6 port 53;
        allow-query { any; };                          //指定接收 DNS 查询请求的客户端
        allow-query-cache { localhost; };
        allow-transfer { 192.168.0.11; };   //允许将 DNS 数据传输到 192.168.0.11
};
view localhost_resolver {
     match-clients { any; };
     match-destinations { any; }; recursion yes;
     include "/etc/named.zones";
};
```

（2）复制主配置文件的例子文件

在/var/named/chroot/etc 目录下。利用 "cp –p named.rfc1912.zones named.zones" 复制主配置文件的例子文件。使用 "vim named.zones" 编辑增加以下内容。

```
[root@Server ~]#vim /var/named/chroot/etc/named.zones
zone "jnrp.cn" IN {
     type master;
     file "jnrp.cn.zone";
};
zone "168.192.in-addr.arpa" IN {
     type master;
     file "192.168.zone";
};
```

（3）修改 bind 的区域配置文件

①在/var/named/chroot/var/named 目录下，创建 jnrp.cn.zone 正向区域文件。

位于/var/named/chroot/var/named 目录下。利用 "cp –p named.zero jnrp.cn.zone" 复制正向区域配置文件，并编辑修改。

```
[root@Server ~]# vim /var/named/chroot/var/named/jnrp.cn.zone
$TTL    86400
@           IN SOA  dns.jnrp.cn. mail.jnrp.cn.(
                               42          ; serial
                               3H          ; refresh
                               15M         ; retry
                               1W          ; expiry
                               1D          ; minimum
)

@          IN   NS       dns.jnrp.cn.
@          IN   MX   10  mail.jnrp.cn.

dns        IN   A        192.168.1.2
mail       IN   A        192.168.0.3
```

```
slave          IN    A          192.168.1.4
www            IN    A          192.168.0.5
forward        IN    A          192.168.0.6
computer       IN    A          192.168.22.98
ftp            IN    A          192.168.0.11
stu            IN    A          192.168.21.22
web            IN    CNAME      www.jnrp.cn.
```

②在/var/named/chroot/var/named 目录下，创建 192.168.zone 反向区域文件。

位于/var/named/chroot/var/named 目录下。利用 "cp –p named.local 192.168.zone" 复制反向区域配置文件，并编辑修改。

```
[root@Server ~]# vim  /var/named/chroot/var/named/192.168.zone
$TTL    86400
@       IN SOA dns.jnrp.cn. mail.jnrp.cn. (
                         1997022700      ; serial
                         28800           ; refresh
                         14400           ; retry
                         3600000         ; expiry
                         86400           ; minimum
)

@              IN NS        dns.jnrp.cn.
@              IN MX    10  mail.jnrp.cn.

2.1            IN PTR       dns.jnrp.cn.
3.0            IN PTR       mail.jnrp.cn.
4.1            IN PTR       slave.jnrp.cn.
5.0            IN PTR       www.jnrp.cn.
6.0            IN PTR       forward.jnrp.cn.
98.22          IN PTR       computer.jnrp.cn.
11.0           IN PTR       ftp.jnrp.cn.
22.21          IN PTR       stu.jnrp.cn.
```

（4）重新启动 DNS 服务

```
[root@Server ~]# service named restart
或者
[root@Server ~]# service named reload
```

6. 配置 DNS 客户端

DNS 客户端的配置非常简单，假设本地首选 DNS 服务器的 IP 地址为 192.168.1.2，备用 DNS 服务器的 IP 地址为 192.168.0.9，DNS 客户端的设置如下所示。

（1）配置 Windows 客户端

打开 "Internet 协议（TCP/IP）" 属性对话框，在如图 5-48 所示的对话框中输入首选和备用 DNS 服务器的 IP 地址即可。

图 5-48 Windows 系统中 DNS 客户端配置

（2）配置 Linux 客户端

在 Linux 系统中可以通过修改/etc/resolv.conf 文件来设置 DNS 客户端，如下所示。

```
[root@Server ~]# vim /etc/resolv.conf
  nameserver 192.168.1.2
  nameserver 192.168.0.9
  search  jnrp.cn
```

其中 nameserver 指明域名服务器的 IP 地址,可以设置多个 DNS 服务器,查询时按照文件中指定的顺序进行域名解析,只有当第一个 DNS 服务器没有响应时才向下面的 DNS 服务器发出域名解析请求。search 用于指明域名搜索顺序,当查询没有域名后缀的主机名时,将会自动附加由 search 指定的域名。

在 Linux 系统的图形界面下也可以利用网络配置工具(可以利用 system-config-network 命令打开)进行设置。

7. 使用 nslookup 测试 DNS

BIND 软件包提供了 3 个 DNS 测试工具:nslookup、dig 和 host。其中 dig 和 host 是命令行工具,而 nslookup 命令既可以使用命令行模式也可以使用交互模式。

下面举例说明 nslookup 命令的使用方法。

```
//运行 nslookup 命令
[root@Server ~]# nslookup
//正向查询,查询域名 www.jnrp.cn 所对应的 IP 地址
> www.jnrp.cn
Server:        192.168.1.2
Address:       192.168.1.2#53

Name:   www.jnrp.cn
Address: 192.168.0.5
//反向查询,查询 IP 地址 192.168.1.2 所对应的域名
> 192.168.1.2
Server:        192.168.1.2
Address:       192.168.1.2#53

2.1.168.192.in-addr.arpa       name = dns.jnrp.cn.
//显示当前设置的所有值
> set all
Default server: 192.168.1.2
Address: 192.168.1.2#53
Default server: 192.168.0.1
Address: 192.168.0.1#53
Default server: 192.168.0.5
Address: 192.168.0.5#53

Set options:
  novc              nodebug         nod2
  search            recurse
  timeout = 0       retry = 2       port = 53
  querytype = A     class = IN
  srchlist =
//查询 jnrp.cn 域的 NS 资源记录配置
> set type=NS   //此行中 type 的取值还可以为 SOA、MX、CNAME、A、PTR 以及 any 等
> jnrp.cn
Server:        192.168.1.2
Address:       192.168.1.2#53
jnrp.cn nameserver = dns.jnrp.cn.
```

5.7.5 实训思考题

● 请描述域名 www.163.com 的解析过程。

- DNS 配置文件中的 SOA 记录和 MX 记录的作用是什么？
- 请列举 4 种不同的 DNS 记录类型，并说明它们的不同作用。

5.7.6　实训报告要求

- 实训目的。
- 实训内容。
- 实训环境及要求。
- 实训步骤。
- 实训中的问题和解决方法。
- 回答实训思考题。
- 实训心得与体会。
- 建议与意见。

5.8　配置与管理 Web 服务器

5.8.1　实训目的

掌握 Web 服务器的配置与应用方法。

5.8.2　实训内容

- 安装运行 Apache。
- 配置 Apache，建立普通的 Web 站点。
- 配置 Apache，实现用户认证和访问控制。

5.8.3　实训环境及要求

安装有企业服务器版 Linux 的 PC 计算机一台、测试用计算机一台（Windows 7）。并且两台计算机都连入局域网。该环境也可以用虚拟机实现。规划好各台主机的 IP 地址。

5.8.4　实训步骤

1．安装、启动与停止 Apache 服务

在下面的安装过程中因为依赖关系，可能要多安装几个软件。

```
[root@server  Server]#rpm -ivh postgresql-libs-8.1.11-1.el5_1.1.i386.rpm
[root@server  Server]# rpm  -ivh  apr-1.2.7-11.i386.rpm
[root@server  Server]# rpm  -ivh  apr-util-1.2.7-7.el5_3.1.i386.rpm
[root@server  Server]# rpm  -ivh  httpd-2.2.3-29.el5.i386.rpm
[root@server  Server]# rpm  -ivh  httpd-manual-2.2.3-29.el5.i386.rpm
```

2．测试 httpd 服务是否安装成功

安装完 Apache 服务器后，执行以下命令启动它。

```
[root@server  Server]# /etc/init.d/httpd  start
Starting  httpd:                                              [确定]
```

然后在客户端的浏览器中输入 Apache 服务器的 IP 地址，即可进行访问。如果看到如图 5-49 所示的提示信息，则表示 Apache 服务器已安装成功。

启动或重新启动 Apache 服务命令如下。

图 5-49　Apache 服务器运行正常

```
[root@server ~]# service httpd    start
[root@server ~]# service httpd    restart
```

3. 让防火墙放行

需要注意的是，Red Hat Enterprise Linux 5 采用了 SELinux 这种增强的安全模式，在默认的配置下，只有 SSH 服务可以通过。像 Apache 这种服务，在安装、配置、启动完毕后，还需要为它放行才行。

（1）在命令行控制台窗口，输入 setup 命令打开 Linux 配置工具选择窗口，如图 5-50 所示。

（2）选中其中的"防火墙配置"选项，单击"运行工具"按钮来打开"防火墙配置"界面，如图 5-51 所示。

一般情况下，"安全级别"会被设置为"启用"，"SELinux"设置为"强制"。

图 5-50　Red Hat Enterprise Linux 5 配置工具

图 5-51　在这里配置 SELinux

单击"定制"按钮打开 SELinux 配置窗口，记得把需要运行的服务前面都打上"*"号标记（选中该条目后，按下空格键），如图 5-52 所示。

4. 自动加载 Apache 服务

（1）使用 ntsysv 命令，在文本图形界面对 Apache 自动加载（在 httpd 选项前按空格，加上"*"）。

（2）使用 chkconfig 命令自动加载。

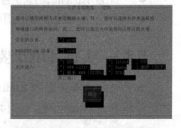

图 5-52　为 httpd 服务放行

```
[root@server ~]# chkconfig --level 3 httpd on    #运行级别 3 自动加载
[root@server ~]# chkconfig --level 3 httpd off   #运行级别 3 不自动加载
```

5. Web 应用案例

（1）案例描述

部门内部搭建一台 Web 服务器，采用的 IP 地址和端口为 192.168.0.3:80，首页采用 index.html 文件。管理员 E-mail 地址为 root@sales.com，网页的编码类型采用 GB2312，所有网站资源都存放在/var/www/html 目录下，并将 Apache 的根目录设置为/etc/httpd 目录。

（2）解决方案

① 修改主配置文件 httpd.conf。

设置 Apache 的根目录为/etc/httpd，设置客户端访问超时时间为 120 秒，这两个设置为系统默认。

```
[root@server ~]# vim /etc/httpd/conf/httpd.conf
```
//修改内容如下:
```
ServerRoot    "/etc/httpd"
Timeout       120
```
② 设置 httpd 监听端口 80。
```
Listen   80
```
③ 设置管理员 E-mail 地址为 root@sales.com，设置 Web 服务器的主机名和监听端口为 192.168.0.3:80。
```
ServerAdmin    root@sales.com
ServerName     192.168.0.3:80
```
④ 设置 Apache 文档目录为/var/www/html。
```
DocumentRoot    "/var/www/html"
```
⑤ 设置主页文件为 index.html。
```
DirectoryIndex    index.html
```
⑥ 设置服务器的默认编码为 GB2312。

AddDefaultCharset GB2312

⑦ 注释掉 Apache 默认欢迎页面。

```
[root@server ~]# vim /etc/httpd/conf.d/welcome.conf
```
将 welcome.conf 中的 4 行代码注释掉。如图 5-53 所示。

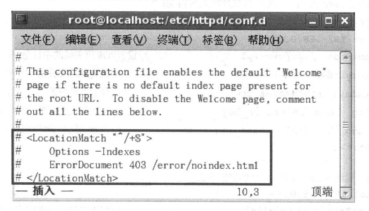

图 5-53 注释掉欢迎信息

 如果不注释掉，那么在我们测试自己的网站时则会打开 RedHat Enterprise Linux Test Page 页面，而不是我们自己的网页。

⑧ 在主页文件里写入测试内容，并将文件权限开放。

```
[root@server ~]# cd  /var/www/html
[root@server html]# echo "This is Web test sample。">>index.html
```
//修改默认文件的权限，使其他用户具有读和执行权限。
```
[root@ server html]# chmod 705 index.html
```
本例只写了一个测试主页，实际情况下应该是将制作好的网页存放在文档目录 /var/www/html 中，并将其文件名改为 index.html。

⑨ 重新启动 httpd 服务。

```
[root@server ~]# service  httpd  restart
```

⑩ 测试。

在 IE 地址栏中输入 192.168.0.3 就可以打开我们制作好的首页了。

6. 基于 IP 地址的虚拟主机的配置

Apache 服务器 httpd.conf 主配置文件中的第 3 部分是关于实现虚拟主机的。前面已经讲过虚拟主机是在一台 Web 服务器上,可以为多个独立的 IP 地址、域名或端口号提供不同的 Web 站点。对于访问量不大的站点来说,这样做可以降低单个站点的运营成本。

基于 IP 地址的虚拟主机的配置需要在服务器上绑定多个 IP 地址,然后配置 Apache,把多个网站绑定在不同的 IP 地址上,访问服务器上不同的 IP 地址,就可以看到不同的网站。

（1）案例描述

假设 Apache 服务器具有 192.168.0.2 和 192.168.0.3 两个 IP 地址。现需要利用这两个 IP 地址分别创建 2 个基于 IP 地址的虚拟主机,要求不同的虚拟主机对应的主目录不同,默认文档的内容也不同。

（2）配置步骤

① 分别创建 "/var/www/ip1" 和 "/var/www/ip2" 两个主目录和默认文件。

```
[root@server ~]# mkdir  /var/www/ip1  /var/www/ip2
[root@Server ~]# echo "this is 192.168.0.2's web.">>/var/www/ip1/index.html
[root@Server ~]# echo "this is 192.168.0.3's web.">>/var/www/ip2/index.html
```

② 修改 httpd.conf 文件。该文件的修改内容如下。

```
//设置基于 IP 地址为 192.168.0.2 的虚拟主机
<Virtualhost 192.168.0.2>
    DocumentRoot  /var/www/ip1              //设置该虚拟主机的主目录
    DirectoryIndex  index.html              //设置默认文件的文件名
    ServerAdmin  root@sales.com             //设置管理员的邮件地址
    ErrorLog  logs/ip1-error_log            //设置错误日志的存放位置
    CustomLog logs/ip1-access_log common    //设置访问日志的存放位置
</Virtualhost>


//设置基于 IP 地址为 192.168.0.3 的虚拟主机
<Virtualhost 192.168.0.3>
    DocumentRoot /var/www/ip2               //设置该虚拟主机的主目录
    DirectoryIndex index.html               //设置默认文件的文件名
    ServerAdmin  root@sales.com             //设置管理员的邮件地址
    ErrorLog    logs/ip2-error_log          //设置错误日志的存放位置
    CustomLog   logs/ip2-access_log common  //设置访问日志的存放位置
</Virtualhost>
```

③ 重新启动 httpd 服务。

④ 在客户端浏览器中可以看到 http://192.168.0.2 和 http://192.168.0.3 两个网站的浏览效果。

7. 基于域名的虚拟主机的配置

基于域名的虚拟主机的配置只需服务器有一个 IP 地址即可,所有的虚拟主机共享同一个 IP,各虚拟主机之间通过域名进行区分。

要建立基于域名的虚拟主机,DNS 服务器中应建立多个主机资源记录,使它们解析到同一个 IP 地址（请提前建好 DNS 及主机资源记录）。例如:

```
www.smile.com.    IN    A    192.168.0.3
www.long.com.     IN    A    192.168.0.3
```

（1）案例描述

假设 Apache 服务器 IP 地址为 192.168.0.3。在本地 DNS 服务器中该 IP 地址对应的域名分别为 www.smile.com 和 www.long.com。现需要创建基于域名的虚拟主机，要求不同的虚拟主机对应的主目录不同，默认文档的内容也不同。

（2）配置步骤

① 分别创建"/var/www/smile"和"/var/www/long"两个主目录和默认文件。

```
[root@Server ~]# mkdir   /var/www/smile   /var/www/long
[root@Server ~]# echo "this is www.smile.com's web.">>/var/www/smile/index.html
[root@Server ~]# echo "this is www.long.com's web.">>/var/www/long/index.html
```

② 修改 httpd.conf 文件。该文件的修改内容如下。

```
NameVirtualhost 192.168.0.3     //指定虚拟主机所使用的 IP 地址，该 IP 地址将对应多个域名。
<Virtualhost 192.168.0.3>       //VirtualHost 后面可以跟 IP 地址或域名
    DocumentRoot  /var/www/smile
    DirectoryIndex  index.html
    ServerName   www.smile.com         //指定该虚拟主机的 FQDN
    ServerAdmin   root@smile.com
    ErrorLog   logs/www.smile.com-error_log
    CustomLog  logs/www.smile.com-access_log common
</Virtualhost>
<Virtualhost 192.168.0.3>
    DocumentRoot /var/www/long
    DirectoryIndex index.html
    ServerName   www.long.com              //指定该虚拟主机的 FQDN
    ServerAdmin   root@long.com
    ErrorLog   logs/www.long.com-error_log
    CustomLog  logs/www. long .com-access_log common
</Virtualhost>
```

③ 重新启动 httpd 服务。

在本例的配置中，DNS 的正确配置至关重要，一定确保 smile.com 和 long.ocm 域名及主机的正确解析，否则无法成功。

8. 基于端口号的虚拟主机的配置

基于端口号的虚拟主机的配置只需服务器有一个 IP 地址即可，所有的虚拟主机共享同一个 IP，各虚拟主机之间通过不同的端口号进行区分。在设置基于端口号的虚拟主机的配置时，需要利用 Listen 语句设置所监听的端口。

（1）案例描述

假设 Apache 服务器 IP 地址为 192.168.0.3。现需要创建基于 8080 和 8090 两个不同端口号的虚拟主机，要求不同的虚拟主机对应的主目录不同，默认文档的内容也不同。

（2）配置步骤

① 分别创建"/var/www/port8080"和"/var/www/port8090"两个主目录和默认文件。

```
[root@Server ~]# mkdir   /var/www/port8080   /var/www/port8090
[root@Server ~]# echo "this is 8000 ports  web.">>/var/www/port8080/index.html
[root@Server ~]# echo "this is 8800 ports  web.">>/var/www/port8090/index.html
```

② 修改 httpd.conf 文件。该文件的修改内容如下。

```
Listen 8080                    //设置监听端口
Listen 8090
```

```
<VirtualHost 192.168.0.3:8080>        // VirtualHost 后面跟上 IP 地址和端口号，二者之间用冒号
分隔
      DocumentRoot /var/www/port8080
      DirectoryIndex index.html
      ErrorLog    logs/port8080-error_log
      CustomLog   logs/port8090-access_log common
</VirtualHost>

<VirtualHost 192.168.0.3:8090>
      DocumentRoot /var/www/port8090
      DirectoryIndex index.html
      ErrorLog    logs/port8090-error_log
      CustomLog   logs/port8090-access_log  common
</VirtualHost>
```

③ 重新启动 httpd 服务。

5.8.5 实训思考题

- 怎样改变 Apache 服务器的监听端口?
- 如何实现基于虚拟主机的 Web 服务器配置?

5.8.6 实训报告要求

- 实训目的。
- 实训内容。
- 实训环境及要求。
- 实训步骤。
- 实训中的问题和解决方法。
- 回答实训思考题。
- 实训心得与体会。
- 建议与意见。

5.9 配置与管理 FTP 服务器

5.9.1 实训目的

掌握 Linux 下架设 FTP 服务器的方法。

5.9.2 实训内容

- 安装 FTP 服务软件包。
- 在 FTP 客户端连接并测试 FTP 服务器。

5.9.3 实训环境及要求

（1）PC 计算机 2 台，其中 PCA 安装企业版 Linux 网络操作系统，另一台作为测试客户端。
（2）推荐使用虚拟机进行网络环境搭建。

5.9.4 实训步骤

1. 安装、启动、停止与自动启动 vsftpd 服务

（1）安装 vsftpd 服务

vsftpd 服务器的安装其实很简单，只要安装一个 RPM 软件包就可以了（提前挂载光盘）。

```
[root@server Server]# rpm -ivh vsftpd-2.0.5-16.el5i386.rpm
```

（2）vsftpd 服务启动、重启、随系统启动、停止

安装完 vsftpd 服务后，下一步就是启动了。vsftpd 服务可以以独立或被动方式启动。在 Red Hat Enterprise Linux 5 中，默认以独立方式启动。所以输入下面的命令即可启动 vsftpd 服务。

```
[root@RHEL5 ~]# service vsftpd start
```

要想重新启动 vsftpd 服务、随系统启动、停止，可以输入下面的命令。

```
[root@RHEL5 ~]# service vsftpd restart
[root@RHEL5 ~]# chkconfig vsftpd on                      //每次开机后自动启动
[root@RHEL5 ~]# service vsftpd stop
```

2. 常规匿名 FTP 服务器配置案例

某学院信息工程系准备搭建一台功能简单的 FTP 服务器，允许信息工程系员工上传和下载文件，并允许创建用户自己的目录。

（1）案例分析

分析：本案例是一个较为简单的基本案例，允许所有员工上传和下载文件，需要设置成为允许匿名用户登录，而且，还需要把允许匿名用户上传功能打开。anon_mkdir_write_enable 字段可以控制是否允许匿名用户创建目录。

（2）解决方案

① 用文本编辑器编辑/etc/vsftpd/vsftpd.conf，并允许匿名用户访问。

```
[root@server ~]# vim /etc/vsftpd/vsftpd.conf
anonymous_enable=YES                #允许匿名用户登录
```

② 允许匿名用户上传文件，并可以创建目录。

```
anon_upload_enable=YES              #允许匿名用户上传文件
anon_mkdir_write_enable             #允许匿名用户创建目录
```

把 anon_upload_enable 和 anon_mkdir_write_enable 前面的注释符号去掉即可。

③ 重启 vsftpd 服务。

```
[root@server ~]# service vsftpd restart
```

④ 修改/var/ftp 权限。

为了保证匿名用户能够上传和下载文件，使用 chmod 命令开放所有的系统权限。

```
[root@server ~]# chmod 777 -R /var/ftp
```

其中 777 表示给所有用户读、写和执行权限，-R 为递归修改/var/ftp 下所有目录的权限。

⑤ 测试。

3. 常规非匿名 FTP 服务器配置案例

公司内部现在有一台 FTP 和 Web 服务器，FTP 的功能主要用于维护公司的网站内容，包

括上传文件、创建目录、更新网页等。公司现有两个部门负责维护任务，他们分别使用 team1 和 team2 账号进行管理。现要求仅允许 team1 和 team2 账号登录 FTP 服务器，但不能登录本地系统，并将这两个账号的根目录限制为/var/www/html，不能进入该目录以外的任何目录。

（1）案例分析

将 FTP 和 Web 服务器做在一起是企业经常采用的方法，这样方便实现对网站的维护。为了增强安全性，首先需要使用仅允许本地用户访问功能，并禁止匿名用户登录。其次使用 chroot 功能将 team1 和 team2 锁定在/var/www/html 目录下。如果需要删除文件则还需要注意本地权限。

（2）解决方案

① 建立维护网站内容的 FTP 账号 team1 和 team2 并禁止本地登录，为其设置密码。

```
[root@server ~]# useradd  -s  /sbin/nologin  team1
[root@server ~]# useradd  -s  /sbin/nologin  team2
[root@server ~]# passwd  team1
[root@server ~]# passwd  team2
```

② 配置 vsftpd.conf 主配置文件并作相应修改。

```
[root@server ~]# vim  /etc/vsftpd/vsftpd.conf
anonymous_enable=NO                #禁止匿名用户登录
local_enable=YES                   #允许本地用户登录
local_root=/var/www/html           #设置本地用户的根目录为/var/www/html
chroot_list_enable=YES             #激活 chroot 功能
chroot_list_file=/etc/vsftpd/chroot_list#设置锁定用户在根目录中的列表文件
```

保存主配置文件并退出。

③ 建立/etc/vsftpd/chroot_list 文件，添加 team1 和 team2 账号。

```
[root@server ~]# touch  /etc/vsftpd/chroot_list
team1
team2
```

④ 开启禁用 SELinux 的 FTP 传输审核功能。

利用 setsebool −P ftpd_disable_transon 命令，将 allow_ftpd_anon_write 改为 off，将 ftpd_disable_trans 改为 on。如图 5-54 所示。

① 在启用 SELinux 的情况下，如果不禁用 SELinux 的 FTP 传输审核功能，则会出现如下错误信息："500 OOPS: cannot change directory：/home/team1 login failed."。② 上面"开启禁用 SELinux 的 FTP 传输审核功能"的前提是系统允许启用了 SELinux 防火墙。如果没启用 SELinux 防火墙，则不必进行如此设置。

⑤ 重启 vsftpd 服务使配置生效。

```
[root@server ~]# service  vsftpd  restart
```

⑥ 修改本地权限。

```
[root@server ~]# ll  -d  /var/www/html
[root@server ~]# chmod  -R  o+w  /var/www/html
[root@server ~]# ll  -d  /var/www/html
```

⑦ 测试结果如图 5-55 所示。

图 5-54　禁用 SELinux 的 FTP 传输审核功能　　　　图 5-55　测试结果

5.9.5　实训思考题

● 简述 FTP 工作原理。
● 使用一种 FTP 软件进行文件的上传与下载。

5.9.6　实训报告要求

● 实训目的。
● 实训内容。
● 实训环境及要求。
● 实训步骤。
● 实训中的问题和解决方法。
● 回答实训思考题。
● 实训心得与体会。
● 建议与意见。

第 6 章
网络操作系统综合
实训

在具体工作中，Windows Server 的综合组网与 Linux 的综合组网都是经常遇到的问题。为了更好地理解和掌握这两种操作系统的使用方法和技巧，本章将重点介绍这两种网络操作系统的综合应用。

6.1 Windows Server 2008 综合实训一

6.1.1 实训场景

假如你是某公司的系统管理员，现在公司要做一台文件服务器。公司购买了一台某品牌的服务器，在这台服务器内插有三块硬盘。

公司有三个部门——销售部门、财务部门、技术部门。每个部门有三个员工，其中一名是部门经理（另两名是副经理）。

6.1.2 实训要求

● 在三块硬盘上共创建三个分区（盘符），并要求在创建分区的时候，使磁盘实现容错的功能。

● 在服务器上创建相应的用户账号和组。

命名规范，如用户名：sales-1，sales-2…；组名：sale，tech…。

要求用户账号只能从网络访问服务器，不能在服务器本地登录。

● 在文件服务器上创建三个文件夹分别存放各部门的文件，并要求只有本部门的用户才能访问其部门的文件夹（完全控制的权限），每个部门的经理和公司总经理可以访问所有文件夹（读取），另创建一个公共文件夹，使得所有用户都能在里面查看和存放公共文件。

● 每个部门的用户可以在服务器上存放最多 100MB 的文件。

● 做好文件服务器的备份工作，以及灾难恢复的备份工作。

6.1.3 实训前的准备

进行实训之前，完成以下任务。

- 画出拓扑图。
- 写出具体的实施方案。

6.1.4 实训后的总结

完成实训后，做以下工作。

- 完善拓扑图。
- 修改方案。
- 写出实训心得和体会。

6.2 Windows Server 2008 综合实训二

6.2.1 实训场景

假定你是某公司的系统管理员，公司内有 500 台计算机，现在公司的网络要进行规划和实施，条件为公司已租借了一个公网的 IP 地址 203.198.89.1，并注册了一个域名 jnrp.com；ISP 提供的一个公网 DNS 服务器的 IP 地址 192.168.0.200。

6.2.2 实训要求

- 搭建一台 NAT 服务器，使公司的 Intranet 能够通过租借的公网地址访问 Internet。
- 搭建一台 VPN 服务器，使公司的移动员工可以从 Internet 访问内部网络资源（访问时间：9:00～17:00）。
- 在公司内部搭建一台 DHCP 服务器，使网络中的计算机可以自动获得 IP 地址访问 Internet。
- 在内部网中搭建一台 Web 服务器，并通过 NAT 服务器将 Web 服务发布出去，使 Internet 的用户可以通过 https://www.jnrp.com 访问此服务器的 Web 页。
- 公司内部用户访问此 Web 服务器时，使用 https://www.sdjn.com，在内部搭建一台 DNS 服务器使 DNS 能够解析此主机名称，并使内部用户能够通过此 DNS 服务器解析 Internet 主机名称。
- 在 Web 服务器上搭建 FTP 服务器，使用户可以远程更新 Web 站点。

6.2.3 实训前的准备

进行实训之前，完成以下任务。

- 画出拓扑图。
- 写出具体的实施方案。

注意 在拓扑图和方案中，要求公网和私网部分都要模拟实现。

6.2.4 实训后的总结

完成实验后，做以下工作。

● 完善拓扑图。
● 修改方案。
● 写出实验心得和体会。

6.3 Linux 系统故障排除

6.3.1 实训场景

假如你是 A 公司的 Linux 系统管理员，公司有几台 Linux 服务器。现在这几台服务器分别发生了不同的故障，需要进行必要的故障排除。

Server A：由实训指导教师修改 Linux 系统的"/etc/inittab"文件，将 Linux 的 init 级别设置为 6；Server B：由实训指导教师将 Linux 系统的"/etc/fstab"文件删除；Server C：root 账户的密码已经忘记，无法使用 root 账户登录系统并进行必要的管理。

为便于日后进行类似的故障排除，建议在故障排除完成后，对/etc 目录进行备份。

6.3.2 实训要求

● 参加实训的学生启动相应的服务器，观察服务器的启动情况和可能的故障信息。
● 根据观察的故障信息，分析服务器的故障原因。
● 制定故障排除方案。
● 实施故障排除方案。
● 进行/etc 目录的备份。

6.3.3 实训前的准备

进行实训之前，完成以下任务。

● 熟悉 Linux 系统的重要配置文件，如"/etc/inittab"、"/etc/fstab"、"/boot/grub/grub.conf"等。
● 了解 Red Hat Enterprise Linux 的常用故障排除工具，如 GRUB 引导管理程序、Red Hat 救援模式等，并了解各个工具适合的故障排除类型。

6.3.4 实训后的总结

完成实训后，做以下工作。

● 在故障排除过程中，观察服务器的启动情况，并记录其中的关键故障信息，将这些信息记录在实训报告中。
● 根据故障排除的过程，修改或完善故障排除方案。
● 写出实训心得和体会。

6.4 Linux 系统企业综合应用

6.4.1 实训场景

B 公司包括一个园区网络和两个分支机构。在园区网络中，大约有 500 个员工，每个分支机构大约有 50 名员工，此外还有一些 SOHO 员工。

假定你是该公司园区网络的网络管理员，现在公司的园区网络要进行规划和实施，条件为公司已租借了一个公网的 IP 地址 100.100.100.10 和 ISP 提供的一个公网 DNS 服务器的 IP 地址 100.100.100.200。园区网络和分支机构使用 IP 地址为 172.16.0.0 的网络，并进行必要的子网划分。

6.4.2 实训基本要求

● 在园区网络中搭建一台 squid 服务器，使公司的园区网络能够通过该代理服务器访问 Internet。要求进行 Internet 访问性能的优化，并提供必要的安全特性。

● 搭建一台 VPN 服务器，使公司的分支机构，以及 SOHO 员工可以从 Internet 访问内部网络资源（访问时间：9:00～17:00）。

● 在公司内部搭建 DHCP 和 DNS 服务器，使网络中的计算机可以自动获得 IP 地址，并使用公司内部的 DNS 服务器完成内部主机名及 Internet 域名的解析。

● 搭建 FTP 服务器，使分支机构和 SOHO 用户可以上传和下载文件。要求每个员工都可以匿名访问 FTP 服务器，进行公共文档的下载；另外还可以使用自己的账户登录 FTP 服务器，进行个人文档的管理。

● 搭建 Samba 服务器，并使用 Samba 充当域控制器，实现园区网络中员工账户的集中管理，并使用 Samba 实现文件服务器，共享每个员工的主目录给该员工，并提供写入权限。

6.4.3 实训前的准备

进行实训之前，完成以下任务。
● 熟悉实训项目中涉及的各个网络服务。
● 写出具体的综合实施方案。
● 根据要实施的方案画出园区网络拓扑图。

6.4.4 实训后的总结

完成实训后，做以下工作。
● 完善拓扑图。
● 根据实施情况修改实施方案。
● 写出实训心得和体会。

PART 7

第 7 章
典型校园网综合实训

校园网是为学校师生提供教学、科研和综合信息服务的宽带多媒体网络。校园网为学校教学、科研提供先进的信息化教学环境。本章以实例的形式对校园网络的设计方案进行分析，并给出校园网络关键设备的配置步骤、配置命令以及诊断命令和方法。通过本次实训，相信读者能够系统地掌握中小型校园网的设计、实施以及维护方法与技巧。

7.1 典型校园网综合实训

7.1.1 实训要求

根据高校校园网的典型需求，设计一个简化的高校校园网，要求实现如下技术。

- VLAN
- 端口聚合
- 网关备份（VRRP）
- OSPF 动态路由
- 网络地址转换（NAT）
- 访问控制列表（ACL）
- 多生成树（MSTP）

7.1.2 实训环境

1．网络拓扑结构

根据校园网技术需求设计的一个典型的校园网拓扑结构，如图 7-1 所示。

2．校园网的 VLAN 和 IP 地址规划

（1）根据拓扑结构，进行 VLAN 的划分和 IP 地址的分配，结果见表 7-1。

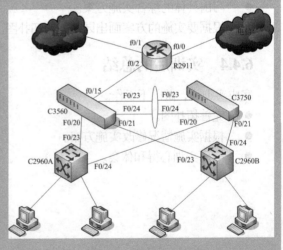

图 7-1 校园网拓扑结构图

表 7-1   VLAN 划分和 IP 地址分配

部门	VLAN 编号	网络号码与子网掩码	默认网关
教学楼	10	172.16.10.0/24	172.16.10.254
办公楼	20	172.16.20.0/24	172.16.20.254
实验楼	30	172.16.30.0/24	172.16.30.254
图书馆	40	172.16.40.0/24	172.16.40.254
管理 VLAN	100	172.16.100.0/24	172.16.100.254

（2）设备管理地址见表 7-2。

表 7-2   设备管理地址

设备名称	IP 地址/子网掩码
C2960A	172.16.100.1/24
C2960B	172.16.100.2/24
C3560	172.16.100.3/24
C3560	172.16.100.4/24

（3）接口地址见表 7-3。

表 7-3   设备接口地址

设备名称	接口	IP 地址/子网掩码
C3560	f0/15	192.168.100.1/30
C3750	f0/15	192.168.100.9/30
R2911	F0/3	192.168.100.10/30
R2911	f0/2	192.168.100.2/30
R2911	f0/0	211.71.232.20/24
R2911	f0/1	202.168.3.25/24

（4）vlan 端口映射见表 7-4

表 7-4   端口映射

部门	VLAN 编号	端口映射
教学楼	10	C2960A 与 C2960B 上的 F0/1 ~ F0/5
办公楼	20	C2960A 与 C2960B 上的 F0/6 ~ F0/10
实验楼	30	C2960A 与 C2960B 上的 F0/11 ~ F0/15
图书馆	40	C2960A 与 C2960B 上的 F0/16 ~ F0/20

3．设备之间互联地址网段如下所示：

R2911 与 C3650 之间的互连地址网段为 192.168.100.0/30；

R2911 与 C3750 之间的互连地址网段为 192.168.100.8/30；

C3650 与 C3750 之间的互连地址网段为 192.168.100.4/30。

7.1.3 实训步骤

1. 设备的基本配置

（1）实训目的

通过本实验，读者可以掌握以下技能。

- 在用户执行模式、特权执行模式和配置模式之间切换。
- 查看各种模式下命令的区别。
- 熟悉上下文关联帮助的使用。
- 查看 IOS 版本信息。
- 查看路由器各基本组件信息。

（2）实训步骤

以设备 C2960 为例，其他设备相同。

```
switch>enable                              ! 从用户模式进入特权模式
switch#config  t                           ! 从特权模式进入全局配置模式
switch(config)#hostaname  switchA          ! 设置交换机的名字
switchA(config)#enable  secret  cisco      ! 设置交换机的特权模式密码
switchA(config)#line  console  0           ! 进入交换机的 Console 接口
switchA(config-line)#login                 ! 要求用户进行密码验证
switchA(config-line)#password cisco        ! 设置 Console 端口的密码
switchA(config-line)#logging  synchronous  ! 使终端的屏幕输出与键盘输入同步
switchA(config-line)#exec-timeout  0  0    ! 设置 Console 接口永不关闭
switchA(config-line)#line  vty  0  15 ! 进入交换机的 Telnet 接口
switchA(config-line)#login    ! 设置 Telnet 接口要求用户密码验证
switchA(config-line)# password cisco              ! 设置 Telnet 接口的密码
```

2. VLAN 和 VLAN 之间的路由

VLAN 是虚拟局域网的简称，它是在一个物理网络上划分出来的逻辑网络。这个网络对应于 ISO 模型的第二层网络。VLAN 的划分不受网络端口的实际物理位置的限制。VLAN 有着和普通物理网络同样的属性，除了没有物理位置的限制，它和普通局域网一样。第二层的单播、广播和多播帧在一个 VLAN 内转发、扩散，而不会直接进入其他的 VLAN 之中。所以，如果一个端口所连接的主机想要同和它不在同一个 VLAN 的主机通信，则必须通过一个路由器或者三层交换机。

（1）实训目的

通过本实验，读者可以掌握以下技能。

- 创建 VLAN。
- 命名 VLAN。
- 配置端口加入特定 VLAN。
- 配置 Trunk 端口。
- 实现 VLAN 之间的路由。

（2）实训步骤

步骤一：在 C2960A 上配置

① 创建 VLAN 10。

switchA(config)#VLAN　10　！创建 VLAN10
switchA(config-VLAN)#name　VLAN10　　　　！命名 VLAN10
switchA(config-VLAN)#exit　　！回到全局配置模式
switchA(config)#interface　range　f0/1-5　！进入交换机接口 1-5
switchA(config-if-range)#switchport　access　VLAN　10　！将接口 1-5 设置属于 VLAN10
switchA(config-if-range)#exit　！回到全局配置模式
switchA(config)#

② 创建 VLAN20。

switchA(config)#VLAN　20　！创建 VLAN20
switchA(config-VLAN)#name　VLAN20　　　　！命名 VLAN20
switchA(config-VLAN)#exit　　！回到全局配置模式
switchA(config)#interface　range　f0/6-10　！进入交换机接口 6-10
switchA(config-if-range)#switchport　access　VLAN　20　！将接口 6-10 设置属于
VLAN20
switchA(config- if-range)#exit　　！回到全局配置模式
switchA(config)#

③ 创建 VLAN 30。

switchA(config)#VLAN　30　！创建 VLAN30
switchA(config-VLAN)#name　VLAN30　　　　！命名 VLAN30
switchA(config-VLAN)#exit　　！回到全局配置模式
switchA(config)#interface　range　f0/11-15　！进入交换机接口 11-15
switchA(config-if-range)#switchport access VLAN 30　！将接口 11-15 设置属于 VLAN30
switchA(config- if-range)#exit　　！回到全局配置模式
switchA(config)#

④ 创建 VLAN 40。

switchA(config)#VLAN　40　！创建 VLAN40
switchA(config-VLAN)#name　VLAN40　　　　！命名 VLAN40
switchA(config-VLAN)#exit　　！回到全局配置模式
switchA(config)#interface　range　f0/16-20　！进入交换机接口 16-20
switchA(config-if-range)#switchport access VLAN 40　！将接口 16-20 设置属于 VLAN40
switchA(config-if-range)#exit　　！回到全局配置模式
switchA(config)#

⑤ 创建 Trunk 接口。

switchA(config)#interface　range　f0/23-24　！进入交换机接口 23-24
switchA(config-if-range)#switchport　mode　trunk　　！设置接口 23-24 属于 Trunk 接口
switchA(config-if-range)#exit　　！回到全局配置模式
switchA(config)#

⑥ 创建 VLAN 100，并配置 switchA 的管理 IP 地址。

switchA(config)#VLAN　100　　！创建 VLAN100
switchA(config-VLAN)#name　　！命名 VLAN100
switchA(config-VLAN)#exit　　！回到全局配置模式

switchA(config)#int VLAN 100 ！进入 VLAN100 的接口配置模式

switchA(config-if)#ip address 172.16.100.1 255.255.255.0 ！设置管理 IP 地址

switchA(config-if)#no shutdown ！启动该接口

switchA(config-if)#exit ！返回到上一层配置模式

switchA(config)#

步骤二：在 C2960B 上配置，请参考步骤一

步骤三：在 C3560 上配置设置

C3560(config)#VLAN 10 ！创建 VLAN10

C3560(config-VLAN)#name VLAN10 ！命名 VLAN10

C3560(config-VLAN)#exit ！回到全局配置模式

C3560(config)#VLAN 20 ！创建 VLAN20

C3560(config-VLAN)#name VLAN20 ！命名 VLAN20

C3560(config-VLAN)#exit ！回到全局配置模式

C3560(config)#VLAN 30 ！创建 VLAN30

C3560(config-VLAN)#name VLAN30 ！命名 VLAN30

C3560(config-VLAN)#exit ！回到全局配置模式

C3560(config)#VLAN 40 ！创建 VLAN40

C3560(config-VLAN)#name VLAN40 ！命名 VLAN40

C3560(config-VLAN)#exit ！回到全局配置模式

C3560(config)#VLAN 100 ！创建 VLAN100

C3560(config-VLAN)#name VLAN100 ！命名 VLAN100

C3560(config-VLAN)#exit ！回到全局配置模式

C3560(config)#

C3560(config)#int VLAN 100 ！进入管理 VLAN 接口

C3560(config-if)#ip address 172.16.100.3 255.255.255.0 ！为 C3560 配置管理 IP 地址

C3560(config-if)#no shutdown ！启动该接口

C3560(config-if)#interface f0/15

C3560(config-if)#no switchport

C3560(config-if)#ip address 192.168.100.1 255.255.255.252

C3560(config-if)#no shut

C3560(config-if)#interface range f0/20-21 ！进入交换机接口 20-21

C3560(config-if)# switchport trunk encapsulation dot1q ！封装协议

C3560(config-if-range)#switchport mode trunk ！设置接口 20-21 属于 Trunk 接口

C3560(config-if)#exit ！回到全局配置模式

C3560(config)#ip routing ！开启路由功能

步骤四：在 C3750 上配置设置，请参考步骤三

3．配置端口聚合和冗余备份

可以把多个物理链接捆绑在一起形成一个简单的逻辑链接，这个逻辑链接称为一个聚合端口（Aggregate Port），端口聚合是链路带宽扩展的一个重要途径。此外，当其中的一条成员链路

断开时，系统会将该链路的流量分配到聚合端口其他有效链路上去。聚合端口可以根据源 MAC 地址、目的 MAC 地址或源 IP 地址/目标 IP 地址来进行流量平衡，根据实际需要，用得比较多的是根据源 MAC 地址进行流量平衡。

（1）实训目的

通过本实验，读者可以掌握以下技能。

- 同时配置交换机的多端口。
- 配置交换机的端口聚合。
- 配置聚合端口的负载均衡。

（2）实训步骤

步骤一：在 C3560 上配置

```
C3560(config)#interface    range    f0/23-24    ！进入交换机接口 23-24
C3560(config-if-range)#channel-group 1 mode on        ！进行端口绑定
C3560(config-if)#exit        ！回到全局配置模式
C3560(config)#int port-channel 1            !进入聚合接口模式
C3560(config-if)#no switchport
C3560(config-if)#ip add 192.168.100.5   255.255.255.252
C3560(config-if)#no shutdown
C3560(config-if-range)#exit
C3560(config)#int rang f0/23-24
C3560(config-if-range)#swi trunk encapsulation dot1q   !封装协议
C3560(config-if-range)#swi mode trunk        !改为 trunk 口
C3560(config-if)#exit

C3560(config)# port-channel load-balance   src-ip  !选择基于源 IP 地址负载
```

步骤二：配置 C3750

```
C3750(config)#interface    range    f0/23-24    ！进入交换机接口 23-24
C3750(config-if-range)# channel-group 1 mode on        ！进行端口绑定
C3750(config-if)#exit        ！回到全局配置模式
C3750(config)#int port-channel 1            !进入聚合接口模式
C3750(config-if)#no switchport
C3750(config-if)#ip add 192.168.100.6   255.255.255.252
C3750(config-if)#no shutdown
C3750(config-if-range)#exit
C3750(config)#int rang f0/23-24
C3750(config-if-range)#swi trunk encapsulation dot1q   !封装协议
C3750(config-if-range)#swi mode trunk        !改为 trunk 口
C3750(config-if)#exit
C3750(config)# port-channel load-balance    src-ip            !选择基于源 IP 地址负载
```

提示：

dst-ip   Dst IP Addr

　dst-mac   Dst Mac Addr

src-dst-ip	Src XOR Dst IP Addr
src-dst-mac	Src XOR Dst Mac Addr
src-ip	Src IP Addr
src-mac	Src Mac Addr

（3）验证

当交换机之间一条链路断开时，依然可以通信。

4．配置虚拟网关协议（VRRP）

VRRP 是一种容错协议，它保证当主机的网关失效时，可以及时由另一台路由器来替代，从而保持通信的连续性和可靠性。为了使 VRRP 工作，要在路由器上配置虚拟路由器号和虚拟 IP 地址，同时产生一个虚拟 MAC 地址，这样在这个网络中就加入了一个虚拟路由器。而网络上的主机与虚拟路由器通信，无需了解这个网络上物理路由器的任何信息。

一个虚拟网关由一个主路由器和若干个备份路由器组成，主路由器实现真正的转发功能。当主路由器出现故障时，一个备份路由器将成为新的主路由器，接替它的工作。

VRRP 中只定义了一种报文-VRRP 报文，这是一种组播报文，由主路由器定时发出来广告它的存在，通过这些报文可以了解虚拟路由器的各种参数，还可以用于主路由器的选举。VRRP 协议模型中定义了 3 种状态：初始状态(Initialize)、活动状态(Master)，备份状态(Backup)。其中，只有活动状态可以为到虚拟 IP 地址的转发请求服务。

如图 7-2 所示，是对 VRRP 的一个图示说明。图 7-2 中的路由器 A 和路由器 B 组织成一个虚拟的网关。这个虚拟的网关拥有自己的 IP 地址 192.168.66.1。同时，物理路由器 RouterA、RouterB 也有自己的 IP 地址（RouterA 的 IP 地址为 192.168.66.5，RouterB 的 IP 地址为 192.168.66.13）。局域网内的主机仅仅知道这个虚拟路由器的 IP 地址 192.168.66.1，而并不知道具体的交换机 A 的 IP 地址以及交换机 B 的 IP 地址，它们将自己的默认路由设置为该虚拟路由器的 IP 地址 192.168.66.1。于是，网络内的主机就通过这个虚拟的路由器来与其他网络进行通信。

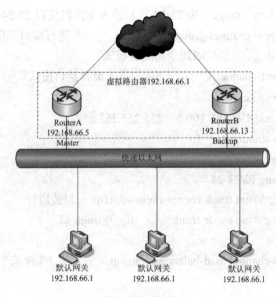

图 7-2 VRRP

结合校园网的实际，综合考虑。图 7-1 中的的交换机 C3560 和 C3750 设置各 VLAN 的虚拟网关地址，同时，交换机 C3560 和 C3750 同时分别拥有自己的各 VLAN 的接口 IP 地址。以 VLAN10 为例，VRRP 备份组设置 VLAN10 的虚拟网关地址为 172.16.10.254，备份组中 C3650、C3750 分别拥有自己的 VLAN10 的接口 IP（分别为 172.16.10.252、172.16.10.253）；VLAN10 内主机的默认网关则设为 VRRP 备份组 VLAN10 的虚拟网关（172.16.10.254）。VLAN10 内的主机通过这个虚拟网关访问 VLAN10 之外的网络资源，正常情况下数据交换由备份组内主交换机执行；如果主交换机发生了故障，VRRP 协议将自动由备份交换机来替代主交换机。由于网络内的终端配置了 VRRP 虚拟网关地址，发生故障时，虚拟交换机没有改变，主机仍然保持连接，网络将不会受到单点故障的影响，这样就很好地解决了网络中核心交换机切换的问题。

（1）实训目的

通过本实验，读者可以掌握以下技能。

- 配置虚拟网关协议 VRRP。
- 配置 VRRP 虚拟主地址。
- 配置 VRRP 主地址。
- 配置 VRRP 优先级。
- 验证 VRRP 功能。

（2）实训步骤

步骤一：在 C3560 上配置。

```
C3560(config)#int VLAN 10    ! 进入 VLAN 10 接口
C3560(config-if)#ip address 172.16.10.252 255.255.255.0    ! 为 VLAN 10 配置 IP 地址
C3560(config-if)#vrrp  1  ip  172.16.10.254    ! 设置该接口的虚拟网关地址
C3560(config-if)#vrrp  1  priority 254    ! 配置 vrrp 组 1 优先级为 254
C3560(config-if)#exit    ! 回到全局配置模式
C3560(config)#


C3560(config)#int VLAN 20    ! 进入 VLAN 20 接口
C3560(config-if)#ip address 172.16.20.252 255.255.255.0    ! 为 VLAN 20 配置 IP 地址
C3560(config-if)#vrrp  2  ip  172.16.20.254    ! 设置该接口的虚拟网关地址
C3560(config-if)#vrrp  2  priority 254    ! 配置 vrrp 组 2 优先级为 254
C3560(config-if)#exit    ! 回到全局配置模式
C3560(config)#


C3560(config)#int VLAN 30    ! 进入 VLAN 30 接口
C3560(config-if)#ip address 172.16.30.252 255.255.255.0    ! 为 VLAN 30 配置 IP 地址
C3560(config-if)#vrrp  3  ip  172.16.30.254    ! 设置该接口的虚拟网关地址
C3560(config-if)#vrrp  3  priority 120    ! 配置 vrrp 组 3 优先级为 120
C3560(config-if)#exit    ! 回到全局配置模式
C3560(config)#


C3560(config)#int VLAN 40    ! 进入 VLAN 40 接口
C3560(config-if)#ip address 172.16.40.252 255.255.255.0    ! 为 VLAN 40 配置 IP 地址
```

```
C3560(config-if)#vrrp    4    ip    172.16.40.254      ！设置该接口的虚拟网关地址
C3560(config-if)#vrrp    4    priority 120      ！配置 vrrp 组 4 优先级为 120
C3560(config-if)#exit            ！回到全局配置模式
C3560(config)#
```

步骤二：配置 C3750。

```
C3750(config)#int VLAN 10    ！进入 VLAN 10 接口
C3750(config-if)#ip address 172.16.10.253 255.255.255.0      ！为 VLAN 10 配置 IP 地址
C3750(config-if)#vrrp    1    ip    172.16.10.254      ！设置该接口的虚拟网关地址
C3750(config-if)#vrrp    1    priority 120      ！配置 vrrp 组 1 优先级为 120
C3750(config-if)#exit            ！回到全局配置模式
C3750(config)#

C3750(config)#int VLAN 20    ！进入 VLAN 20 接口
C3750(config-if)#ip address 172.16.20.253 255.255.255.0      ！为 VLAN 20 配置 IP 地址
C3750(config-if)#vrrp    2    ip    172.16.20.254      ！设置该接口的虚拟网关地址
C3750(config-if)#vrrp    2    priority 120      ！配置 vrrp 组 2 优先级为 120
C3750(config-if)#exit            ！回到全局配置模式
C3750(config)#

C3750(config)#int VLAN 30    ！进入 VLAN 30 接口
C3750(config-if)#ip address 172.16.30.253 255.255.255.0      ！为 VLAN 30 配置 IP 地址
C3750(config-if)#vrrp    3    ip    172.16.30.254      ！设置该接口的虚拟网关地址
C3750(config-if)#vrrp    3    priority 254      ！配置 vrrp 组 3 优先级为 254
C3750(config-if)#exit            ！回到全局配置模式
C3750(config)#

C3750(config)#int VLAN 40    ！进入 VLAN 40 接口
C3750(config-if)#ip address 172.16.40.253 255.255.255.0      ！为 VLAN 40 配置 IP 地址
C3750(config-if)#vrrp    4    ip    172.16.40.254      ！设置该接口的虚拟网关地址
C3750(config-if)#vrrp    4    priority 254      ！配置 vrrp 组 4 优先级为 254
C3750(config-if)#exit            ！回到全局配置模式
C3750(config)#
```

（3）验证

C2960 的 VLAN10 上的计算机访问外部网络，默认情况下，VLAN10 上的计算机通过 C3560 访问外部网络，切断 C2960 和 C3560 之间的连接，VLAN10 上的计算机自动通过 C3750 访问外部网络。

5．配置 OSPF 协议

OSPF（开放最短路径优先）是重要的路由选择协议，是当前网络中使用最广泛的一种路由协议。OSPF 协议具有非常丰富和深入的技术内涵，是高级网络设计师必须掌握的一个协议，这里仅简单要求掌握 OSPF 协议的初级技术和配置。

（1）实训目的

通过本实验，读者可以掌握以下技能。

- 配置单域 OSPF 协议。
- 配置参与 OSPF 进程的接口。
- 配置 OSPF 度量值。
- 配置 OSPF 协议接口 IP。
- 验证 OSPF 协议。

（2）实训步骤

步骤一：配置 C3560。

① 启动 OSPF 协议、设置参与接口、为接口配置 IP 地址。

```
C3560(config)#router ospf 10                  ! 启动 OSPF 协议
C3560(config-router)#network 172.16.10.0 0.0.0.255 area 0    !声明参与 OSPF 进程的接口
C3560(config-router)#network 172.16.20.0 0.0.0.255 area 0
C3560(config-router)#network 172.16.30.0 0.0.0.255 area 0
C3560(config-router)#network 172.16.40.0 0.0.0.255 area 0
C3560(config-router)#network 172.16.100.0 0.0.0.255 area 0
C3560(config-router)#network 192.168.100.0 0.0.0.3 area 0
C3560(config-router)#network 192.168.100.4 0.0.0.3 area 0
C3560(config-router)#exit
C3560(config)#int f0/15                          ! 进入 f0/15 端口
C3560(config-if)#no switchport                   ! 设置该端口属于 3 层接口
C3560(config-if)#ip address 192.168.100.1 255.255.255.252   ! 为该接口配置 IP 地址
C3560(config-if)#no shutdown                 ! 启动该端口 CISCO 交换机的接口默认开启不用
手动开启了
C3560(config-if)#exit
```

② 提高 C3560 上 VLAN30 的 OSPF 度量值，让 VLAN30 的数据包走 C3560 交换机：

```
C3560(config)#int VLAN 30
C3560(config-if)#ip ospf cost 65535
```

③ 提高 C3560 上 VLAN40 的 OSPF 度量值，让 VLAN40 的数据包走 C3560 交换机：

```
C3560(config)#int VLAN 40
C3560(config-if)#ip ospf cost 65535
```

步骤二：配置 C3750 配置。

① 启动 OSPF 协议、设置参与接口、为接口配置 IP 地址

```
C3750(config)#router ospf 30              ! 启动 OSPF 协议
C3750(config-router)#network 172.16.10.0 0.0.0.255 area 0     !声明参与 OSPF 进程的接口
C3750(config-router)#network 172.16.20.0 0.0.0.255 area 0
C3750(config-router)#network 172.16.30.0 0.0.0.255 area 0
C3750(config-router)#network 172.16.40.0 0.0.0.255 area 0
C3750(config-router)#network 172.16.100.0 0.0.0.255 area 0
C3750(config-router)#network 192.168.100.8 0.0.0.3 area 0
```

```
C3750(config-router)#network 192.168.100.4 0.0.0.3 area 0
C3750(config)#int f0/15                            ! 进入 f0/15 端口
C3750(config-if)#no switchport                     ! 设置该端口属于 3 层接口
C3750(config-if)#ip address 192.168.100.9 255.255.255.252   ! 为该接口配置 IP 地址
C3750(config-router)#exit
C3750(config)#
```

② 提高 C3750 上 VLAN 10 的 OSPF 度量值，让 VLAN 10 的数据包走 C3750 交换机：

```
C3750(config)#int VLAN 10
C3750(config-if)#ip ospf cost 65535
```

③ 提高 C3750 上 VLAN 20 的 OSPF 度量值，让 VLAN 20 的数据包走 C3750 交换机：

```
C3750(config)#int VLAN 20
C3750(config-if)#ip ospf cost 65535
C3750(config-router)#exit
```

步骤三：配置 R2911。

```
R2911(config)#interface f0/2
R2911 (config-if)#ip address 192.168.100.2 255.255.255.252   ! 为该接口配置 IP 地址
R2911 (config-if)#no shutdown
R2911 (config-if)#interface f0/3
R2911 (config-if)#ip address 192.168.100.10 255.255.255.252        ! 为该接口配置 IP 地址
R2911 (config-if)#no shutdown
R2911 (config-if)#exit
R2911(config)#router ospf 20                  ! 启动 OSPF 协议
R2911(config-router)#network 192.168.100.0 0 0.0.0.3 area 0
R2911(config-router)#network 192.168.100.8 0 0.0.0.3 area 0
R2911(config-router)#exit
```

（3）验证

使用 Tracert 命令跟踪路由的过程，VLAN10 和 VLAN20 的数据包应该通过 C3750 路由到网络出口；VLAN30 和 VLAN40 的数据包应该通过 C3560 路由到网络出口。

6．配置 NAT

NAT 即 NetworkAddress Translation，可译为网络地址转换或网络地址翻译。当前的 Internet 面临的两大问题即是可用 IP 地址的短缺和路由表的不断增大，这使得众多用户的接入出现困难。使用 NAT 技术可以使一个机构内的所有用户通过有限的数个（或 1 个）合法 IP 地址访问 Internet，从而节省了 Internet 的合法 IP 地址；另一方面，通过地址转换，可以隐藏内网上主机的真实 IP 地址，从而提高了网络的安全性。有 3 种 NAT 转换方式，分别是静态内部转换、动态内部转换和动态复用转换。

（1）实训目的

通过本实验，读者可以掌握以下技能。

● 配置动态内源地址转换 NAT。

● 配置地址转换池。

● 配置访问控制列表。

● 配置端口复用转换。

- 验证 NAT 协议。

（2）实训步骤

步骤一：配置 R2911。

① 定义联通和电信转换地址池：

R2911(config)#ip nat pool liantong 202.168.3.25 202.168.3.25 netmask 255.255.255.0

R2911(config)#ip nat pool dianxin 211.71.232.20 211.71.232.20 netmask 255.255.255.0

② 定义可以转换的地址的网段：

R2911(config)#access-list 1 permit 172.16.10.0 0.0.0.255

R2911(config)#access-list 1 permit 172.16.20.0 0.0.0.255

R2911(config)#access-list 2 permit 172.16.30.0 0.0.0.255

R2911(config)#access-list 2 permit 172.16.40.0 0.0.0.255

③ 设置 VLAN10、VLAN20 被转换为联通的公网 IP：

R2911(config)#ip nat inside source list 1 pool liantong overload

④ 设置 VLAN30、VLAN40 被转换为电信的公网 IP：

R2911(config)#ip nat inside source list 2 pool dianxin overload

⑤ 设置内部接口：

R2911(config)#int f0/2

R2911(config-if)#ip nat inside

⑥ 设置外部接口：

R2911(config)#int f0/1

R2911(config-if)#ip nat outside

R2911(config-if)#exit

R2911(config)#int f0/0

R2911(config-if)#ip nat outside

（3）验证

在 R2911 路由器上，使用 show ip nat translations 命令可以查看 NAT 的映射表，容易发现 VLAN10 和 VLAN20 中的 IP 被转换为联通池中的 IP；VLAN30 和 VLAN40 中的 IP 被转换为电信池中的 IP。

7．配置访问控制列表

访问控制列表(ACL)是应用在路由器接口的指令列表。这些指令列表用来告诉路由器哪些数据包可以收、哪些数据包需要拒绝。至于数据包是被接收还是被拒绝，可以由类似于源地址、目的地址、端口号等的特定指示条件来决定。本案例中，通过访问控制列表实现了常见的病毒控制和 VLAN10 与 VLAN20 之间的访问限制。

（1）实训目的

通过本实验，读者可以掌握以下技能。

- 配置标准访问控制列表。
- 配置扩展访问控制列表。
- 配置命名的标准访问控制列表。
- 配置命名的扩展访问控制列表。
- 在接口上应用访问控制列表。
- 验证访问控制列表。

（2）实训步骤

步骤一：配置 C3560。

① 创建标准的 ACL，名称为 DENYXS

C3560(config)#ip access-list standard denyxs

② 禁止 172.16.10.0 这个网段：

C3560(config-std-nacl)#deny 172.16.10.0 0.0.0.255

③ 允许其他流量：

C3560(config-std-nacl)#permit any

④ 在 VLAN20 网段启动访问控制列表 DENYXS，禁止 VLAN20、VLAN10 之间相互访问：

C3560(config)#int VLAN 20

C3560(config-if)#ip access-group denyxs out

步骤二：配置 C3750。

① 创建标准的 ACL，名称为 DENYXS

C3750(config)#ip access-list standard denyxs

② 禁止 172.16.10.0 这个网段：

C3750(config-std-nacl)#deny 172.16.10.0 0.0.0.255

③ 允许其他流量：

C3750(config-std-nacl)#permit any

④ 在 VLAN20 这个网段启动访问控制列表 DENYXS，禁止 VLAN20、VLAN10 间相互访问：

C3750(config)#int VLAN 20

C3750(config-if)#ip access-group denyxs out

⑤ 在出口路由器上启用 ACL，防止冲击波、震荡波，关闭 137、138、139 为 netbios 端口，并禁止从外网 PINC 路由器，禁止外网访问路由器管理界面：

R2911(config)#access-list 100 deny tcp any any eq 135

R2911(config)#access-list 100 deny tcp any any eq 136

R2911(config)#access-list 100 deny tcp any any eq 137

R2911(config)#access-list 100 deny tcp any any eq 138

R2911(config)#access-list 100 deny tcp any any eq 139

R2911(config)#access-list 100 deny tcp any any eq 445

R2911(config)#access-list 100 deny tcp any any eq 593

R2911(config)#access-list 100 deny tcp any any eq 4444

R2911(config)#access-list 100 deny tcp any any eq 5554

R2911(config)#access-list 100 deny tcp any any eq 9995

R2911(config)#access-list 100 deny tcp any any eq 9996

R2911(config)#access-list 100 deny udp any any eq 135

R2911(config)#access-list 100 deny udp any any eq 136

R2911(config)#access-list 100 deny udp any any eq 137

R2911(config)#access-list 100 deny udp any any eq 138

R2911(config)#access-list 100 deny udp any any eq 139

R2911(config)#access-list 100 deny udp any any eq 445

R2911(config)#access-list 100 deny udp any any eq 593

```
R2911(config)#access-list 100 deny udp any any eq 4444
R2911(config)#access-list 100 deny udp any any eq 5554
R2911(config)#access-list 100 deny udp any any eq 9995
R2911(config)#access-list 100 deny udp any any eq 9996
```

⑥ 应用访问控制列表：

```
R2911(config)#interface f0/0
R2911(config-if)#ip access-group 100 in
R2911(config)#interface f0/1
R2911(config-if)#ip access-group 100 in
```

（3）验证

使用 "PING" 命令验证访问控制列表。

8．配置生成树

生成树协议（SpanningTree）是一种链路管理协议，它为网络提供路径冗余，同时防止产生环路。为使以太网更好地工作，两个工作站之间只能有一条活动路径。网络环路的发生有多种原因，最常见的一种是有意生成的链路备份，万一一个链路或交换机失败，会有另一个链路或交换机替代。本案例配置两个生成树协议的实例，VLAN10 和 VLAN20 组成一个生成树实例，VLAN30 和 VLAN40 组成一个生成树实例，通过多生成树协议的配置，能够更加有效率地实现生成树的快速收敛。

（1）实训目的

通过本实验，读者可以掌握以下技能。

- 启动生成树协议。
- 启动多生成树协议。
- 配置多生成树协议实例。
- 验证多生成树协议。

（2）实验步骤

步骤一：配置 C2960A。

① 启动生成树协议：

```
switchA(config)#spanning-tree
```

② 启动多生成树协议：

```
switchA(config)#spanning-tree mode mstp
```

③ 进入多生成树协议的配置模式：

```
switchA(config)#spanning-tree mst configuration
```

④ 将 VLAN10、VLAN20 设置属于同一个生成树实例：

```
switchA(config-mst)#instance 1 VLAN 10,20    ！创建实例 1
switchA(config-mst)#name region1             ！定义区域名称为 region1
switchA(config-mst)#revision 1               ！定义配置版本号为 1
```

⑤ 将 VLAN30、VLAN40 设置属于同一个生成树实例：

```
switchA(config-mst)#instance 2 VLAN 30,40    ！创建实例 2
switchA(config-mst)#name region1             ！定义区域名称为 region1
switchA(config-mst)#revision 1               ！定义配置版本号为 1
```

步骤二：配置 C2960B。

① 启动生成树协议：

```
switchB(config)#spanning-tree
```

② 启动多生成树协议：

```
switchB(config)#spanning-tree mode mstp
```

③ 进入多生成树协议的配置模式：

```
switchB(config)#spanning-tree mst configuration
```

④ 将 VLAN10、VLAN20 设置属于同一个生成树实例：

```
switchA(config-mst)#instance 1 VLAN 10,20   ！创建实例 1
switchA(config-mst)#name region1       ！定义区域名称为 region1
switchA(config-mst)#revision 1          !定义配置版本号为 1
```

⑤ 将 VLAN30、VLAN40 设置属于同一个生成树实例：

```
switchA(config-mst)#instance 2 VLAN 30,40   ！创建实例 2
switchA(config-mst)#name region1       ！定义区域名称为 region1
switchA(config-mst)#revision 1          !定义配置版本号为 1
```

步骤三：配置 C3560。

① 启动生成树协议：

```
C3560(config)#spanning-tree
```

② 启动多生成树协议：

```
C3560 (config)#spanning-tree mode mstp
```

③ 进入多生成树协议的配置模式：

```
C3560 (config-mst)#spanning-tree mst configuration
```

④ 将 VLAN10、VLAN20 设置属于同一个生成树实例：

```
switchA(config-mst)#instance 1 VLAN 10,20   ！创建实例 1
switchA(config-mst)#name region1       ！定义区域名称为 region1
switchA(config-mst)#revision 1          !定义配置版本号为 1
```

⑤ 将 VLAN30、VLAN40 设置属于同一个生成树实例：

```
switchA(config-mst)#instance 2 VLAN 30,40   ！创建实例 2
switchA(config-mst)#name region1       ！定义区域名称为 region1
switchA(config-mst)#revision 1          !定义配置版本号为 1
```

⑥ 设置该生成树协议的优先级：

```
C3560 (config)#spanning-tree mst 1 priority 4096          ！定义此交换机为实例 1 的根
```

步骤四：配置 C3750。

① 启动生成树协议：

```
C3750(config)#spanning-tree
```

② 启动多生成树协议：

```
C3750 (config)#spanning-tree mode mstp
```

③ 进入多生成树协议的配置模式：

```
C3750 (config)#spanning-tree mst configuration
```

④ 将 VLAN10、VLAN20 设置属于同一个生成树实例：

```
switchA(config-mst)#instance 1 VLAN 10,20   ！创建实例 1
```

```
switchA(config-mst)#name region1        ! 定义区域名称为 region1
switchA(config-mst)#revision 1          !定义配置版本号为 1
```
⑤ 将 VLAN30、VLAN40 设置属于同一个生成树实例：
```
switchA(config-mst)#instance 2 VLAN 30,40   ! 创建实例 2
switchA(config-mst)#name region1            ! 定义区域名称为 region1
switchA(config-mst)#revision 1              !定义配置版本号为 1
```
⑥ 设置该生成树协议的优先级：
```
C3560 (config)#spanning-tree mst 2 priority 4096        ! 定义此交换机为实例 2 的根
```
（3）验证

拔掉一条冗余线路，MSTP 马上启动另外一条链路，并且快速收敛。

7.2 校园网网络综合配置总结

7.2.1 校园网网络综合配置操作要领

（1）由于校园网网络综合配置比较复杂，在实施设备配置前，必须清楚整个网络的 IP 地址规划、交换网的 VLAN 规划；然后，根据网络配置一般步骤，先配置交换网的 VLAN，配置交换网的生成协议、聚合链路，再配置接口 IP 地址，然后，配置整个网络的路由协议。在配置完成整个网络路由后，必须进行连通性测试，在确保整个网络连通后，再配置网络的 NAT 和访问列表。最后进行接入互联网的配置。

（2）在配置过程中，可以通过 show 命令或者 ping 命令、tracert 命令，对每项配置功能进行逐项测试，以确保综合配置的正确性和完整性。

（3）网络综合配置过程中的故障排除，一般应根据故障现象，分析可能的故障原因，逐个加以排除。排除过程中，尽量缩小故障范围，以逐步确定故障点。

7.2.2 校园网网络三层网络结构介绍

三层网络结构是采用层次化架构的三层网络。在校园网设计中，使用三层网络结构具有节省成本、易于理解、易于扩展和易于排错等好处。

1. 三层网络架构概念

三层网络架构采用层次化模型设计，即将复杂的网络设计分成几个层次，每个层次着重于某些特定的功能，这样就能够使一个复杂的大问题变成许多简单的小问题。三层网络架构设计的网络有三个层次：核心层（网络的高速交换主干）、汇聚层（提供基于策略的连接）、接入层（将工作站接入网络）。

2. 核心层

核心层是网络的高速交换主干，对整个网络的连通起到至关重要的作用。核心层应该具有如下几个特性：可靠性、高效性、冗余性、容错性、可管理性、适应性、低延时性等。在核心层中，应该采用高带宽的千兆以上交换机。因为核心层是网络的枢纽中心，重要性突出。核心层设备采用双机冗余热备份是非常必要的，也可以使用负载均衡功能，来改善网络性能。网络的控制功能最好尽量少在骨干层上实施。核心层一直被认为是所有流量的最终承受者和汇聚者，所以对核心层的设计以及网络设备的要求十分严格。核心层设备将占投资的主要部分。

3．汇聚层

汇聚层是网络接入层和核心层的"中介"，就是在工作站接入核心层前先做汇聚，以减轻核心层设备的负荷。汇聚层必须能够处理来自接入层设备的所有通信量，并提供到核心层的上行链路，因此汇聚层交换机与接入层交换机比较，需要更高的性能，更少的接口和更高的交换速率。汇聚层具有实施策略、安全、工作组接入、虚拟局域网（VLAN）之间的路由、源地址或目的地址过滤等多种功能。在汇聚层中，应该采用支持三层交换技术和 VLAN 的交换机，以达到网络隔离和分段的目的。

4．接入层

通常将网络中直接面向用户连接或访问网络的部分称为接入层，接入层目的是允许终端用户连接到网络，因此接入层交换机具有低成本和高端口密度特性。我们在接入层设计上主张使用性能价格比高的设备。接入层是最终用户(教师、学生) 与网络的接口，它应该提供即插即用的特性，同时应该非常易于使用和维护，同时要考虑端口密度的问题。

接入层为用户提供了在本地网段访问应用系统的能力，主要解决相邻用户之间的互访需求，并且为这些访问提供足够的带宽，接入层还应适当负责一些用户管理功能（如地址认证、用户认证、计费管理等），以及用户信息收集工作（如用户的 IP 地址、MAC 地址、访问日志等）。

为了方便管理、提高网络性能，大中型网络应按照标准的三层结构设计。但是，对于网络规模小，联网距离较短的环境，可以采用"收缩核心"设计。忽略汇聚层，核心层设备可以直接连接接入层，这样一定程度上可以省去部分汇聚层费用，还可以减轻维护负担，更容易监控网络状况。